熱帯アジアのチョウ

口絵①：タイ中西部のゲン・カチャン国立公園におけるシロチョウ類の集団吸水．集まっているのはすべてオスで，彼らは吸水することによってミネラルやアンモニアを体内に取り込み，繁殖活動に役立てているという（本田，2013 など）（写真：青山敏之氏 2012 年 2 月 22 日撮影・提供，文：矢田　脩；I−1 参照）

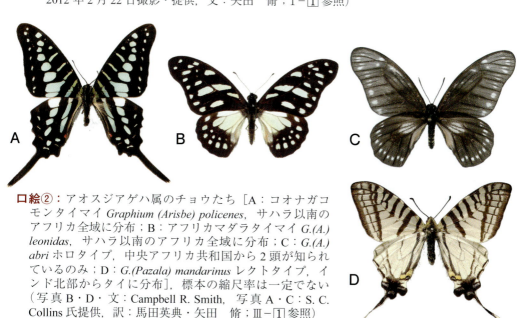

口絵②：アオスジアゲハ属のチョウたち［A：コオナガコモンタイマイ *Graphium (Arisbe) policenes*，サハラ以南のアフリカ全域に分布；B：アフリカマダラタイマイ *G.(A.) leonidas*，サハラ以南のアフリカ全域に分布；C：*G.(A.) abri* ホロタイプ，中央アフリカ共和国から 2 頭が知られているのみ；D：*G.(Pazala) mandarinus* レクトタイプ，インド北部からタイに分布］，標本の縮尺率は一定でない（写真 B・D・文：Campbell R. Smith，写真 A・C：S. C. Collins 氏提供，訳：馬田英典・矢田　脩；III−1 参照）

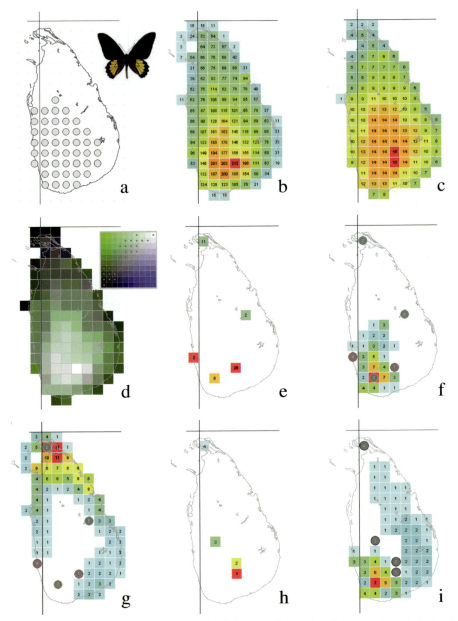

口絵③：スリランカ（垂直線：80°E；水平線：10°N）のチョウについてソフトウェア WORLDMAP 4 によって 1/4°緯度/経度（生息セル，方形区＝□で示す）ごとに図示された結果．これらのすべての地図が既知種の分類学的妥当性および含められた観察記録の正確さに依存していることに注意されたい（説明の詳細はコラムに記す）．
（図・文：R. I. Vane-Wright，訳：矢田 脩；I-②コラム参照）

口絵④：ベトナム産のチョウ［左：北ベトナム山岳地帯（2007年3月）；右：ウスイロトガリワモンの仲間 *Aemona implicata*］（写真・文：Alexander L. Monastyrskii, 訳：小田切顕一；Ⅲ-[2] 参照）

口絵⑤：ジャワ島（インドネシア）におけるチョウのモニタリング［右：ジャワ中部 Baturraden（標高800 m, 地区 11）でのチョウトラップによる調査（2006年3月）；左：アオオビジャノメタテハ *Amnosia decora*］（写真・文：Djunijanti Peggie, 訳：森中定治；Ⅱ-[2] 参照）

口絵⑥：広東省石門台自然保護区（中国）にてチョウの調査中（2001年7月）（写真・文：黄　国華；Ⅱ-[1] 参照）

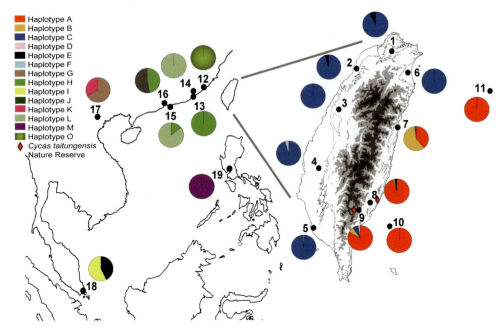

口絵⑦：解析に用いられたクロマダラソテツシジミ個体群の産地とハプロタイプ分布［サンプル産地：1. 台北（Taipei）；2. 新竹（Xinzhu）；3. 豊原（Fengyuan）；4. 嘉義（Jiayi）；5. 高雄（Kaohsiung）；6. 宜蘭（Yilan）；7. 花蓮（Hualian）；8. 電光（Dianguang）；9. 紅葉（Hongye）；10. 緑島（Green Island）；11. 久部良（Kubura）；12. 厦門（Xiamen）；13. 汕頭（Shantou）；14. 潮州（Chauzhou）；15. 広州（Guangzhou）；16. 香港（Hong Kong）；17. ハノイ（Hanoi）；18. ジョホールバル（Johor Bahru）；19. ケソン（Quezon）］
（図・文：徐　堉峰，訳：矢後勝也；Ⅱ-3参照）

口絵⑧：キチョウ属のチョウ［左：褐色型（キチョウ），石垣島産；右：黄色型（キタキチョウ），東京三鷹産］，それぞれ翅の右半分を示し，また各組左列は夏型，右列は秋型，上段は表面，下段は裏面を示す
（写真・文：加藤義臣；Ⅳ-1参照）

熱帯アジアのチョウ

口絵⑨：葉上に静止するブータンシボリアゲハのオス
（写真・文：矢後勝也；V-4 参照）

口絵⑩：メンタワイ諸島におけるインドネシアとの合同調査（シベルート島，2007年2月）と *Cepora* 属のチョウたち［1. *C. kotakii*（オス），シベルート島；2. *C. vaga*（オス），バビ島；3. *C. licaea*（オス），ニアス島；4. *C. iudith batucola*（オス），バツ諸島；5. *C. himiko*（オス）ホロタイプ，シベルート島；6. *C.* sp.（メス），シポラ島；7. *C. iudith mentawaica*（オス）ホロタイプ，パガイ島；8. *C. ethel*（オス），エンガノ島（大英自然史博物館所蔵，同館の許可を得て複製）］
（写真・文：岩崎浩明；III-4 参照）

口絵⑪：リュウキュウアサギマダラとコモンマダラ属のチョウ［A：リュウキュウアサギマダラ；B：ウスコモンマダラ *Tirumala limniace*；C：コモンマダラ *T. septentrionis*；D：ミナミコモンマダラ *T. hamata*］（写真・文：橋本　恵；Ⅲ-5 参照）

口絵⑫：ウスグロイチモンジ *Auzakia danava*［上：大陸部産（ヒマラヤ山脈）；下：スマトラ島産］（写真・文：大島康宏；Ⅲ-6 参照）

口絵⑬：インドシナのフタオチョウ属 *Charaxes*［A：*C. solon sulphureus*；B：*C. bernardus mahawedi*；C：*C. aristogiton aristogiton*；D：*C. harmodius* ssp.；E：*C. marmax marmax*；F：*C. durnfordi merguia*］（写真・文：勝山礼一朗；Ⅲ-7 参照）

熱帯アジアのチョウ

口絵⑭：サラワク州ランビル国立公園（マレーシア）の原生林とチョウたち［Aは原生林の樹冠部．この公園は渓流沿いの平地熱帯林環境を主体とし，林内・林縁性のチョウが多い．B・Cはここに生息する森林性のチョウで，Bのアカエリトリバネアゲハはその代表．ただし，公園の周辺にある伐採地にはオープンランド性のチョウ（C：最下段左端アオタテハモドキ，およびその隣ハイイロタテハモドキ）も見られる］（写真A・文：市岡孝朗，写真C・文B・C：矢田　脩，写真B：井上民二氏撮影・提供；I-1・V-2参照）

口絵⑮：西パプア州（インドネシア）の調査（Timika 周辺の伐採後風景，2006 年 3 月）
（写真・文：森中定治；V-5 参照）

口絵⑯：海南島(中国)のチョウたち［A：上段左からハレギチョウ，ララゲトガリシロチョウ，ヒョットコシジミタテハ（いずれも海南島固有亜種），下段は吸水中のカワカミシロチョウとアオスジアゲハ類（2004 年 5 月）；B：海南島尖峰嶺自然保護区，標高 1,412 m（2007 年 3 月）；C：海南島産シロチョウ（いずれも海南島固有亜種）］（写真・文：矢田　脩；V-6 参照）

熱帯アジアのチョウ

編集：矢田 脩（九州大学名誉教授）

北隆館

Butterflies of Tropical Asia

Edited by

OSAMU YATA

Professor Emeritus, Kyusyu University

Published by

The HOKURYUKAN CO.,LTD. Tokyo, Japan : 2015

はじめに

　熱帯アジアは，全体として「生物多様性が高いうえに絶滅の危機に瀕している地域」"ホットスポット"に含まれている。その多様性の中心は熱帯雨林の昆虫類であるが，あまりにも未解明の種が多いため，熱帯林保全の方策が遅々として進まない。そこで，昆虫の中でも生物多様性の「指標グループ」としてチョウが大いに注目されている。熱帯アジアの生物多様性の保全という観点からいくつかの方策が考えられているが，中でも，もっとも基礎的で重要かつ緊急性の高いのが，種の分類目録（インベントリー）の作成，ならびにそのための国際ネットワークの構築である。どんな種がどこにどの位生息するのかがわかれば，そこの自然の多様性がだいたい把握できる，といっても過言ではない。また，それを知るための情報ネットワークが不可欠となろう。本書は，このような観点から，私も関わることとなった一連の科研費プロジェクト，通称「熱帯アジアの昆虫インベントリー」(TAIIV プロジェクト, 2001～2007 年) の報告書，シンポジウムの内容にもとづいて，主にチョウを専門とする研究者の方々が本書のために書き直したり，新たに書き下ろして下さったものである。このプロジェクトの実施中に「昆虫と自然」誌上等で適宜報告してきた内容と重複するものも多いが，一般の読者のため改めて全体をまとめなおすことにした。

　本書は，編集部から早期に依頼をうけたにもかかわらず，編者の怠惰により大幅に出版が遅れてしまった。早期に原稿をお寄せいただいた著者にはたいへん迷惑をおかけしたことを深謝したい。また，本研究プロジェクトを遂行するにあたり，まず本研究の趣旨を理解され献身的な活動をして下さった研究分担者・協力者，ならびに海外共同研究者の方々，とりわけ大英自然史博物館前昆虫部門長の Dick Vane-Wright 氏に改めて心より御礼申し上げる。また，本プロジェクトのきっかけを与えて下さった故井上民二氏が撮影された写真で口絵⑭を飾ることができたが，この写真提供にあたり井上栄子さんと京都大学博物館の永益英敏氏に謝意を表したい。編集に関する諸問題に迅速かつ粘り強く対応していただいた北隆館編集部の諸氏にも感謝したい。

2014 年 8 月

矢　田　脩

目次

はじめに（矢田　脩）.. 1

目　次 .... 2～4

この本の執筆者 5

I. 熱帯アジアのチョウ－その多様性と保全－ .... 7～48

1 総論：熱帯アジアのチョウ－その出会いから保全ネットワークへ－
Butterflies of tropical Asia: To conservation network from the encounter
（矢田　脩 Osamu Yata）.. 8

2 生物多様性の保全への挑戦
Some challenges for the conservation of biodiversity
（R. I. ベンライト R. I. Vane-Wright）............................ 29

コラム　スリランカにおけるチョウ多様性の指標（代理物）としての
アゲハチョウ科（R. I. Vane-Wright）............................ 46

II. 多様性解明とモニタリング，分布拡大 .... 49～91

1 広東省石門台自然保護区におけるチョウ類の種多様性
Species diversity of butterflies in Shimentai Nature Reserve
（黄　国華 Guo-Hua Huang；李　密 Mi Li；王　敏 Min Wang）............ 50

付　表　石門台自然保護区のチョウの種リストおよび調査区のチョウ
の豊富度（黄　国華；李　密；王　敏）................................ 62

2 ジャワ島（インドネシア）におけるタテハチョウ類の目録作成のための調査
Inventory surveys of nymphalid butterflies in Java, Indonesia
（ペギー・ジュニヤンティ Djunijanti Peggie）.................... 70

3 絶滅に瀕するソテツ植物を脅かすクロマダラソテツシジミ
The cycad blue, *Chilades pandava*, a threat to endangered cycad plants
（徐　堉峰 Yu-Feng Hsu）.. 81

III. 分類・形態，生物地理 .... 93 〜 172

1 大英自然史博物館でなぜ東洋区のアオスジアゲハ属 *Graphium* を研究するのか？

Why we are studying Oriental *Graphium* (Lepidoptera: Papilionidae) at the Natural History Museum, London
（キャンベル・スミス Campbell R. Smith） 94

2 固有種に着目したベトナム産チョウ類の生物地理

The biogeography of the butterfly fauna of Vietnam with a focus on the endemic species
（アレクサンダー L. モナスティルスキー Alexander L. Monastyrskii）...... 101

3 東南アジアのセセリチョウ

Skippers of the Southeast Asia (Hesperiidae)
（千葉秀幸 Hideyuki Chiba） 116

4 メンタワイ群島のチョウ－マルバネシロチョウ属 *Cepora* の分類－

Butterflies in the Mentawai Archipelago: A taxonomic review of the genus *Cepora* (Lepidoptera, Pieridae)
（岩崎浩明 Hiroaki Iwasaki） 124

5 マダラチョウ－微細構造による分類－

Taxonomy of danaid butterflies based on microstructure (Lepidoptera, Nymphalidae, Danainae)
（橋本　恵 Kei Hashimoto） 134

6 比較形態学にもとづくチョウの分類学的研究
　－イチモンジチョウ族の雌雄交尾器にもとづく分類を例に－

Taxonomic study of butterflies based on comparative morphology: An example of classification based on male and female genitalia of the tribe Limenitidini (Lepidoptera, Nymphalidae)
（大島康宏 Yasuhiro Ohshima） 145

7 インドシナ半島のフタオチョウ属 *Charaxes*

The genus *Charaxes* in Indochina
（勝山礼一朗 Raiichiro Katsuyama） 153

8 マネシアゲハ属 *Chilasa* の分類学的再検討

A revision of the genus *Chilasa*
（馬田英典 Hidenori Umada; 矢田　脩 ; 森中定治） 164

IV. 地理的変異と種分化・ボルバキア，ピエリシン .... 173 〜 218

1 東アジアにおけるキチョウの地理的変異と種分化
Geographic variation and species differentiation of two *Eurema* species in East Asia
（加藤義臣 Yoshiomi Kato） 174

2 内部共生細菌ボルバキアとともに進化した東アジアのキチョウ
Molecular evolution of *Eurema* butterflies infected with the endosymbiotic bacteria *Wolbachia* in East Asia
（成田聡子 Satoko Narita） 196

3 トガリシロチョウ属 *Appias* におけるピエリシン様活性の分布
Distribution of pierisin-like activities in the genus *Appias*
（小田切顕一 Ken-Ichi Odagiri） 211

V. インベントリー調査とネットワークなど .... 219 〜 292

1 サバ州タビンのチョウ相
Butterfly aspect of Saba state Tabin
（中西明徳 Akinori Nakanishi; マリアッティ モハメド Mariatti Mohamed） 220

2 ボルネオにおける森林劣化に伴うチョウ類多様性の変化
Changes in butterfly diversity with the forest degradation in Borneo
（市岡孝朗 Takao Itioka） 226

3 日本におけるチョウ目コレクション画像データベースの構築
Towards the construction of a Lepidoptera image database in Japan
（神保宇嗣 Utsugi Jinbo） 239

4 "幻の大蝶"ブータンシボリアゲハの謎に迫る
Rediscovery of Ludlow's Bhutan Glory, a mysterious swallowtail butterfly: its morphology and biology
（矢後勝也 Masaya Yago） 250

5 カザリシロチョウを追って－生物多様性から生命へ－
My spur in the study of *Delias* butterflies: Biodiversity and life itself
（森中定治 Sadaharu Morinaka） 261

6 中国広州および海南島におけるチョウのインベントリー調査
Inventory survey on butterflies of Hainan Island and Guangzhou, China
（矢田　脩；小田切顕一；大島康宏；馬田英典；勝山礼一郎）……… 276

▼この本の執筆者

矢田　脩（九州大学 総合研究博物館）
R. I. Vane-Wright（大英自然史博物館 昆虫学部門）
黄　国華（湖南農業大学）
李　密（湖南省林業科学院）
王　敏（華南農業大学）
Djunijanti Peggie（ボゴール動物学博物館）
徐　堉峰（国立台湾師範大学）
Campbell R. Smith（元 大英自然史博物館 昆虫学部門）
Alexander L. Monastyrskii（ファウナ＆フローラインターナショナル）
千葉秀幸（ビショップ博物館）
岩崎浩明（九州大学大学院 比較社会文化学府）
橋本　恵（九州大学大学院 比較社会文化学府）
大島康宏（三重県総合博物館）
勝山礼一朗（東京大学 総合研究博物館）
馬田英典（九州大学大学院 比較社会文化学府）
加藤義臣（国際基督教大学）
成田聡子（医薬基盤研究所 霊長類医科学研究センター）
小田切顕一（九州大学大学院 比較社会文化研究院）
中西明徳（元 兵庫県立人と自然の博物館）
Mariatti Mohamed（マレーシア国立サバ大学）
市岡孝朗（京都大学大学院 人間・環境学研究科）
神保宇嗣（国立科学博物館 動物研究部）
矢後勝也（東京大学 総合研究博物館）
森中定治（日本生物地理学会）

（掲載順）

＊本書の著者印税は，東日本大震災の被災者支援のために全額寄付されます．

I．熱帯アジアのチョウ―その多様性と保全―

1 総論：熱帯アジアのチョウ
　　―その出会いから保全ネットワークへ―

チョウとの出会い（チョウをめぐる人との出会い）

　本章では，本書の中心となる科研費プロジェクト，通称「熱帯アジアの昆虫インベントリー」（TAIIV プロジェクト，2001 ～ 2007 年）の概要について紹介する。その前に，一介の昆虫少年だった私が，チョウと出会い，趣味の世界から昆虫研究者の道に入り，やがて東洋熱帯のチョウにのめり込み，チョウの保全に目覚め，そして世界の研究者との交流を進めるようになった道のりを振り返ってみた。

　私は小学校時代から虫に興味をもち，中学校時代からはとくにチョウの採集や飼育に明け暮れていた。そのころから，私は溝口修氏が大阪市阿倍野筋の一角で開いていた昆虫標本店に出入りしはじめ，勧められるままに「虫団研」（昆虫団体研究会）にも入会して同好会活動を始めた。溝口氏は店に出入りするお客さんと相手しながら，チョウの胸に湯を注射する方法で展翅をされているのが常だった。その展翅テープは新聞紙を切った粗末なものだったが，展翅の出来映えは実に鮮やかで，私はいつもその技に見入っていた。また，展翅されるチョウの標本の多くは台湾産で，私には珍しく美しいものばかりだった。その店の入り口にはモルフォチョウをはじめさまざまなチョウの標本が飾ってあったが，やはり台湾産のキシタアゲハやワモンチョウの華麗で神秘的な標本は今でも脳裏に焼き付いている。東洋熱帯のチョウへのあこがれはこの頃にすでに生じていたのであろう。この虫団研の例会や採集を通じて川副昭人氏や日浦勇氏といった学生には近寄りがたい人たちとも出会うことができた。そして，溝口氏はじめ「昆団研」のメンバーの皆さん，とくに日浦氏の影響で昆虫学の道に進むことを決心した。

　その後，神戸大学農学部の岩田久二男先生の勧めで九州大学農学部昆虫学教室で天敵昆虫である卵寄生蜂の分類学的研究を始めた。しかし，ほどなくチョウの権威である白水隆先生や三枝豊平先生のおられた同大学の教養部生物教室に出入りすることとなり，そのことが縁で，思いもかけず，チョウの研究に正面から取り組むことができるようになった（図 1）。

図 1　白水先生とその門下 4 名のスタッフ

白水先生は前列右，後列右から嶌洪，三枝豊平，中西明徳の各氏と一人おいて私，および来客のクラッシー氏（前列左）と中山昌輝氏（後列左から 2 人目）（九州大学教養部生物学教室にて：1977 年 6 月）．

　私が，白水先生からいただいた研究テーマは東南アジアのキチョウ属 *Eurema* の分類学的研究であった．このチョウは，本州以南ではよく目にする黄色い翅の地色に黒い縁取りをもつ可憐なシロチョウである．この仲間は，日本にもキチョウなど 5 種が産するが，キチョウ属全体は，東洋区をはじめ汎熱帯的に分布するシロチョウ科の大群である．このテーマがきっかけとなり，私は，熱帯アジアのチョウたちにいっそう関心を深め，分類，系統，生物地理，生活史などの研究に取り組んできた．

　このキチョウ属の研究は，白水先生からの呼びかけがあって，全国の多くの愛好者，研究者の方々から材料や情報の支援をいただいた．当時は日本がバブル景気であったこともあり，多くの日本人が海外に遠征し，膨大な標本，情報が日本にもたらされつつあった．稀種とされていたチョウの新産地が次々明らかにされ，そして，多くの新種・新亜種が記載されていった．

　私自身も，マレーシアやフィリピンに遠征した．1978 年の夏休みのフィリピン遠征は，私にとって初めての長期の本格的な調査旅行であったが，幸い中西明徳，二町一成，福田晴夫の各氏のご援助で予想以上の成果が得られた．とくに福田氏にはルソン島マニラ近郊のフィリピン大学のキャンパスでチョウの幼生期研究の手ほどきをうけ，未記録のチョウの幼生期の解明の面白さを体験することができた．もちろん，キチョウ属の研究材料もしっかり確保することができ，私にとって東南アジアのチョウ類研究の基礎を培う重要な一歩がフィリピン遠征であった．チョウを通して熱帯の生物多様性を初めて肌で実感することができたし，フィリピン大学の研究者や現地の標本商，採集人の人たちを知ることができた．

図 2 『図鑑東南アジア島嶼の蝶（シロチョウ・マダラチョウ編）』の表紙とトガリシロチョウ属ベニシロチョウ *Appias nero* の図版（1981 年 10 月出版）

　その後，私が東南アジアのチョウにさらに深くのめり込むこととなったのは，『図鑑東南アジア島嶼の蝶』（シロチョウ編）執筆への誘いであった（矢田，1981；図 2）。この図鑑の編者である塚田悦三氏は第 1 巻アゲハチョウ編を西山保典氏とともにほぼ完成しており，1980 年 8 月末に出版されることになっていた。丁度その頃，白水先生を通じてキチョウ属などシロチョウの分類を手がけていた私にシロチョウ編の執筆の依頼があった。キチョウ属についてはある程度の蓄積があったが，他のシロチョウについては文献収集から全種の交尾器をはじめとする形態図のスケッチの作成と検索表を作成せねばならなかった。その作業を含む執筆をわずか 1 年で完了する必要があった。私には手にあまる仕事であったが，塚田氏はじめ関係者の皆さんがさまざまなかたちで援助して下さった。また，この執筆を通じて，東南アジア地域のシロチョウの形態を自ら調べる機会が得られたし，この体験を通じて東南アジア地域のチョウの多様性の実相が多少とも理解できたような気がした。
　この執筆がはじまった 1980 〜 1981 年は私にとって重要なイベントのあっ

図3 世界のチョウ類研究者との出会い
上段:第16回国際昆虫学会議が開催された京都国際会議場にて,上段左:ライデン自然史博物館のデヨング博士(中央)と中西明徳氏(右)とともに,同右:大英自然史博物館のベンライト氏らと初めて面会(1980年7月).下段:第1回シンポジウム「蝶の生物学」が開催された大英自然史博物館にて,下段左:懇親会にて,同右:Eliot氏と談笑中の私(当時35歳)(1981年9月;Vane-Wright氏提供).

た年でもあった.1980年(8月3日〜9日),わが国で初めて国際昆虫学会議が京都で開催され,オランダのライデン自然史博物館のデヨング(de Jong),ゴレリック(Gorelick),ジョーンズ(Johnes)各氏ら,私が文通していた多くの海外のチョウ友が来日し,彼らと直接顔を合わせることができた.大英自然史博物館のベンライト(Vane-Wright)氏とはこの時に初対面したが,これ以来彼との交流は現在も続いている.『図鑑東南アジア島嶼の蝶』を脱稿した直後の9月中旬,私は「チョウの生物学」というシンポジウムが大英自然史博物館で開催されるのを機に初めて同館を訪れた.そこでは前年に来日したベンライト氏をはじめデヨング,ホロウェイ(Holloway)博士など世界中の多くのチョウ類研究者と面会し,大きな刺激を受けることとなった(図3).

熱帯アジアのチョウたち

　最初に私の東南アジアのチョウとの出会いをのべたが，古今東西にわたってチョウ，とりわけ熱帯のチョウの魅力に多くの人たちが惹きつけられ，いつの時代も多くの愛好家やコレクター，アマチュア研究家が存在してきた。理由は簡単である。私が少年の頃キシタアゲハやワモンチョウの標本に魅せられたように，熱帯のチョウはまず大型できらびやかな外観をもっている。私が最初に熱帯を訪れたのはマレーシアのカメロンハイランドという有名な採集地だったが，そこで圧倒されたのは，アカエリトリバネチョウやマダラチョウ類などの大型・美麗のチョウたちであった。そして遠目にも目立つ黄色系で活発に飛ぶシロチョウ類や梢を飛ぶ宝石のようなシジミチョウ類にも目を見張った。むせかえるような熱帯雨林を背景に彼らが飛び交う様が今も目に焼き付いている。その後も，フィリピン，インドネシア，タイや中国海南島を訪れたが，行くたびに，必ず目を引く熱帯的な華麗なチョウたちに出会うことができた。とくに印象的なのは，アゲハやシロチョウ類，一部のタテハチョウ類やシジミチョウ類によく見られる吸水集団である。この独特の集団行動は，チョウの美麗さと，その底知れぬ多様性を一度に味わうことができる熱帯ならではの光景である（口絵①）。

　東南アジアのチョウの魅力はもちろんこのような目立った外観や行動だけに止まらない。本州より狭い面積のマレー半島に，日本の4倍近い1,008種以上のチョウが生息している（Corbet & Pendlebury, 1978）。そして，その種の多さゆえに未発見の種がまだ少なくないと容易に想像される。さらには，生態面ではまったく解明されていない種もまだまだ多い。

(1) 多様性の特徴

　ここで「熱帯アジア」と呼んでいるのはいわゆる東南アジアからニューギニアにかけての熱帯～亜熱帯の地域である。動物地理区でいえば，東洋区とオーストラリア区の熱帯ないし亜熱帯地域がそれに当たる。その中核をなす地域は，東南アジアないし東洋区（インドからインドシナ半島を経て，南中国，台湾，フィリピン，スンダランド，スラウェシ，小スンダ列島まで）であるが，この東南アジア地域には一体どのくらいの種が生息しているのだろうか。ロビンス博士（Robbins, 1982）による世界のチョウの種数の見積もり

を参考に，東南アジアのチョウの総種数をはじき出すと，約3,500種となる。熱帯地域に種数が多いのは一般的な傾向であるが，種数だけでいけば，新熱帯（熱帯アメリカ）区の方が多い。種密度についても，マレー半島とパナマとの比較からみて新熱帯区の方が一般にはより高いといえるだろう。

しかし，東南アジアのチョウの多様性には他の熱帯には見られない独特のものがある。これは，一つには，東南アジアがアフリカや南米のような大きな一つの陸塊ではなくて，きわめて大小多数の島嶼いわゆる多海島からなるということ，そしてそれらの多海島が由来の異なる四つのプレートのぶつかり合いによる複雑な地殻変動を通して生じた島嶼地域であるということである。また，スンダランドやフィリピン，スラウェシなどの主要な島は比較的大きな面積と標高をもつため熱帯雨林が全島にわたって繁茂し島にもかかわらずきわめて高い生物多様性を維持している。またもう一つには，主にインドシナ半島を通じて歴史の古いユーラシア大陸あるいはオーストラリア大陸とほぼ連続的な動植物の交流があったし，現在もあるという点に由来するのであろう。これらの地質学上の条件が，生物の地理的隔離による種分化を促し，他の熱帯にはない独特の種の多様性を生み出したと考えられる。

熱帯に分布するいくつかの属，たとえば，キチョウ属 *Eurema* を取り上げてみよう。世界にある四つの熱帯地域，つまり熱帯アフリカ区，東洋区，オーストラリア区，新熱帯区の総種数は，それぞれ，5，25，8，40となり，新熱帯区がもっとも多い。しかし，それらの種に含まれる亜種の総数を比較すると，おおよそ13，135，29，70で，1種あたりの亜種の数は，2.4，5.4，3.6，1.8となり，地理的フォームの出現頻度は東洋区がもっとも高いことになる。もちろん，各種の研究レベルも同一とはいえないが，同様な傾向はやはり汎世界的な分布を示すトガリシロチョウ属 *Appias* でも見られた。このように，東南アジアには地理的隔離による種分化がきわめて頻繁におこっており，その結果，いわゆる地理的分化による異所種が目立って多いといえる。

(2) 多様性の解明

東南アジアのチョウの種数を約3,500種とのべたが，実は，チョウですらその正確な種数を確定できないのが現状である。毎年何十何百種という新種や新亜種が記載され続けているし，分類学的レビジョンなどまとまった研究

が発表されると，これまで1種とされていたものに新たな差異が見いだされて別種にされるなど，種数が増加する傾向にあるからである．たとえば，最近私が行ったトガリシロチョウ属ナミエシロチョウ亜属 *Catophaga* では，これまで9種だったのが，交尾器など形態的特徴によって2新種を含めて一挙に15種にまで増加した（Yata et al., 2010）．ましてチョウ以外の小昆虫類の多くは分類がほとんど進んでいないといっていい．考えられる理由の第一は，ほとんどの国，とくに熱帯の国々で，深刻な分類学者不足という問題を抱えていること，第二に，種の記載にもっとも適した場所にあるこれらの国々で，こうした仕事に振り向けられる優先順位が低く，種の記載という基礎分野のための予算が乏しいということ，第三に，これまでに記載された種のタイプ標本のほとんどが欧米の博物館に所蔵されており，熱帯の国々の分類学者たちにこれらを利用する機会が少なく，また，身近に同定済みの標本を参照する博物館などの施設もほとんどないこと，などが挙げられる．

　もともと，このような昆虫の種の記載，地域ごとのカタログの作成といった作業は，分類学者の仕事であった．しかし，基礎分野が軽視されがちな中で分類学が世界的に低調なため分類学者が大幅に不足し，これが多様性の解明を遅らせる主原因となっている．ただし，チョウに関して言えば，必ずしもそうではなく，とくにここ20数年間の東南アジア地域のチョウ相解明の進展にはめざましいものがある．そして，それはもっぱらわが国および欧米のいわゆるアマチュア研究者たちが押し進めてきた．マレーシアのチョウについて早くから私たち日本人にわかりやすくその魅力を紹介された森下和彦氏，熱帯アジアはもちろんアジア全域のチョウの生活史を次々と解明し，アジア産チョウ類の生活史解明に大きな貢献をされた五十嵐邁氏，そして『図鑑東南アジア島嶼の蝶』を編纂された塚田悦三氏，そのほか数え上げればきりがないが，彼らはすべてアマチュア研究者とよばれる人たちが私財をなげうって企画出版したものである．

熱帯アジアのチョウの保全

　「地球規模での生物多様性が高いにもかかわらず，絶滅の危機に瀕している地域」は"ホットスポット（hotspots）"と呼ばれている．2000年には，これは地球規模での生物多様性保全のための戦略として，世界中から25ヶ所

が選定された（その後さらに日本を含め9ヶ所が追加されている；本書Ⅱ-1 図1参照）。この選定マップをみると，多くの熱帯林地域，とりわけ東洋熱帯はほとんど全体がホットスポットに指定されていることがよくわかる。かくして，熱帯アジアにおける生物多様性保全は，われわれにとって緊急の重要課題となっている。他の生物同様，熱帯林の消滅がその主な原因ではあるが，植林や農地への転換の方法にも大きな問題点がある。また，多様性・固有性の大きな要因となったこの地域の島嶼性が逆に絶滅を起こしやすい原因ともなっている。

　チョウの保全に関しては，イギリスをはじめ欧米各国，そしてわが国でも自国のチョウを守るための研究，保全活動がさかんになされているが，こと東南アジアのチョウに関してはまだまだ遅れているのが現状である。しかし，その重要性はスラウェシの熱帯林を調査地とした「ウォーレスプロジェクト」（1985年）という海外学術調査によって一般に知られるようになった。このプロジェクトのメインプログラムは熱帯雨林の昆虫の多様性の実態を詳しく把握し，このデータに基づいて熱帯林保全の方策を探ることにある。昆虫の中でも生物多様性の「指標グループ」としてチョウが大いに注目されている。やはりチョウはもっともポピュラーで種の解明度がもっとも高いグループの筆頭なのである。これまで一般に論議されている意見をベースにして，熱帯アジアのチョウの保全という観点から次のような方策が進められている。
①種のインベントリー（目録）作成と分布図の作成
②分類学的・生物地理学的基礎研究（系統解析，DNA分析，とファウナの比較を含む）
③レッドデータブックの作成
④生活史をはじめとする生態学的基礎研究
⑤モニタリング
⑥増殖，再導入事業
⑦保護区の設定とハビタートの管理（農林業との関連を含む）
⑧取引・採集の規制
⑨普及・教育（同定書，カラーガイドブックの出版，環境教育など）
　これらのうち，私はこれまで，①〜⑤，⑨について多少なりとも関わってきたが，ここでは，とくに①について取り上げたい。

種のインベントリー（目録）作成

　これらの保護の取り組みの中で，もっとも基礎的で重要かつ緊急性の高いのが，種の分類目録（インベントリー）の作成である。なぜなら，熱帯における生物多様性の保全，とくに持続可能な利用とそのコストの見積もりも，これがなくては進められないからである。先のウォーレスプロジェクトでもそのメインプログラムの筆頭が完全な昆虫リストの作成で，とくに指標性の高いチョウが選ばれ，参加者全員が協力をしたらしい。その成果は参加メンバーでもあったベンライト，デヨング両博士によって編纂された『スラウェシのチョウ』というチェックリストを主体とした成書にまとめられている（Vane-Wright & de Jong, 2003）。そしてまた，個々の種の既知の情報（食性，生息環境など）を統合することもインベントリーに求められているので，このリストには種・亜種の詳しい分布，食性，および主要文献が簡潔に添えられている。どんな種がどこにどの位生息するのかがわかれば，そこの自然の多様性がだいたい把握できるといってもよいであろう。

　実際，諸外国ではすでにその重要性は認識されており，チョウを含むチョウ目全体の分類カタログをコンピュータから検索できる方式が普及してきた。大英自然史博物館が世界規模のチョウ目の目録作成とこれに付随した分布，生活史などの諸情報をデータベース化しようと遠大な計画を立てて作業を始めた（矢田，2000）。1997年に大英自然史博物館に滞在した時には，すでにデータの入力が館員によって精力的に進められていた。このような世界の動きとあいまって，大英自然史博物館のベンライト氏とボゴール博物館のペギー氏からインドネシアのマルク島（モルッカ島）のチョウのインベントリー作成への協力要請があった（Peggie *et al.*, 1995）。また，1989年に大英自然史博物館で開催されたウォーレスプロジェクトのシンポジウムに参加したことがきっかけで，私は急速に熱帯アジアのチョウの保全の重要性に目覚めつつあった。

科研プロジェクト「熱帯アジアの昆虫インベントリー」

　実は，上に述べた分類目録の作成と深い関連のある研究プロジェクトが2002年から始まった「熱帯アジアの昆虫インベントリー」である。これまで，

分類学に振り向けられるグラントは規模も小さく個人的レベルのものが大部分であったが，生物多様性の解明，保全の重要性が浸透するにつれ，かなり大きなグラントを分類学者自身も獲得できるチャンスが増えてきた。その一例として，私も関わることとなった科研費プロジェクト「熱帯アジア産昆虫類のインベントリー作成と国際ネットワークの構築」（第1期：2001〜2004年）および「熱帯アジアにおける昆虫インベントリーと国際ネットワークの拡大」（第2期：2005〜2007年）について概要を紹介したい。これらの一連のプロジェクトは「熱帯アジアの昆虫インベントリー」（Tropical Asian Insect Inventory：TAIIV）と呼ぶことにする。

（1）目的と方法

このプロジェクトの第一の目的は，東南アジア地域におけるハイレベルな昆虫インベントリーの作成である。そのためには，カウンターパートらとともに現地で調査をまず行うべきである。やはりチョウをはじめとする昆虫たちが熱帯環境の中で生きている様を直に見ることはインベントリーの精神からも重要である。第二は，インベントリー作成のための基礎となる東南アジア各国の体系だったコレクション，とくに同定ラベルのついたまとまった標本からなるレファレンスコレクションを整備することである。第三は，チョウ類など比較的同定の容易な指標グループを選び，各地の代表的な調査サイトにおいてモニタリングの基礎データをとり，今後のインベントリー作成事業を補強することである。第四は，これらの諸目的を達成するために，東南アジア各国のカウンターパートや研究者たちとの間に恒常的な国際的ネットワークを構築し，各国の研究者，研究機関と共同研究を行うことである。

本プロジェクトにおける海外調査は，東南アジア地域をひろくカバーし，それぞれの地域間のネットワーク化をめざしたものであるので，1ヶ所の調査地に集中するのでなく，カウンターパートの確立した国・地域（中国南部，台湾，タイ，ベトナム，ラオス，マレーシア，インドネシアなど）を訪れ，野外調査，インベントリー作成，コレクションの整備，モニタリングの試行などを同時並行的に行った。サラワクの林冠生物調査のように，ランビル国立公園への一点集中型の調査はもちろん重要であるが，私など分類学をやっている者は動物地理区単位の調査をまず優先することになる。実際，この広

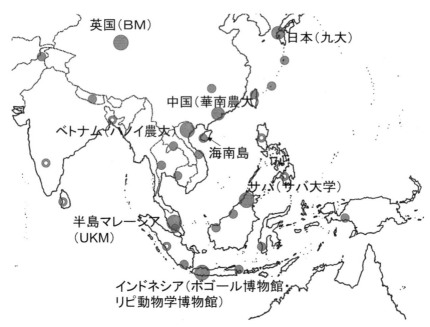

図 4 TAIIV プロジェクト「熱帯アジアの昆虫インベントリー」が実施された調査地 計 10 ヶ国 25 地点．●：調査地，◎：調査予定地，大きな●は拠点研究機関（2001 ～ 2007 年）

範調査は指標グループや鍵となる種をざっとサンプリングし，迅速なインベントリー作成とモニタリングに適している（Stork, 1994）。

(2) 経過

　さて，本プロジェクトは，本書の執筆者の多くを含む約 20 名の日本人昆虫分類学者が中心となり，またほぼ同数の海外研究協力者が参画し，あるいは協力した。本プロジェクトが 1 年間の予備調査を含めた 7 年間（第 1 期：2001 ～ 2004 年，第 2 期：2005 ～ 2007 年）に行った本プロジェクトの経過，成果について簡単にふれたい。これらの一連の TAIIV プロジェクトが 6 年間ほどで実施した調査は 10 ヶ国 25 地点に及んだ（図 4）。これらの調査・研究の内容の全体は，本プロジェクトの成果報告書（Yata, 2005; 2008）として報告したし，「昆虫と自然」誌上などでも概要を紹介した（矢田，2003; 2005）。ここではチョウに関係する調査に絞って，調査地域とカウンターパー

ト（国際協力の場において，現地で受け入れを担当する人）を簡単に紹介したい。

まず，最初に予備調査として2001年に訪れたのはタイであった。本プロジェクトのメンバーでもある山根正気博士は，「アジア地域におけるアリ類研究者のネットワーク」（ANet）を組織化し大きな成果を上げており，われわれのプロジェクトもこのANetの精神や手法をよいお手本としてきた（山根，2002）。そこで，山根氏の紹介で彼の重要なカウンターパートであるカセサート大学のデチャ（Decha）博士の研究室を訪れた。デチャ氏と学生たちはカオヤイ国立公園で予備調査を行い，チョウの大吸水集団などを観察した。しかし，その後の調査はもっぱらアリ類やコウチュウ類の研究者がデチャ氏をカウンターパートとして調査を進めた。

ベトナム，カンボジアにおける新しい試みとしては，2005年以来，主にチョウ類のインベントリー調査を，モナスティルスキー（Monastyrskii）博士（ベトナム・ロシア熱帯研究センター）の支援によって進めてきた。モナスティルスキー氏と私は，ベトナムのチョウの分類について1995年以来の交流があった。また，Hung博士（ハノイ農業大学）と協力して調査を行ってきた若林守男氏も本プロジェクトに協力下さった。研究協力者の矢後勝也，勝山礼一朗両氏はモナスティルスキー氏の案内でカンボジア南西部のカルダモン（Cardamon）山脈の野生生物保護区でも調査を行った。

半島マレーシアでは，マレーシア国立大学（UKM）のイドリス（Idris）博士をカウンターパートとして，マレー半島の2ヶ所で調査を進めた。その内の1ヶ所Endau-Rompin国立公園では，小島弘昭，野村周平博士らによってフォギングを用いた林冠部の定量的調査が継続的に行われ，ゾウムシなどのコウチュウ類で大きな成果を得た。ただし，チョウに関しては馬田英典氏による試行的調査に止まった。

東マレーシア（北ボルネオ）において，本プロジェクトの始まる少し前に京都大学生態学研究センターによる「サラワク州雨林の生物多様性調査プロジェクト」（林冠プロジェクト）に参加したのがマレーシアにおける最初の本格的な調査である。チョウの研究にも熱心な市岡孝朗博士はランビルでの調査で常に援助指導を買って下さった。矢後勝也氏や私はサラワク州森林研究センターFRCのスタッフとともにチョウ類の同定，整理を行い，レファ

レンスコレクション構築の援助をした（口絵⑭参照）。また，サバ州を拠点としている中西明徳氏（兵庫県立人と自然の博物館）らは以前より継続しているサバ大学との学術交流協定に則って，タビン（Tabin）野生生物保護区においてチョウ類のインベントリー調査を行い，同地のチェックリストをまとめた。サバ州の調査ではサバ大学のマリアッチ（Maryati）博士がカウンターパートとして尽力された。

インドネシアを拠点にして以前より野外調査を進めておられた湯川淳一博士のカウンターパートであるインドネシア科学院生物学研究所のツキリン（Tukirin）博士やハサヌディーン（Hasanuddin）大学のオカ（Oka）博士らの協力を得て，ジャワ西部のグヌン・ハリムン国立公園やスラウェシにおいてインベントリー調査を行った。また，調査経験のある山根博士の先導によって勝山礼一朗，岩崎浩明両氏がメンタワイ諸島のシベルート島およびシポラ島でチョウの調査を行った。これらの調査に関してはボゴール動物博物館のペギー（Peggie）博士が調査許可などについてしっかりと支援して下さった。

台湾を拠点にした加藤義臣博士は，2004年以降，台湾師範大学の徐堉峰博士の協力を得てチョウ類のインベントリー調査ならびに季節適応と寄主植物選好性に関する研究に取り組んだ。工藤寿洋氏も徐堉峰博士らの援助をうけてキチョウ *Eurema hecabe*（広義）の分類と生物地理に関する研究を行った。

中国南部を主な調査拠点にしてきた私自身は，華南農業大学の王敏博士と黄華国氏の協力のもと，チョウ目を中心としてインベントリー調査およびモニタリングに取り組んだ。王氏は2000年4月から1年間九州大学で訪問研究員としてチョウの研究のために滞在されたこともあり中国での調査に全面的に協力して下さった。2001年からは広州市および石門台自然保護区において，予備調査を行い，その後，チョウを用いたモニタリング調査を実施した（Wang *et al*., 2003; 2004；本書Ⅱ-[1]章参照）。インベントリー調査は，中国でもっとも熱帯的な場所である海南島において重点的に取り組んだ（矢田，2005）。海南島で得られた採集品には未記録と考えられる種が多数含まれており，新知見も多く見いだされた。たとえば，得られたキチョウ属は7種に整理されるが，本属だけでもその7種中4種までが海南島固有の亜種となる。シロチョウ科全体でも，海南島固有種こそ見いだされていないが，特産亜種となると実に半数近くの14種がこの島特産である。主に，尖峰嶺自然保護

区と吊罗山自然公園で数度の調査を行い，多くの新タクサを含むインベントリー作成を行った．この地域ではガ類の専門家である上田恭一郎，広渡俊哉両博士らがチョウの調査にも協力された．

これらの地域では，インベントリー調査と平行して，華南農業大学，カセサート大学，サラワク林業局研究センター FRC，サバ大学熱帯農学研究所，インドネシア動物博物館などの東南アジアの重要な収蔵標本の同定・整理を支援した．アリ科，ハナバチ科，ヨコバエ科，タマバエ科などとともに，チョウについてはデータベース化を進めた．

このような分類目録のデータベース化に関しては，「地球規模の分類学イニシアチブ」(The Global Taxonomy Initiative：GTI) など国際的な組織と連携することを目指してきたが，その一環として，2007 年 7 月に東京で開催された UNESCO・国立科学博物館主催の国際セミナー"生物多様性インベントリーと国家的・地域的コレクションネットワーク"などを通じて本プロジェクトの研究活動を紹介した．またこれに関連して，地球規模生物多様性情報機構（GBIF）[註1]が 2001 年発足し，自然史標本，観察データを中心とした情報のデータベース化が行われている．世界各地からのデータ収集が求められているが，アジアからのデータは全データの 10%以下に過ぎず，とくに生物多様性に富んだ熱帯アジアからのデータ提供が求められている．

TAIIV シンポジウム

2004 年 12 月，福岡において，本プロジェクトの第 1 期目（2002〜2004 年の 3 年間）の研究成果を持ち寄って TAIIV 国際シンポジウムを開催した．本プロジェクトの分担者，研究協力者（約 30 名）の参加はもとより，海外共同研究者である熱帯アジア各国の昆虫分類学者 5 名（半島マレーシアの Ghani 博士，サバ大学のマリアッチ博士，ツキリン博士，ボゴール動物博物館のロシコン（Rosichon）博士，ベトナム自然科学技術院生態学生物資源研究所のビエット（Viet）氏と本プロジェクトのアドバイザーである大英自然史博物館のベンライト氏，キャンベル・スミス（Campbell R. Smith）氏を招待した（図 5）．このシンポジウムは日本昆虫学会，日本鱗翅学会それぞれの九州支部との共催となったこともあり，国内の海外若手研究者を含む計 80 名以上の参加者を得て会場からの発言も多い活発なシンポジウムとなっ

図5 TAIIV 国際シンポジウムにおける大英自然史博物館ベンライト氏による特別講演(九州大学国際研究交流プラザにて:2004年12月12日)

た(図6)。その中には,日本国内に留学しているアジア各国の留学生たちも少なからず駆けつけ後押ししてくれた。このようなメンバーが一堂に会し,討論を通して実質的な交流を深めたことは本研究プロジェクトにとってたいへん有意義であった。第2期目の TAIIV プロジェクトでも,2007年12月1日・2日に福岡でシンポジウムを開催し,2008年3月で一応の区切りをつけ,その報告書も出版された。

本書では,これら一連の TAIIV プロジェクトで実施されたシンポジウムで発表された講演の中からチョウ類を扱った講演内容を各演者に改めてまとめていただいた。また,TAIIV プロジェクトのきっかけとなったランビルの林冠プロジェクトの一環として,チョウの多様性調査でお世話になった市岡孝朗博士にも特別に寄稿いただいた。それらの概要を知っていただくために,次項で各講演を簡単に紹介する。また,これらのシンポジウムにおける本プロジェクトの分担者,研究協力者の講演内容の詳細については,すでに出版されている報告書(Yata, 2005; 2008)を参照されたい。

● TAIIV シンポジウムの講演内容

これら2回のシンポジウムでの講演内容は本書にほぼ含められているが,ここで中心となったチョウ類関係の海外招待講演者の講演内容のアウトラインを紹介しよう。

本プロジェクトを通じて実質的なアドバイザーをつとめていただいたのは大英自然史博物館のベンライト氏であった。第1期(2004年),第2期(2007

図6 TAIIV 国際シンポジウムにおける学生と海外研究者らとの交流(九州大学国際研究交流プラザのポスター講演会場にて;2004年12月12日および2007年12月2日)
上段左:大英自然史博物館スミス氏(右),上段右:同館ベンライト氏(右)

年)両方のシンポジウムに参加され,生物多様性の保全に共通する理念的(哲学的)な部分を丁寧に説明して下さった。2004年のシンポジウムでは,具体例としてスリランカにおけるアゲハチョウ科がその地域の生物多様性の指標(代理物)としてたいへん有効であることを大英自然史博物館が作成したWORLDMAPという解析ソフトを使って示された。また,2007年のシンポジウムでは,分類学が保全生物学における任務を果たすためには,生態学を一般システム理論という形で取り込み,しかるべき現実的なモデルを分類体系のゴールとして提示する必要があることを訴えられた。そのための対象として,昆虫,とくにチョウがその表徴グループとしてたいへん重要であることを強調された。本書では,この2回の講演が一つにまとめられている(本書I-2章参照)。

　大英自然史博物館のキャンベル・スミス氏には,彼のライフワークともなっ

ているアオスジアゲハ属（亜族）の系統解析を基礎として，WORLDMAPによる種多様性，地理的分布，保全指数などの解析，インターネットウェブを介しての種リストの作成などへの具体的取り組みを紹介いただいた（本書Ⅲ-1章参照）。

中国華南農業大学の王敏博士は，黄華国氏他の協力のもと，石門台自然保護区（中国広東省）でチョウ類のモニタリングのベースとなる種多様性調査を行い，合計11科190属361種を確認された。そのうち，中国固有種は14.1％で，保護種は10種であった。また，森林を保護することがチョウ類を維持するのに重要であり，広東省の広い熱帯・亜熱帯低山地である石門台自然保護区の重要性を示唆された（Wang et al., 2003；本書Ⅱ-1章参照）。

モナスティルスキー博士は，ベトナムにおけるチョウ類個体群の地理的構造に関して，①地理的に隔離された固有種，②段階的に変化するクライン，③分類群の分断パターン，について興味あるデータに基づく議論をされた。同氏は，ロシア人ながらベトナムに十数年にわたって移り住み，ベトナムの隅々までチョウの調査・研究に没頭されてきたが，その成果の一端を発表された（本書Ⅲ-2章参照）。

ボゴール動物博物館のペギー博士は，インドネシアを代表する女性チョウ類研究者で，これまで大英自然史博物館やコーネル大学で修行してこられた。ボゴール博物館に戻られてからは，ボゴール植物園をはじめ，ジャワにおけるチョウのインベントリー調査について調査し，その多様性の変化について研究してこられた。今回はその成果の一部を紹介いただいた（本書Ⅱ-2章参照）。

台北国立師範大学の徐堉峰博士は，台湾におけるチョウ類研究のプロの指導者としてきわめて活発に活動されている。今回，同氏の門下生と共同で発表された報告は，わが国のチョウ類研究者に興味のある分布拡大問題と関連したタイムリーな内容である。台湾で1990年代以降にクロマダラソテツシジミの大発生がどのような原因で生じたか，その由来はどこか，などについてDNAデータを用いて見事に論証された（本書Ⅱ-3章参照）。

なお，国内の分担者，研究協力者の講演内容についてはあえてここでは紹介しないが，大部分の方は本書で改めて執筆下さったので，そちらをご覧いただきたい。

これからの展望

　本プロジェクトは，2008年の報告書の出版によって一応終了した。しかし，チョウをはじめ昆虫全体を対象としたインベントリー作成を目指す研究者のグループは各国に必要であるし，それを組織し，ネットワーク化する仕事は日本が買って出るべき仕事だと思う。この仕事はさまざまな困難も予想された。しかし，実際に作業を始めて，東南アジア各国の研究者が総じて積極的であり，共同調査や共同研究がスムースに進んだことは勇気づけられることであった。無限とも思える東南アジアの昆虫類の多様性を知れば知るほど，当時者国側が主体的になってくれることがより充実したインベントリー作成への早道だろう。

　大英自然史博物館が世界規模のチョウ目の目録作成を始めて20年近く経過するが，種の目録づくりとその結果のウェブでの検索は著しく進んだ。このプロジェクトは直接目標にはできなかったが，GTI（Hauserらの主導）によるプロジェクトへの参加，多田内修博士の東南アジアのハナバチ類のインベントリーへの支援を行うとともに，GBFの支援による神保宇嗣博士らによるチョウ目のインベントリー作成プロジェクトへの協力を行った。

　タイ，マレーシア，インドネシアでは，大学，博物館が充実してきており，現在では現地の研究者が主体的に（自前の予算を獲得して）調査を行いコレクションの蓄積・管理を行いつつある。とはいえ，定期的にわれわれが現地を訪問し，野外調査やコレクションの管理をベースにして当地の研究者と交流することはできるだけ継続されるべきであろう。ウェブサイトやメールを通してのネットワークは有効であり不可欠ではあるが，やはり昆虫ネットを持って同じフィールドを駆け回り，情報や成果を分かちあう実のある関係の蓄積が原点であろう。その中から，研究者同士の信頼関係も生まれ，ひいては，熱帯アジアの生物多様性の解明とその保全に向けての確実な前進が見られるに違いない。

　このTAIIVプロジェクトを通じて一番よかったと思えることは，熱帯アジアに軸足をおいた昆虫研究者，とくに分類に携わる研究者の国際交流が少しなりとも前進したことである。カウンターパートのいるベトナム，タイ，ラオス，ネパール，中国（広東省），台湾，マレーシア，インドネシア，ロ

図7 TAIIV 国際シンポジウム招待研究者との交流
これによってとくにチョウ類研究者のアジアにおけるネットワークの基礎ができたようだ(六本松比文生物体系学教室にて;2007年12月3日).

シアの間にはインベントリー作成を含めて現地のフィールドワークを合同で行うネットワークができた.私が直接関わっているチョウ類の分類研究者についていえば,ベンライト(英国),王敏(中国広東省),モナスティルスキー(ロシア・ベトナム),ペギー(インドネシア),徐堉峰(台湾)各氏らの間にはチョウの研究交流のネットワークが強化されたようである(図7).また,この間,わが国の学会(たとえば,日本蝶類学会)でも学会の国際化が進んできたが,そのきっかけとして多少ともこの TAIIV プロジェクトが貢献できたのではないかと思っている.

一方で,このプロジェクトでの反省点も多い.動物地理区単位の広範調査の宿命でもあろうが,調査地域が広域にわたりすぎたため,データそのものは多くは予備的なレベルになってしまった.インベントリー作成のゴール設定が十分でなかったため,標本作製と同定段階で止まったものもある一方,データベースの作成からウェブ上での検索を可能にしたグループもあった(たとえば,多田内氏によるハナバチ類).しかし,これはグループの現状とも関連しているのでやむを得ない面もあったかと思う.また,これはもっぱら私の問題であるが,これまで大きなプロジェクトを切り盛りした経験がなかったため,実際に TAIIV プロジェクトが動き出すと,その組織運営に忙殺されてしまって,本来の研究が後回しになってしまったことなどである.

思えば,私が1981に大英自然史博物館を訪れベンライト氏とのまったく個人的な知り合いをきっかけとして大英自然史博物館スタッフとの研究交流

がはじまった．そして私は，国内からフィリピン，インドネシア（スマトラ，バリ，ロンボク，スラウェシ），マレーシア（サラワク），中国，台湾へと少しずつネットワークの輪を広げてきた．ここでは詳しく触れなかったが，この間，オランダ，フランス，ドイツ，アメリカ合衆国，オーストラリアなど欧米諸国のチョウ類研究者とも交流をもつことができた．TAIIVプロジェクトを通して，アジアを中心とした10ヶ国以上の昆虫研究者とくに分類学者の国際ネットワークの礎づくりに少しでもお役にたてたのならば望外の喜びである．

註1（21頁）GBIF日本ノード（JBIF）．http://www.gbif.jp/pdf/GBIFpanf.pdf.

〔引用文献〕

Corbet AS, Pendlebury HM (1978) *The butterflies of the Malay Peninsula* [3rd edn, revised by JN Eliot]. xiv+578pp, 35pls. Kuala Lumpur, Malaysia, Malayan Nature Society.
本田計一 (2013) チョウの吸水行動の謎：栄養生態学の視点から探る．昆虫と自然，48(14): 4-7.
Peggie D, Vane-Wright RI, Yata O (1995) An illustrated checklist of the pierid butterflies of northern and central Maluku (Indonesia). *Butterflies*, (11): 23-47.
Robbins RK (1982) How many butterfly species? *News of the Lepidopterist's Society*, (3): 40-41.
Stork NE (1994) Inventories of biodiversity: more than a question of numbers. In. *'Systematics and Conservation'* (ed.PL Forey, CJ Humphries, RI Vane-Wright), Claredon Press, Oxford.
Vane-Wright RI, de Jong R (2003) The butterflies of Sulawesi: annotated checklist for a critical island fauna. *Zoologische Verhandelingen, Leiden*, 343: 3-267, figs 1-14, pls 1-16.
Wang M, Yata O, Fan X, Tian M (2003) A survey on biodiversity and conservation of butterflies in Shimentai Provincial Natural Reserve. *Annual Report of Pro Natura Fund*, 12: 125-145.
Wang M, Yata O, Fan X, Tian M (2004) Monitoring Butterflies in Shimentai Natural Reserve. *Annual Report of Pro Natura Fund*, 13: 193-203.
山根正気 (2002) 昆虫インベントリーを考える．昆虫類の多様性保護のための重要地域 第3集（石井・郷右近・矢田編），日本昆虫学会自然保護委員会：1-8.

矢田脩 (1981) シロチョウ科．図鑑東南アジア島嶼の蝶　第 2 巻（塚田悦造編）．プラパック，東京：206-438, pls.1-84.

Yata O (1989) A revision of the Old World species of the genus *Eurema* Hübner (Lepidoptera, Pieridae) Part 1. *Bulletin of Kitakyushu Museum of Natural History*, (9): 1-103.

矢田脩 (2000) チョウのインベントリー：世界の動向．昆虫と自然，35(2): 17-20.

矢田脩 (2003) 東南アジアの昆虫インベントリーと国際ネットワーク．昆虫と自然，38(12): 6-9.

矢田脩 (2005) 中国海南島の昆虫相－昆虫インベントリープロジェクト TAIIV の一環として．昆虫と自然，40(3): 4-9.

Yata O (ed.) (2005) *A Report on Insect Inventory Project in Tropic Asia (TAIIV). "Network construction for the establishment of insect inventory in Tropic Asia (TAIIV)"* The report of the Grant-in-Aid for Scientific Research Program (no. 14255016) (2001.4-2005.3) from JSPS: 472.（熱帯アジア産昆虫類のインベントリー作成と国際ネットワークの構築に関する研究，平成 14 年度～平成 16 年度科研費補助金研究成果報告書）

Yata O (ed.) (2008) *The 2nd Report on Insect Inventory Project in Tropical Asia (TAIIV) "The development of Insect Inventory Project in Tropical Asia (TAIIV)"* The report of the Grant-in-Aid for Scientific Research Program (no. 17255001) (2005.4-2008.3) from JSPS, Fukuoka: 415.（熱帯アジアにおける昆虫インベントリーと国際ネットワークの拡大，平成 17 ～ 19 年度科研費補助金研究成果報告書）

Yata O, Chainey JE, Vane-Wright RI (2010) The Golden and Mariana albatrosses, new species of pierid butterflies, with a review of subgenus *Appias (Catophaga)* (Lepidoptera). *Systematic Entomology*, 35(4): 764-800.

（矢田　脩）

2 生物多様性の保全への挑戦

生物多様性とその起源

　約35億年前，地球の生命は，神によって創られたか（創世記），宇宙の他の星からやって来たか（Hoyle, 1983），あるいは，ほとんどの科学者が今信じているように，この地球上のどこかで自然発生的に生じた（たとえばMartin *et al.*, 2008）。しかしながら，その生命は，当時すでに始まっていた分化と多様化のプロセスを開始した。われわれが地球上の生命の歴史について知っているすべては，この多様化とともに同程度の絶滅があったことを示唆している。多細胞生物種の平均"寿命"は大体500万年から1000万年のようである。進化により人間が登場したのは500万年前以内であり，地球はそのころすでに1,500万もの種を擁していた。1,500万種というのはこれまで生じたすべての種の約1～2％であると推定される（May *et al.*, 1995: 2頁）。多くの生物学者たちは，種が多様化プロセスにおいて重要な役割を果たしていると考えている。しかし，この考えは，"種とは何か？"という最終的には解けない厄介な問題－最終的な答えのないような問題（Dupré, 1993）－と関連して理解されなければならない。種の本質をめぐる議論は終わりがないようである（たとえばMallet, 1995; Wheeler & Meier, 2000; Fitzhugh, 2005）。しかし，それはまた，種（ただし定義された）が出現しただけではなく，通常5～10万年間維持されるという文脈で考える必要性がある。われわれの未来は私たち自身の生存に適した状態にある生物圏が持続されるかどうかにかかっていることを理解するがゆえに，これは人類にとって極めて重要である。

一般システム理論および生物多様性の維持

　生物進化のダーウィン／ウォーレス理論の出現は，1900年のメンデルの法則の再発見から，DNAバイオテクノロジーを含めた20世紀の間の遺伝学の著しい発展へとつながった。しかし，20世紀はまた，現代の生態学と"一般システム理論"（Corning, 2014）の発展に出会い，そして生命の本質の根本的な再評価をせまられた。生命のシステムはどうなっているのかの理解

(Capra, 1996). そして人間はどのように生きるべきかについての示唆は生態学的教養すなわち"エコ・リテラシー"として知られるようになった（Orr, 1992; Stone & Barlow, 2005）。エコ・リテラシーとは，生態学的群集がどのように機能しているのかの基本原則を理解し，それをわれわれの日々の生活に組み込むことである。生物は自ら組織し，自ら継続する自律的（すなわち自己産出的（autopoietic））（Maturana & Varela, 1998）な"閉じた"システムである（Capra, 1996: 65頁）。しかし生物は単独では生存することができない。つまり彼らは全体としては，生態学的群集や生態系を形成する生物的要素（生きたコンポーネント）とともに非生物で構成された環境内で生存する。生態系の生物的要素は，いわゆる"生命のウェブ"（Capra, 1996）の複雑な関係のネットワークを通して相互作用する。

● これらのネットワークは，複数のレベルで生じる

各サブシステムは一般的に，程度の差こそあれ明確な，あるいは半透過性の境界（たとえば，細胞膜，全有機体，種，林縁，等々）内で統合された総体を形成し，各々はより大きなサブシステムに属し，そして，この入れ子システム全体が一緒になって地球の生物圏をつくりあげる。相互作用によって，集合的活動の総和を通してほぼすべての廃棄物ないし過剰物を処分する連続的サイクルの中で資源（物質，エネルギー）が交換される。かくして生命システムはすべて，たとえ組織としては閉じていても，エネルギー的にはオープンであり，物質およびエネルギーの絶え間ない流れを必要とし，究極的には太陽光のパワーに依存する。生態系を構成する時空間的な各要素（個体や種など）が誕生から死へあるいは発生から絶滅へと進むように，すべてが，成長，共適応および常に変化する環境への適応というプロセスを通して常に新しいものを生み出しながら，何らかの形で発展ないし進化する。エネルギーおよび物質のサイクルは共適応プロセスと共にフィードバックループとして働き，その結果，各生態系が半安定的な進化の最前線－力学的緊張状態に置かれ，生物学的時間を通して別の半安定的システムに取って代わられる時まで続く－を調整し自らを組織する。

これらの関係とプロセス－ネットワーク，入れ子状のシステム，サイクル，流れ，発展，動的な緊張と自己組織化－は，生命の本質を特徴づけるために

十分なものである。これらの複数の遺伝子の命令によって動かされる生命のビジョンにより慣れれば，継承と再生のメカニズムがこの記事（Maturana & Varela, 1998: 57 頁参照）に含まれていなこと，また，Capra（2002）によって記されたように，DNA が生物のもっとも基本的な資産であると見られていないことに驚かれるかもしれない。その代わりに，生物の細胞の形成は，半透膜内に保持された代謝経路の開放，自己調整システムを備え，地球上に最初に現れた生物の様式を反映して，より根本的である（Morowitz, 1992; Wächtershäuser, 2006）。DNA 単独では直接生物を生じさせることはできないが，完全に機能的な恒常性のある代謝系の一部であるに違いない。さらに，その代謝系は単独で生存できないが，より広範かつ持続的な生態系の一部であるに違いない。

現在の地球規模の生物多様性について　われわれが知っていることは何か？

　生物多様性は，遺伝子，種，生態系の三つの異なるレベルにおける生物学的変異の総体である，と一般に定義されている。有性生殖をする生物においては，あらゆる個体の遺伝的成り立ちは，他のすべての個体と異なる。あらゆる分類群は，亜種から門にいたるまで，その発生学的および生態学的必要条件が異なる。あらゆる生物群集あるいは生態系は，その分類群の組成も機能的な関係もさまざまである。生物多様性のこれらの違いのすべては，地理的にも変異する。とくに，それぞれの種はその生態学的な要件を満たすことができる独自の生息域をもっており，そこでは種内の遺伝的多様性と表現型の可塑性における地理的変異が典型的に媒介するため，地域の違いに対応する能力をそなえている（West-Eberhard, 2003）。

　地球全体についてさまざまな生態系のタイプ，植生クラス，および生態ゾーンという観点から，少なくとも肉眼的には記述されてきたが，これらのシステムの各内部，およびこれらのシステム間の生物的相互作用の程度と複雑さについてはあまり理解されていない。同様に，分類学的多様性の主要な特徴は良く知られているが，多くの分類学者は，すべての生物種のわずか 10％（ただし定義されている）が命名されただけであると信じており，生物の系統間の関係についてのわれわれの理解は断片的なままである。遺伝子レベルでは，

分子生物学は多大な発展をとげ、ゲノムの大部分は事実上すべての生物に共通しているという認識が得られたにもかかわらず、ほとんど大部分が有性生殖で見つかった非常に広範な種内多様性を含む、遺伝的多様性が全体としてどの程度のものか想像すらつかない。

生物多様性は地球上に均等に分布しているわけではない

生物多様性の程度と性質に関して大いなる不確実性があるにもかかわらず、生物多様性が地球上に均等には分布していない、ということは確かである（Gaston & Williams, 1996）。単位面積当たりの種数は、南北の高緯度地帯で少なく、熱帯に近づくにつれ次第に増加し、赤道付近で最大になる。

ベータおよびガンマ多様性（種の"変化"）も赤道付近で最大となる。しかし、これらの一般的な多様性の勾配の中にも、南アフリカのケープ地方や西オーストラリアにおける固有種顕花植物の例外的な豊かさのように顕著な異常さや際立った"ホットスポット"もある。

生物多様性の保全は構造的な問題

1992年に"生物多様性条約"が締結された結果、生物多様性の保全は、さまざまな国際機関の主要な関心事となり、また条約を批准したすべての国の正式な義務となった。この条約の主な目的は三つある。①生物多様性の保全、②その構成要素の持続可能な利用、そして③遺伝的資源の利用からもたらされる恩恵の公平公正な配分である（Glowka et al., 1994）。生物多様性条約CBDの礎石は、国連憲章と国際法の原則にしたがって、国連人間環境会議1972ストックホルム宣言の原則21であり、これは"国家は独自の環境政策に基づき、自国の資源を利用する権利を有する"と宣言する。同時に、個々の国家は他国または管轄区域外の資源を損なってはならない（CBD Article 3; Glowka et al., 1994: 26頁）。さらに、生物多様性条約を批准しているそれらの国家は、自国の境界内で発生する生物多様性を保全するために必要な措置を取る義務を受け入れる。この条約は国家に生物多様性に関する権利と責任を賦与しているので、自然保護を履行するためのコストとベネフィット（恩恵・利益）について公平かつ公正であるように見えるかもしれない。しか

し，生物多様性を構成する要素は地球上に均一に分布しているわけではないので，こうした規則は実際には不公平を生む。その端的な例は，生物多様性保護のための新たな負担が熱帯地域の発展途上国（生物多様性においては極めて豊かであるが，経済は貧しい）にのしかかることであるが，同じ原則があらゆる空間規模で言える。国内では，生物多様性の鍵となる要素を保護しようとすれば，一部の地方（たとえば，南アフリカのケープ地方，インド半島にある西ガーツ山脈，インドネシア中央スラウェシ）により大きな規制がかかり，そうした地方の土地利用者には他よりも大きな制約が課せられることになる。

　つまり，この条約の要求を満たすには構造的解決，すなわち，各地点において量的にも質的にも異なる行動が必要である。すべての場所に同じように資金・労力を投資することは有効ではないし，コスト効率もあがらない。しかし，政治家は全国一律の税率のような，いわゆる画一的な解決策を採りがちである。過去に提唱された保全のゴールは，たとえば，すべての国に国土の10％を保護するよう要求するなど，レベルに置かれることが多かった（Pressey et al., 2003: 102頁）

　生物多様性の問題はこの構造的な性質をもつがゆえに，国家が条約の課す義務を果たすために，まず二つの大きな仕事に取り組まなければならない。まず，彼らはその領土内で自然に生じる生物多様性の構成要素は何なのかを知る必要があり，第二に，これらの構成要素が生じる場所がどこなのかを知る必要がある。これら二つのデータを収集するプロセスは，それぞれ，インベントリー（inventorying）とマッピング（mapping）という用語で呼ばれる。

　生物多様性を評価するために，私たちは，生物多様性全体の"代理者 surrogates"（Margules & Pressey, 2000）として，おもに鳥とか哺乳類，目立つ木，または植生タイプ（さまざまな草原や森林の種類）といった比較的良く分かっている"焦点（focal）"となる分類群に頼ることとなる。しかし，ふつう温帯生態系におけるよりも圧倒的に多数の種を擁する熱帯地域では，これらの潜在的な代理者でさえ良く分かっていない。とはいえ包括的な情報がないからと言って何もしないわけにもいかず，また代理者の選択に関連した多くの問題を無視することもできない（McGeoch, 1998; Margules & Pressey, 2000; Ferrier, 2002）。わずかな代理者に関する知識に基づいて保護施策を決定する

ことはあくまで暫定的なものであって，保全を確実なものとするには，可能な限りの時間と労力をインベントリーおよびマッピング（分布図の作成）に注がなければならない。

これまで，代理者のデータが使用されてきた主な方法は，分析のためのさまざまなアルゴリズムを用いて，保全の優先順位を識別するためのものである。その結果は，コストの枠内でまたはあらかじめ決められた地域という制限内で，できるだけ多くのさまざまな生態系や種を含むところの特定の地域の一般的なネットワークである。このようなネットワークを選択する際に出てきた主要な原則は，代表性（Austin & Margules, 1986）や実行可能性（Soulé, 1987）などである。地域の選択に関しては，相補性（Justus & Sarkar, 2002）が代表性やコスト効率の両方を確保する上で重要な役割を果たす。実行可能性に関しては，地域もまた，効果的な保全活動を実施するための可能性を含めて，代表性の目標に貢献する分類群や生態系が，持続性の最高のチャンスをもてるように選択されるべきである。実際には，脅かされている地域での生物多様性を保護するためのリスクをより少なくするよう分類群や生態系へのリソースを使用することに配慮することもまた重要である。

Margules & Pressey（2000）は生物多様性保全のための体系的な計画における六つの基本ステージを認識した。

・特定の地域の生物多様性に関するデータの収集・編集
・その地方に関する保全目標・ゴールの設定
・既存の保全地域の再検討とこれによる目標への貢献
・目標を達成するために追加すべき保全地域の選定
・保全行動案の実行
・保全地域内で要求される数値の維持

TAIIVプログラムはこれらの基本ステージのうちの第一段階に焦点を当てており，このベースラインの仕事は保全計画を立てようにも基盤となる昆虫データがほとんどない熱帯アジアにあって，まさに必要とされるものである。この第一段階のステージより後のステージについてはここでは議論する余裕はない。これらの問題のいくつかは，とくに価値や目標設定（ステップ 2）に関わるものは，Vane-Wright（2005; 2008; 2009）を参照されたい。

分類学とは何か？

　分類学とは"生物多様性を記録する科学"（Keogh, 1995）とされてきた。『時事英語のコンサイスオックスフォード辞典』（1990: 1251 頁）によると，"分類学は，現生および絶滅生物・・・（およびその実践）の分類の科学"である。分類は，辞書の定義にあるように，分類学的実際の重要な部分であるが，それは唯一のあるいはもっとも重要な部分ではない。

　Vane-Wright（2013）は分類学の主要な五つのタスク（仕事・課題）を認識した。それらは，**識別**（discrimination：最初の分離，または一次診断），**比較**（comparison：詳細な，関連づけのある枠組みの作成），**分類**（classification：図式化 - 詳細な枠組みに基づいて工夫された要約一覧の方式），**象徴化**（symbolization：命名 - 名前を与えること，nomination）と，**同定**（identification：判定，または二次診断）である（図1）。

　これらの各タスクは，異なるスキルや能力を必要とする。しばしば，分類学者は「種に関しては肥えた目をもっている」と言われる。極端な場合，これは，標本または試料がその分類学者にとって未知で新しい何かであることを，ほぼ瞬時に気づくかどうかで明らかになる。これは，他の分類学的スキル - とりわけ比較と同定の応用を介して研究すべき何か，つまり一次仮説を与える。チョウの分類学の歴史の中で，たとえば，何人かの研究者は，新種を意味する新規の紋様パターンと"異常型"の間の識別に長けている。しかし，それはまた，同じく，同一の研究者が新種として記載したものが後に異常型だったことが判明するかもしれない。そして，別の文脈では，その逆の場合もある。分類学の歴史は，ある意味では，初期仮説，シノニミーとランクづけの歴史であり，いわば，際限なく進行する分類学的プロセスの再検討である自己修正性への履歴である（Scoble *et al.*, 2007）。

　分類学の中でもっとも労働集約的なプロセスは，比較である。分類システム，生物の比較，またはより典型的な保存資料（標本），を作成することは基本的な経験的活動である。良いシステムを作るには，膨大な量の比較，およびその後の詳細なリレーショナルな枠組みを構築するためのプロセスの一環として体系化を大いに必要とする。今日では，このことは，多数の形態学的および / または分子の類似点と相違点をまとめた大規模データマトリッ

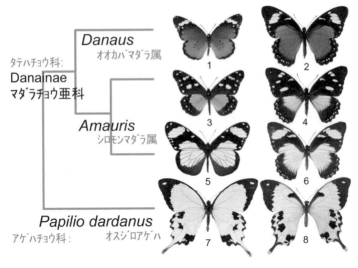

図 1　分類学の主要な五つのタスク（課題）

　五つのタスクとは，識別（discrimination：最初の分離，または一次診断），比較（comparison：詳細な，関連づけのある枠組みの作成），分類（classification：図式化－詳細な枠組みに基づいて工夫された要約一覧の方式），象徴化（symbolization：命名－名前を与えること，nomination），同定（identification：判定，または二次診断）である。
　これらのアフリカ地域のチョウの8種すべては18～19世紀においてはまず単一のアゲハ属 *Papilio* 内における別々の種として識別された。1. *P. chrysippus* Linnaeus, 1758（現在のカバマダラ *Danaus chrysippus*），2. *P. trophonius* Westwood, 1842（現在のオスジロアゲハ *P. dardanus* メスの "trophonius 型"），3. *P. echeria* Stoll, 1790（現在のエケリスシロモンマダラ *Amauris echeria*），4. *P. cenea* Stoll, 1790（現在のオスジロアゲハ・メスの "cenea 型"），5. *P. niavius* Linnaeus, 1758（現在のシロモンマダラ *Amauris niavius*），6. *P. hippocoon* Fabricius, 1793（現在のオスジロアゲハ・メスの "hippocoonides 型"），7. オスジロアゲハ・メス *P. dardanus* Yeats in Brown, 1776，8. *P. meriones* Felder & Felder, 1865（現在のオスジロアゲハのオス型メス）。
　続いて，飼育を含む詳細な比較について，代表的な4種だけをここに示した。1，3，5 のそれぞれ別の3種に対して 2，4，6，そして 7 と 8 は，色や形状の顕著な違いにもかかわらず，すべてが単一の第4番目の種の代表である。全ての既知種のチョウの分類の要約は，1，3，5 がタテハチョウ科マダラチョウ亜科（アメリカのオオカバマダラの仲間）に含まれるのに対して，2，4，6，7，8 はすべてオスジロアゲハであり，アゲハチョウ科（ユーラシアのキアゲハの仲間）に含まれるということである。
　図1に示した分類の要約で認識されたすべての種およびグループ（たとえば属，亜科，科）は，正式な科学的な名前（学名）を与えられ，これによってわれわれは彼らを参照している。これらのチョウの新しい材料を正確に同定できるかどうかは，構造の違いを判断できる知識量に依存する。それは，比較することによる種の識別が知識量に依存するのと同様である。種 1，3，5（マダラチョウ亜科）は幼虫時代にトウワタ植物を摂食し，成虫期に「PA 植物」から苦味のあるピロリジジンアルカロイド（PAs）を収集し，有毒な特性をもつ目立つカラーパターンとの関連付けを学ぶ潜在的な捕食者によって回避される－このことによってそれほど回避されない種にとっての「モデル」として機能する。オスジロアゲハのメスの三つの型（2, 4, 6）は「擬態者」として，モデル（1, 3, 5）に生態学的に関連づけられる。この多型的アゲハチョウのすべての型の幼虫たちはミカン属に近縁な野生種を摂食し，決してピロリジジンアルカロイドを集めたり消化したりすることはなく，自らを化学的に良く防御できているとは考えられない。

クスに適用した分岐学の手法を用いて行われている。

　多くの体系学者たちは比較と体系化を目的としたプロセスを作ることを望む（たとえば Sokal & Sneath, 1963）。だが，すべての科学的試みがそうであるように，それは主観を完全に排除することは不可能である。しかしながら，はるかに大きな主観性は，完全に解決された分岐図のように，詳細な関係のスキームから分類の要約を作成するレベルへと入った。Simpson（1961）が示唆したように，分類学は，客観性と恣意性の両方を兼ね備えた有用なアートである。彼の示唆は，分岐学の隆盛にもかかわらず，少なくとも伝統的分類学ではその通りあてはまる。

　種やさまざまなランクの分類群に名前を与えることは，一方で科学の実用的なニーズに従属する必要があるので，民法や行動規範とより共通点が多い（ICZN, 1999）。最後に，同定は，とくに，画像，検索表，および DNA バーコーディングなどの自動化システムの形で効果的な手段を提供する点で，実用的で技術的なスキルを反映している。

生物多様性の研究における分類学の重要な役割

　上記で概説したように，生きていることを理解することは，私たち自身を含めこの地球上のすべての生物が，大きな生態系のネットワークの一部であることを受け入れることである。そのネットワークでは，すべてが循環と流れに加わり，すべてが特定の入れ子状システムに属し，そしてすべてが動的な張力で束ねられ，発展，競争，協力と相互適応の対象となる。さらに，この惑星上のすべての既知の生命は，途切れない流れにあって，過去にさかのぼっても相互につながっている。こうして誕生と死，進化と絶滅は，個々の生物や種にとって重要である一方，この偉大な歴史の中にあっては従属的である。この流れはたとえ中断されることがあっても，ボトル内の裸の DNA は後戻りすることはない。生命は個々の分子や生物体というよりもむしろ惑星の資産であり（Morowitz, 1992: 6 頁），それは地球上で 30 億年以上もそうであった。このようなガイア仮説に導かれる生命の理解は「生命の継続的存続に有利な自己制御システムとしての地球の生物圏を理解することである」（Lovelock, 1979）。ガイアは生物圏の展開全体，およびその構成要素の間の

多様で複雑な関係を包含するものである。

　Hutchinson（1965）は自然界を"進化劇"が演じられる舞台"エコロジカル・シアター"であると述べた。Meffe & Carroll（1994: 7頁）は，保全生物学の使命は，「その進化劇の中の役者とそれが演じられる生態学的舞台を維持すること」であり，つまり「遺伝子の多様性，個体群，種，生息地，生態系，景観，通常それらが行うプロセスの維持に努めること」であると示唆した。多くの生物学者は，種がこの"劇"の中で極めて重要な役を演じていると指摘してきた－種はいわば"主役"である，と。もしそうなら，それは分類だけでなく，一般的には生態学の研究に基本的な役割を果たしているが，その応用としてとくに保全生物学にあることは明らかである。May（1990: 130頁）がかつて「レンガに形を与える分類学や，レンガの並べ方を教えてくれる系統分類学がなければ，生物学という家は意味のない寄せ集めである」と言ったとおりである。

　すでに概説したように，分類学には識別，比較，分類，命名，同定，という五つの基本的な機能がある。生態学の文脈で理解するためには，ネットワーク，入れ子状システム，循環，フロー，発展（進化を含む），力学的緊張状態，および自己組織化に関して，分類群とくに種が"俳優"としていかに機能することができるかを分類システムにおいて示す努力が必要である。このような生命の本質の理解は，われわれの分類学上のとくに種の概念を媒介したり説明したりする必要がある。

　分類学者が保全生物学においてその役割を全うするためには，一般システム理論の中にエコロジーを抱き込み，分類研究のベースとして，真実を理解するための適切なモデルを提示する必要がある。われわれはまた，種の識別，比較，分類，命名，同定，に関する知識を可能な限り広く，分かりやすい形で利用できるようにする責任も負っている（Stamos, 2003; Fitzhugh, 2005参照）。"ウェブ上での一元的分類学"と"DNAバーコーディング"（Godfray & Knapp, 2004; Godfray, 2007; Scoble et al., 2007; Wheeler, 2008などを見よ）に関する昨今の議論は，DNAテクノロジーとデジタル情報システムの時代にあって，分類学者および分類学ユーザーたち（たとえば，エコロジストや保全生物学者）がこの任務を果たすためにいかに奮闘しているかを示すものである。

データは必要か？

　限りある資源の利用に際してコスト効率の高い方法を採るにはデータが必要，ということは確かなように思われるが，実際には異論がある．本当にデータは必要なのか？　Justus & Sarkar（2002）によると，精度の高いデータに基づいて保全計画を作るというのは非現実的であると考える保全生物学者がいる（Margules & Pressey, 2000 の提案のように）．その主な理由は，緊急を要する保全活動の参考となるような高精度のデータなどないからである．調査に莫大な費用をかけたり複雑な分析をするよりは，適当に選定してでも，良質の保護区の確保と維持に使った方が良いかもしれない．しかしながら，Justus & Sarkar（2002）は，種の同定や分布に関する良質の情報がない場合には地質マップや気候データなどのかけ離れた代理物（Williams, 1996 の意味における）でも利用可能であるとし，その成功例としてパプア・ニューギニアにおける生物多様性保全計画（Faith et al., 2001）を挙げている．一般的なコンセンサスは，生物多様性の保全に関して一時的な保護区の制定だけでは不十分で，やはりデータに基づく分析が保全活動の進むべき道であるとするものである（Sarkar, 2002）．

　データの必要性は認めたとして，ではどんな種類のデータが必要なのか？　地質や植生マップなどのデータでも役立つのだから，種分布などきめ細かいデータであればなおさらである．少数の生物グループから他グループの分布パターンを予測できるということに疑問を呈し，こうしたデータに頼るのは賢明ではない，と指摘する学者もいる（Cabeza & Moilanen, 2001）．しかし，無脊椎動物は，データさえ集まれば，生物多様性評価に優れた情報を提供する，という学者もいる（Moritz et al., 2001）．Margules & Pressey（2000）は，どの地域でも利用できる種の良質の分布データによって補足できる高いレベルの代理者からのデータを用いる，といった実用的なアプローチを勧める．Ferrier（2002）は，データのモデル化と他の可能性に関する貴重な洞察とともに，論議と実用性のバランスのとれた概説を行った．

代表的な昆虫としてのチョウ

　昆虫は陸上生態系において根本的に重要である．彼らなくしてわれわれが

知っているような生活は不可能であろう。残念なことに，世界中の多くの場面で，昆虫は肯定的には見られない。というのも，人々は彼らを害虫，病気の媒介者，または有毒なものとして考える傾向があるからである。彼らは生態系がどのように動作するか理解しておらず，それゆえ昆虫が健全な世界の基盤となっていることに気づいていない。それどころか，昆虫はわれわれに役に立たないもの，破壊的で危険ですらあるものと見られている。TAIIVによって行われた仕事が効果的であるならば，昆虫に対するこの否定的なイメージを払拭するどのような手段も潜在的に重要である。

　チョウはこの昆虫への一般的な否定的な偏見に対してほとんど唯一の例外で，他のどんな昆虫群よりも広範かつ積極的に受け入れられている。深く科学的なものから，美的，逸話的あるいは神話的なものまで，チョウについて書かれたほとんど無数の書籍はこのことを証明している。昆虫一般，とくに昆虫保全にとって，チョウは"フラッグシップ"グループである（Godfray, 2007 参照）。この理由は明白で，チョウはしばしば美しい彩りの広い翅をもつ比較的大型の昆虫であり，多くは花から吸蜜する習性をもち，彼らはまったく人を怖がらせないように見えるからである。彼らはたいへん良く目立ち，たくさんいると，彼らの彩りや動きで生息地を蘇らせる。加えて，変態という誰しもが惹かれる魅力があり，チョウがほぼ普遍的に人気をもつ理由は明白である。Solis（1999）が示唆したように，昆虫学者たちはこの人気を十分に活用すべきである。

生物多様性の生物指標としてのチョウ

　Ehrlich（たとえば 1997; 2003）が長い間主張してきたのは，生物多様性のすべてを知ろうとするのでなく，むしろ，すでに良く分かっている鳥や無脊椎動物の中ではチョウのようなグループで情報の隙間を埋めるよう努力するサンプリング・アプローチ（効果的に代理者を受け入れること）を採るべきであるというものである。確かに，チョウは保全アセスメント（Brown, 1991）や生態の変化（Parmesan, 2003）にとって優れた生物指標であるという見解がある。チョウは McGeoch（1998）によって定められた良い生物多様性指標のすべてのテストに合格するものではないものの，たとえ分析にお

ける現実感がささいなものであっても比較的良く知られているグループ－たとえばチョウのいくつかの科－は利用されるべきである，というEhrlichやその他の研究者に同意する．さらに重要なことは，彼らが，Margules & Pressey（2000）のスキームのうちのステージ6の重要な部分である保全活動の結果，および環境変化の影響をモニターする実用的な手段を提供することである．

分類学，インベントリーおよびTAIIV

TAIIVのようなプログラムは多くの利点をもたらす．より良い昆虫科学を行うという観点から，以前はコラボレーションが困難であった地域の科学者間のネットワーク構築は大きな前進である．さらにまた，とくに教育面や，保全のための関連情報を生み出すという点で大きな社会利益が得られる．

保全の優先順位が決定されたとしても，"構造的チャレンジ"へのわれわれの対応を効果的なものとするためには，生物多様性の構成要素およびその分布に関する適切なデータが不可欠である．これには指標分類群の範囲を拡大し，種数において優勢な陸生生物である昆虫を少なくともいくつか含めることが必要である．ここでは，系統学および分類学が試される．昆虫は小型で，変異が多く，多数の同胞種があるため，その同定は容易ではない．

特定グループに属する種の有無に基づいてある地域における生物多様性の潜在的な価値を評価しようとする場合，ベースライン・データを収集するためには有効な分類体系の構築とともに正確に同定できる能力が不可欠である．この分類学的な基礎がなければ，種およびその分布パターンについて意味がありかつ信頼できるデータを集めることは不可能である．しかし昆虫となると，チョウでさえ，基本体系ならびに実用的かつ信頼できる簡便な同定方法を確立する上で，依然として多くの作業が残っている．継続的なサンプリングや，良く組織された参照コレクションやバウチャーコレクション（資料としてのコレクション）の確立などがそれである．

TAIIVプログラムは，各地で徹底した調査を実施し，参照コレクションを整備し，学術的成果を確実なものとするために国際的ネットワークを立ち上げることにより，熱帯アジアにおける指標的昆虫分類群についてインベント

リーと分布地図を作成するための手段・ツールを確立してきた。これらの基本的な要件を促進することによって，発展途上国の地域の保全生物学者は，生物多様性条約が求める行動計画に関与できるようになり，ひいては，生物多様性の保全に必要な構造的チャレンジを実行できるようになる。

謝辞

本章は，2004年12月と2007年12月に開催されたTAIIV会議で行ったプレゼンテーションから作成した二つの論文（Vane-Wright, 2005; 2008）を大幅に要約したものである。これらの会議への特別招待については日本学術振興会およびNESTA（英国）の世話になった。この場で感謝したい。

〔引用文献〕

Austin MP, Margules CR (1986) Assessing representativeness. *In* Usher MB (ed.), *Wildlife conservation evaluation*: 45-67. Chapman & Hall, London.

Brown KS Jr (1991) Conservation of Neotropical environments: insects as indicators. *In* Collins NM & Thomas JA (eds), *The conservation of insects and their habitats*: 349-404. Academic Press, London.

Cabeza M, Moilanen A (2001) Design of reserve networks and the persistence of biodiversity. *Trends in Ecology and Evolution,* 16: 242-248.

Capra F (1996) *The web of life*. Doubleday, New York.

Capra F (2002) *The hidden connections*. Doubleday, New York.

Corning PA (2014) Systems theory and the role of synergy in the evolution of living systems. *Systems Research and Behavioral Science*, 31: 181-196.

Dupré J (1993) *The disorder of things.* Harvard University Press, Cambridge, Mass.

Ehrlich PR (1997) Ecology and its sister sciences. *In* Kinne O (ed.), *Excellence in Ecology,* (8): 17-47, 177-210. Ecology Institute, Oldendorf/Luhe, Germany.

Ehrlich PR (2003) Introduction: butterflies, test systems, and biodiversity. *In* Boggs CL, Watt WB & Ehrlich PR (eds). *Butterflies: ecology and evolution taking flight*: 1-6. University of Chicago Press, Chicago.

Faith DP, Margules CR, Walker PA (2001) A biodiversity conservation plan for Papua New Guinea based on bio-diversity trade-offs analysis. *Pacific Conservation Biology,* 6: 304-324.

Ferrier S (2002) Mapping spatial pattern in biodiversity for regional conservation planning: where to from here? *Systematic Biology*, 51: 331-363.

Fitzhugh K (2005) The inferential basis of species hypotheses: the solution to defining the term 'species'. *Marine Ecology*, 26: 155-165.

Gaston KJ, Williams PH (1996) Spatial patterns in taxonomic diversity. In KJ Gaston (ed.), *Biodiversity* :202-229. Blackwell, Oxford.

Glowka L, Burhenne-Guilmin F, Synge H, McNeely J, Gündling L (1994) *A guide to the convention on biological diversity*. IUCN, Gland (Switzerland) and Cambridge (UK).

Godfray HCJ (2007) Linnaeus in the information age. *Nature,* 446: 259-260.

Godfray HCJ, Knapp S (2004) Introduction [to "Taxonomy for the twenty-first century"]. *Philosophical Transactions of the Royal Society of London* B 359: 559-569.

Hoyle F (1983) *The intelligent universe.* Michael Joseph, London.

Hutchinson GE (1965) *The ecological theatre and the evolutionary play*. Yale University Press, New Haven.

ICZN (1999) *International code of zoological nomenclature*. International Trust for Zoological Nomenclature, London.

Justus J, Sarkar S (2002) The principle of complementarity in the design of reserve networks to conserve biodiversity: a preliminary history. *Journal of Biosciences*, 27(4) Supplement (2): 421-435.

Keogh JS (1995) The importance of systematics in understanding the biodiversity crisis: the role of biological educators. *Journal of Biological Education*, 29: 293-299.

Lovelock J (1979) *Gaia.* Oxford University Press, Oxford.

Mallet J (1995) A species definition for the modern synthesis. *Trends in Ecology and Evolution,* 10: 294-299.

Margules CR, Pressey RL (2000) Systematic conservation planning. *Nature,* 405: 243-253.

Martin W, Baross J, Kelley D, Russell MJ (2008) Hydrothermal vents and the origin of life. *Nature Reviews Microbiology*, 6: 805-814.

Maturana HR, Varela FJ (1998) *The tree of knowledge. The biological roots of human understanding* (revised edn). Shambhala, Boston.

May RM (1990) Taxonomy as destiny. *Nature,* 347: 129-130.

May RM, Lawton JH, Stork NE (1995) Assessing extinction rates. *In* Lawton JH & May RM (eds), *Extinction rates*: 1-24. Oxford University Press, Oxford.

McGeoch MA (1998) The selection, testing and application of terrestrial insects as bioindicators. *Biological Reviews*,73: 181-201.

Meffe GK, Carroll CR (eds) (1994) *Principles of conservation biology.* Sinauer, Sunderland, Mass.

Moritz C, Richardson KS, Ferrier S, Monteith GB, Stanisic G, Williams SE, Whiffin T (2001) Biogeographical concordance and efficiency of taxon indicators for establishing conservation priority in a tropical rainforest biota. *Proceedings of the Royal Society of London* B 268: 1875-1881.

Morowitz H (1992) *Beginnings of cellular life.* Yale University Press, New Haven.

Orr DW (1992) *Ecological literacy.* State University of New York Press, Albany.

Parmesan C (2003) Butterflies as bioindicators for climate change effects. *In* Boggs CL, Watt WB & Ehrlich PR (eds). *Butterflies: ecology and evolution taking flight*: 541-560. University of Chicago Press, Chicago.

Pressey RL, Cowling RM, Rouget M (2003) Formulating conservation targets for biodiversity pattern and process in the Cape Floristic Region, South Africa. *Biological Conservation,* 112: 99-127.

Sarkar S (2002) Conservation biology: the new consensus. *Journal of Biosciences*, 27 Suppl. (2): i-iv.

Scoble MJ, Clark BR, Godfray HCJ, Kitching IJ, Mayo SJ (2007) Revisionary taxonomy in a changing e-landscape. *Tijdschrift voor Entomologie,* 150: 305-317.

Simpson GG (1961) *Principles of animal taxonomy.* Columbia University Press, New York.

Sokal RR, Sneath PHA (1963) *Principles of numerical taxonomy.* W.H. Freeman, San Francisco.

Solis MA (1999) Insect biodiversity: perspectives from the systematist. *American Entomologist,* 45: 204-205.

Soulé ME (ed.) (1987) *Viable populations for conservation.* Cambridge University Press, Cambridge, UK.

Stamos DN (2003) *The species problem.* Lexington Books, New York.

Stone MK, Barlow Z (eds) (2005) *Ecological literacy.* Sierra Club, San Francisco.

Vane-Wright RI (2005) Conserving biodiversity: a structural challenge. In Yata O (Ed.), *A Report on Insect Inventory Project in Tropic Asia (TAIIV)* Network construction for the establishment of insect inventory in Tropic Asia (TAIIV): 27-47. Kyushu University, Fukuoka.

Vane-Wright RI (2008) Butterflies, worldviews, biodiversity, general systems theory, and taxonomy. *In* Yata O (Ed.), *The 2nd Report on Insect Inventory Project in Tropical Asia (TAIIV)* The development of insect inventory project in Tropical Asia (TAIIV): 1-20. Kyushu University, Fukuoka.

Vane-Wright RI (2009) Planetary awareness, worldviews and the conservation of biodiversity. *In* Kellert SR & Speth JG (eds), *The coming transformation*: 353-382. Yale School of Forestry & Environmental Studies, New Haven.

Vane-Wright RI (2013) Taxonomy, Methods of. In Levin SA (Ed.). *Encyclopedia of Biodiversity* (2nd edn), 7: 97-111. Academic Press. Waltham, MA.

Wächtershäuser G (2006) From volcanic origins of chemoautotrophic life to Bacteria, Archaea and Eukarya. *Philosophical Transactions of the Royal Society* B 361: 1787-1808.

West-Eberhard MJ (2003) *Developmental plasticity and evolution*. Oxford University Press, Oxford.

Wheeler QD (ed.) (2008) *The new taxonomy*. CRC Press, Boca Raton, Fla.

Wheeler QD, Meier R (2000) *Species concepts and phylogenetic theory*. Columbia University Press, New York.

Williams PH (1996) Measuring biodiversity value. *World Conservation,* (1): 12-14. IUCN, Gland, Switzerland.

Williams PH (2001) Complementarity. *Encyclopedia of Biodiversity* 1: 813-829. Academic Press.

Williams PH (2003) *Worldmap IV for Windows*. Software and help document, version 4.20.20. Privately distributed, London.

Williams PH, Gaston KJ (1998) Biodiversity indicators: graphical techniques, smoothing and searching for what makes relationships work. *Ecography* 21: 559-568.

(R. I. Vane-Wright 著・矢田 脩 訳)

コラム

スリランカにおけるチョウ多様性の
指標（代理物）としてのアゲハチョウ科

　生物多様性の保全にとって，チョウは「フラッグシップ」グループであるとされるがその具体例はあまりない。熱帯アジアでは，Harish Gaonkar によるインド西ガッツおよびスリランカにおけるチョウの研究がある。彼はこの二つの地方に産するチョウ全364種についてこれまでの採集記録を1/4°経度/緯度の方形区（生息セル）にプロットした。ここでは Gaonkar がスリランカでマッピングした244種のチョウに関する分析の一部を紹介する（口絵③参照のこと）。演習の目的上，スリランカに産する全244種の多様性を総多様性 total biodiversity（TB），スリランカ産アゲハチョウ科の15種の多様性をサンプル多様性すなわち代理物多様性 surrogate biodiversity（SB）とする。ここで，SB はどの程度 TB と相関するであろうか，そして，これが重要なのだが，SB データを用いて選定した優先地域はどの程度 TB を"捕捉（キャプチャー）"できるだろうか？

　口絵③a は Gaonkar による固有種セイロンキシタアゲハ *Troides darsius* の分布地図である。口絵③b および c は，それぞれ，チョウ全体の244種およびアゲハチョウ科全15種の地図をオーバーレイして作成した TB および SB の種数マップである。これら二つのマップを比べるとどうなるか？ Williams が考案したオーバーレイ手法（Williams, 2003; Williams & Gaston, 1998）で明らかになる種数の相関は高いが完全ではない（口絵③d）。しかし実際に問題なのは，SB の基本的な相補性パターン（Williams, 2001; Justus & Sarkar, 2002）がどの程度 TB のそれと呼応するかである。口絵③e は，TB に含まれる全種を少なくとも1度代表するには最低五つの地域が必要であり，うち二つは他に代えられない（これらは他の方形区地域のいずれにも含まれない種を少なくとも1種含んでいるから）ことを示している。口絵③f, g を見ると，他の三つについては可塑的な印象がある。口絵③c を見ると，スリランカ産アゲハチョウ類の全15種が南部の隣接する二つの地域内に共存している。アゲハチョウ類全15種を最小限の三つに代表させる効果的な地域選定を可能にする近最小化セットを探す解析ソフトウェアを用いると，必要なのは4地域だけである（口絵③h）。口絵③h に示す4地域を前もって選択し，TB 分析を行うと，スリランカ産244種のうち11種を除く233種がこれら4地域に含まれる（TB で全種を含めるには最低5地域が必要であったことを思いだしてほしい）。口絵③i はこれら"脱落する"11種の分布および種数を示すものであるが，うち最高7種が一つの方形区内に産する。この方形区を5番目の選択と

コラム

して加えると，われわれのTB目標を構成するスリランカ産244種のチョウのうち4種を除いた全種を少なくとも一つの"population"（生息セル，方形区＝□で示す）の代表を得ることができる。つまり，少なくとも口絵③のケースでは，アゲハチョウ類がチョウ多様性全体の良好な代理物であると言える。ここで重要なのは，スリランカについて何らかの"結果"を示すことでなく，種レベルのデータが得られさえすれば，それを処理するための基本操作およびオプションはすでにある，ということである。a〜iのより詳しい説明は以下を参照されたい。

a：セイロンキシタアゲハの分布（○：確認されている記録；島の北部および東部地域ではこのチョウが見られない）。スリランカで記録されている244種すべてについて同様の地図が得られた。

b：全244種についての個々の種の分布図を重ね合わせた種の豊かさ。豊かさは種の記録が少ない地域（淡青のセル□）から多い地域（橙および赤のセル□）へと変動し，北東沿岸部のほぼ空の空色の地域では記録がもっとも少なく1種だけで，南部にあるGalangodo山の東のセル□はもっとも多く212種である。

c：アゲハチョウ科15種だけの豊かさ。南部の隣接する二つのセル□（赤）は全15種の記録がある；北部の五つの低多様性セル□ではアゲハチョウ科の記録がまったくなく，したがって，bと比べて空白である。

d：アゲハチョウの豊かさ（緑）と全チョウ種（青紫）の間には高い相関があるが不完全であることを示すオーバーレイ。二つの豊かさが完全に相関していれば，すべてのセル□が黒（完全に相関，両群とも相対多様性が非常に低い）から灰色を経由して白（両群とも多様性が非常に高い）へと推移するはずである。dの最上段右図はほぼすべてのセル□が緑色側に偏っており，ほとんどの地域で，チョウの総種数に比してアゲハチョウの種数が過剰であることを示すが，この差は記録のための労力に差があったことによる可能性が高い。

e：全244種について少なくとも一つで代表させること（1 representation）を保証するためには少なくとも5地域が必要であることを示すNear-minimum set analysis "近最小セット分析"。二つの赤い地域は他に代えられない（各々が他のセル□では記録されていない種を少なくとも1種含む）。二つの緑色地域は完全にフレキシブルである（つまり，これらの各々を，別の少なくとも一つの地域に入れ替えることができ，この時，representationを完全にするために別の地域を加える必要はない）。橙色の地域は部分的にフレキシブルである。単一の地域に代えることはできないが，この地域が選択された5地域セットの一員としてrepresentation目

コラム

標に固有に寄与する8種を，representationできる2以上の地域を組み合わせて交換することはできる。

f：eにおける橙色地域が固有に寄与する8種の豊かさ。他の地域はこれら8種のうち1〜7種に寄与できることを示す。

g：eにおける北部の緑色セル□がrepresentationゴールに固有に寄与する11種の豊かさ，これら低地性チョウが北部および沿岸部に集中していることを示す。各々全11種に寄与することのできる隣接した二つの赤色セル□により完全な柔軟性が与えられる。

h：アゲハチョウ科のみの"近最小セット分析"。全15種について少なくとも三つで代表（3 representation）できる4地域のいくつかの組み合わせのうち一つを示す（データセット中，もっとも限られたアゲハチョウは18のセル□域で記録されたジョホンベニモンアゲハ *Pachliopta jophon* である）。

i：hで示した4地域（1〜4）には見られない11種の残り補数の豊かさ。南部の1個だけの赤色地域はこれらのうち7種に寄与でき，その近くの二つの橙色地域は6種に寄与できる。北部および東部では，青色で示したセル□が寄与できるのはこの他1ないし2種だけである。

〈R.I. Vane-Wright 著・矢田 脩 訳〉

II．多様性解明とモニタリング，分布拡大

1 広東省石門台自然保護区におけるチョウ類の種多様性

石門台自然保護区

　人間活動に起因する環境破壊が深刻となり，人類の生存のための物質的基礎である生物多様性の保全は地球規模の重要事項となってきた。生物多様性を具体的に進める際，チョウ類など指標性の高い指標グループが世界的に注目されている（Pullin, 1995; Scott, 1986; Corbet, 1992; Yang, 1998; Liu & Deng, 1997）。また，チョウは愛好者も多く一般にも人気が高いため保護のシンボルとされ，都市周辺の環境モニタリングにも広く使用されている（Pollard & Yates, 1993; New, 1993; New *et al.*, 1995; Baguette *et al.*, 2000; Hermy & Cornelis, 2000; Dover *et al.*, 2000）。

　広東省の石門台（シメンタイ）自然保護区は生物多様性の世界8大ホットスポットの一つ，インド-ビルマ地域の北東部に位置する（口絵⑥，図1）。この保護区は，北回帰線上の常緑樹の森林植生からなる特殊な森林タイプで，

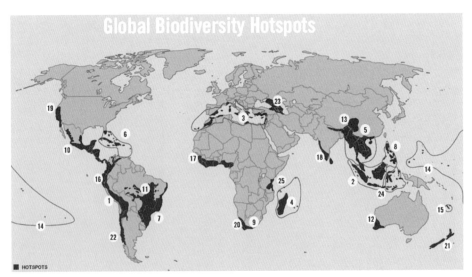

図1　世界の生物多様性ホットスポット（Myers *et al.*, 2000）

その保護は"人間と生物圏"の主要な国際的研究プロジェクトとなっている。しかし，長期間にわたる人間の活動の影響によって，この特殊な森林環境が破壊され，多くの貴重な動植物が絶滅の危機にさらされている。この保護区ではこれまで地形や植物資源の調査が行われてきた（Li *et al*., 1999; Su *et al*., 2002）。石門台自然保護区は亜熱帯の常緑広葉樹林も保持し，特別な科学的価値を有している。熱帯環境を含む本保護区の生物多様性の保全の方策の一環として，われわれは指標性の高いチョウ類の多様性について調査を行った。

石門台自然保護区のチョウ類－調査地および調査方法

（1）調査地

石門台自然保護区は広東省英徳市の北部，南嶺山脈の南端に位置し（東経113°01'～113°46'，北緯24°17'～24°31'），総面積は335.55km^{2}で，広東省で最大の連続した森林生態系自然保護区である（Pang, 2001）。

主な調査地は，石門台自然保護区内の次の地点を選んだ。

A：必木坪（Bimuping），標高1,000m。峻険な山々で囲まれた森林帯のコア区。
B：石門台（Shimentai；図2），標高200m～900m。コア区の中心にある山麓の小村で，自然植生がよく残っている。オープンランドや渓流が諸所にある。
C：水頭（Shuitou；図3），標高300m。かなり広い耕作地のある村。
D：黄洞（Huangdong；図4），コア区にあるよい植生に恵まれた水力発電所のある場所。路傍，水辺周辺には蜜源の花もあり，チョウが多い。

図2　石門台自然保護区（石門台）

図3　石門台自然保護区の調査地（水頭）

図4 石門台自然保護区の調査地（黄洞，ダムの周辺）

E：九郎洞（Jiulangdong），標高300m。本保護区の東側に位置する耕作地に囲まれた村。周辺にはよく植生の残された山々（標高600〜1,100m）がある。

F：波夢（Boluo），標高600m。本保護区の西側に位置し，有名な大渓谷に近い村。

G：船底頂（Chuandiding），標高1,586m。本保護区における最高峰のある場所。

（2）調査方法

2001年7月から2011年12月の間，森林分布，標高と植生タイプに応じて主に約8kmにわたる18の採集コース（テスト区からコア区の奥地まで）で調査を行った。ネットやトラップなどを使ってチョウを採集し，三角紙に回収し，研究室で標本を作成および同定した（Chou, 1999; Wu, 2001; Wang & Fan, 2002; Osada et al., 1999; 白水, 1960; 2006; D'Abrera, 1982; 1986; 1993; Higgins, 1983; Igarashi & Fukuda, 1997; 2000; Ikeda et al., 2002; Wu & Bai, 2001; Pinratana, 1981; Yamauchi & Yata, 2000）。チョウの調査は晴れまたは曇りの日を選択して，夏と秋は9時〜13時と15時〜18時に，冬と春は10時〜17時に行った。また，チョウの個体数，種数や行動およびその生息地の概要を記録した。

（3）異なる生息地で多様性の比較方法

保護区で総合的な資源条件を考え，異なる季節，生息地，植生群落型お

よびホストと蜜植物の分布に基づいて，三つの調査区すなわち，テスト区 (Experimental zone：主に人工林)，バッファー区 (Buffer zone：主に二次林)，コア区 (Core zone：主に天然林) に分けた。これら三つの調査区を選択してチョウ群集の多様性解析を行った。各区の中で二つのエリアを選択，各エリアはその区のゾーニングモードと生息地のタイプを代表し，約 $1km^2$ とした (Sparks *et al.*, 1997; Virtanen & Neuvonen, 1999; Yodzis, 1981; Thomas & Abery, 1995; Debinski *et al.*, 2001; Dirk & Hans, 2001; Fuller *et al.*, 1998; Hill, 1995; Moss & Pollard, 1993; Oliver & Beattie, 1996)。2001 年 10 月〜 2003 年 4 月の間，月に一回の定期的な調査を行った。

(4) 解析と計算方法

種多様性および科，属の多様性を反映するために，多様性指数と G-F 指数を使用した。さまざまな地域の共通性と特性は類似性係数で解析した。指数式は次のとおりである。

①多様性指数 (H') はシャノン・ウィーナー (Shannon-Wiener) 式 $H' = -\sum PilnPi$ (i = 1, 2, 3···n) を使う，シンプソン (Simpson) の優位指数は $J' = \sum Pi2$ (i = 1, 2, 3···, S) で，ピールー (Pielou) 均一性指数は $Jsw = (-\sum PilnPi) / lnS$ (i = 1, 2, 3···, S) である (Pi は i 番目種の個体割合で $Pi = Ni / N$，Ni は i 番目種の個体数で，N はすべての種の個体数の合計である。S は総種数である) (Ma & Liu, 1994; Yang, 1998)。

② G-F 指数の F 指数 (科の多様性)：$D_F = \sum DFK$ (K = 1, 2, 3···m) (DFK は k 科の中の種多様性である $D_{FK} = -\sum PilnPi$ (i = 1, 2, 3···n)，Pi は K 科 i 属の種数が K 科の総種数の割合を表す，n は K 科の属数, m は科数である)；G 指数 (属の多様性)：$D_G = -\sum qjlnqj$ ($j = 1, 2, 3···p$) (qj は j 属の種数が総種数の割合を表す，p は属数である)；G-F 指数：$D_{F\text{-}G} = 1 - D_G / D_F$ (地域で唯一の1種または何種が異なる科に分布し，この地域の G-F 指数がゼロに定義される) (Jiang & Ji, 1999; Zhang *et al.*, 2002)。

③類似性係数 (Cs) はジャカール (*Jaccard*) 式 $Cs = c / (a + b - c)$ を用いた (c は二つのサンプル地点の共通種数で，a と b は A と B サンプルのなかでそれぞれの種数である) (Yang & Lu, 1981)。

結果と分析

(1) チョウ類の群集組成との定量的特性

2001年7月から2011年12月まで，18の採集コースでフィールドワークを行い，6,000以上の標本を収集し，11科190属371種を確認した(図5, 表1)。このうち，広東省新記録種が18種，広東省新記録属を4属見いだした。ウスバアゲハ亜科 Parnassiinae を除いて，中国で記録されたすべてのチョウの科を含んでいる。科の構成から見ると，タテハチョウ科は87種を含み，総数の23.4%でもっとも豊富な科グループであり，次はセセリチョウ科75種，シジミチョウ科71種となり，この三つの科の種数を合わせて，保護区の総種数の62.8%である。

図5　石門台自然保護区で得られたチョウ類 (2001年～2002年)

表1 チョウ類各科の属数，種数，G-F index，中国の固有種数と絶滅危惧種数 (Wang et al., 2003 より修正)

科*	属数	種数	G-F index			中国の固有種	中国における絶滅危惧種
			D_F	D_G	D_{G-F}		
アゲハチョウ	13	33	2.1455	0.6767	0.6846	1	4
シロチョウ	16	31	2.6510	0.7283	0.7253	-	-
マダラチョウ	5	17	1.5377	0.3536	0.7701	-	-
ワモンチョウ	5	8	1.5596	0.1990	0.8724	2	2
ジャノメチョウ	11	39	1.8171	0.6980	0.6159	15	-
タテハチョウ	40	87	3.1898	1.8183	0.4300	11	2
ホソチョウ	1	1	0.0000	0.0276	0.0000	-	-
テングチョウ	1	1	0.0000	0.0276	0.0000	-	-
シジミタテハ	4	10	1.1935	0.2178	0.8175	-	-
シジミチョウ	48	70	3.7754	1.7588	0.5341	14	1
セセリチョウ	46	74	3.6551	1.7908	0.5100	13	1
計	190	371	17.8906	8.2966	0.6146	56	10

*マダラチョウ科～テングチョウ科までをまとめてタテハチョウ科とする分類が一般的となっているが，ここでは以前の分類を用いた。

表2 広東省の自然保護区におけるチョウの種数

科*	自然保護区**						
	南嶺 (Cheng, 1997)	Chebaling (Su et al, 1993)	Neilingding (Zhou et al, 2000)	Dinghushan (Xiao et al, 2002)	Heishiding (Wu, 1989)	Lianhuashan (Liu et al, 2003)	石門台 (本研究)
アゲハチョウ	31	18	14	18	20	10	33
シロチョウ	15	11	14	16	22	6	31
マダラチョウ	7	3	9	13	12	6	17
ワモンチョウ	6	2	2	2	2	1	8
ジャノメチョウ	51	23	8	15	14	6	39
タテハチョウ	80	38	20	39	39	13	87
ホソチョウ	1	1	0	1	1	-	1
テングチョウ	1	1	0	-	0	-	1
シジミタテハ	7	4	2	2	3	3	10
シジミチョウ	40	12	10	17	15	8	70
セセリチョウ	63	8	19	15	7	7	74
計	302	121	98	138	134	60	371

*マダラチョウ科～テングチョウ科までをまとめてタテハチョウ科とする分類が一般的となっているが，ここでは以前の分類を用いた。
**南嶺, Chebaling, Neilingding, Dinghushan は国立自然保護区，Heishiding は省立自然保護区，Lianhuashan は市立自然保護区である。

シジミチョウ科の多様性指数が3.7754であり，セセリチョウ科の3.6551やタテハチョウ科の3.1898より高い。一方，タテハチョウ科の属多様性はセセリチョウ科やシジミチョウ科のより少し高い。石門台自然保護区のチョウの科，属およびG-F多様性指数はそれぞれ17.8906，8.2966と0.6146である。

　石門台自然保護区は広東省でチョウの種数がもっとも多い保護区であり（表2），植生タイプと一致している鼎湖山国立自然保護区（Xiao et al., 2002）や車八嶺国立自然保護区（Su et al., 2002）のより約3倍も多く，さらに"生物多様性の宝庫"と言われる南嶺国立自然保護区のチョウの種数（Chen, 1997）よりも多い。

　調査の結果，以下に列挙したように計56種の中国固有種を確認した。中国固有種はこの保護区におけるチョウの総種数の15.0%を占める。

●アゲハチョウ科（1種）: *Agehana elwesi*（Leech）
●タテハチョウ科（ジャノメチョウ科・ワモンチョウ科を含む）（28種）:
Enispe lunatum Leech, *Stichophthalma neumogeni* Leech, *Lethe butleri* Leech, *L. christophi*（Leech）, *L. gemina* Leech, *L. laodamia* Leech, *L. lanaris* Butler, *L. satyrina* Butler, *L. syrcis*（Hewitson）, *Neope bremeri*（Felder）, *N. muirheadi*（Felder）, *Mandarinia regalis*（Leech）, *Acropolis thalia*（Leech）, *Ypthima conjuncta* Leech, *Y. lisandra*（Cramer）, *Y. praenubila* Leech, *Palaeonympha opalina* Butler, *Helcyra subalba*（Poujade）, *H. superba* Leech, *Sasakia funebris*（Leech）, *Euthalia kosempona* Fruhstorfer, *E. pratti* Leech, *E. strephon* Grose-Smith, *Limenitis misuji* Sugiyama, *Athyma fortuna* Leech, *Neptis antilope* Leech, *N. guia* Chou et Wang, *N. beroe* Leech

●シジミチョウ科（14種）: *Cordelia comes*（Leech）, *C. kitawakii* Koiwaya, *Leucantigius atayalicus*（Shirôzu et Murayama）, *Euaspa forsteri*（Esaki et Shirôzu）, *Howarthia cheni* Chou et Wang, *H. melli*（Forster）, *Chrysozephyrus scintillans*（Leech）, *Deudorix pseudorapaloides* Wang et Chou, *Rapala takasagonis* Matsumura, *Albergia nicevillei*（Leech）, *Strymonidia yangi*（Riley）, *Heliophorus phoenicoparyphus*（Holland）, *Orthomiella rantaizana* Wileman, *O. fukienensis* Forster

●セセリチョウ科（13種）: *Bibasis miracula* Evans, *Capila translucida* Leech,

Celaenorrhinus horishanus Shirôzu, *Abraximorpha heringi* Mell, *Satarupa monbeigi* Oberthür, *Coladenia sheila* Evans, *C. hoenei* Evans, *Thoressa submacula* (Leech), *Ochlodes klapperichii* Evans, *Potanthus confucius* (Felder et Felder), *Telicota colon* (Fabricius), *Ampittia virgata* Leech, *Scobura coniata* Hering

2000 年に発表された「国家保護による有用あるいは重要な経済的または科学的価値がある野生生物リスト」には，石門台自然保護区に産する *Troides aeacus* (Felder et Felder), *Atrophaneura aidonea* (Doubleday), *Agehana elwesi* (Leech), *Lamproptera curia* (Fabricius), *Stichophthalma howqua* (Westwood), *S. neumogeni* Leech, *Saskia funebris* (Leech), *Kallima inachus* Doubleday, *Yamamotozephyrus kwangtungensis* (Forster) と *Bibasis miracula* Evans の 10 種が含まれている。これは，中国が保護するすべてのチョウ（83 種）の 12.0% である（付表参照）。

以上のように，石門台自然保護区のチョウには，中国固有種ならびに絶滅危惧種が非常に多く，本地域の効果的な保護が急務となっていることは明かである。

(2) 異なる生息地のチョウの多様性

コドラート調査法による三つの調査区におけるチョウの個体数（種数）は，テスト区で 3,841 個体（10 科 55 属 77 種），バッファー区で 2,972 個体（10 科 93 属 128 種），コア区で 781 個体（9 科 63 属 93 種）と記録された。3 調査区のチョウの個体数の比率と多度性を示した（付表参照）。

石門台自然保護区における三つの調査区のチョウ群集の多様度指数（表 3）と類似係数を示した（表 4）。バッファー区の種多様性指数がもっとも高く 4.3224 である。コア区では種多様性指数がバッファー区より少し低いが，均衡度指数がもっとも高かった。優占度指数ではテスト区＞バッファー区＞コア区の結果となった。テスト区は，栽培農地などの耕作地を主体とし，チョウの種数は少ないが，いくつかの種については個体数が比較的多い。たとえば，タイワンモンシロチョウ *Pieris canidia*，キチョウ *Eurema hecabe*，ヤマトシジミ *Pseudozizeeria maha*，コジャノメ *Mycalesis francisca*，ホソチョウ *Acraea issoria*，ゴイシシジミ *Taraka hamada* などの種が大きな優位性を示した。

類似性を比較した結果，バッファー区とテスト区の間の類似係数，バッ

表3 石門台自然保護区の三つの調査区におけるチョウ群集の多様度指数
（Wang et al., 2003 より修正）

調査区	科	属	種	個体数	多様度指数	均衡度	優占度
テスト区	10	55	77	3841	3.8285	0.4639	0.0326
バッファー区	10	93	128	2972	4.3224	0.5405	0.0211
コア区	9	63	93	781	4.2142	0.6327	0.0205

表4 石門台自然保護区の三つの調査区における共通種数および類似性係数
（Wang et al., 2003 より修正）

Study areas	テスト区	バッファー区	コア区
テスト区		0.3312	0.1972
バッファー区	51		0.2629
コア区	28	46	

ファー区とコア区の間の類似係数はテスト区とコア区の間の類似係数より高く，バッファー区とテスト区の間の類似係数がもっとも高く0.3312であった。

考察－石門台自然保護区は世界クラスの生物多様性ホットスポット

　石門台自然保護区のチョウを調査した結果，11科190属371種を確認した。この保護区はチョウの種数が多い地域であり，科，属，種の多様性がすべてのレベルで高かった。このことを反映して，チョウの種数は広東省で記録されたチョウの総種数（538種，本研究）の69.0%で，詳しく調査されている南嶺国立自然保護区の302種（Chen, 1997）より多い。この結果として，石門台自然保護区は世界クラスの生物多様性ホットスポットにふさわしく，森林保全の健全さを体現した地域と言えよう。なお，時間的な制約やマンパワーの不足などが原因で，この保護区での調査はまだ不十分であり，調査が進めば，チョウの種数は400種以上になると推定している。なお，調査区別の調査結果から，バッファー区は多くの絶滅危惧種のために避難サイトであることが示され，この区がこの地域のチョウの種多様性の保全にとって基本的に重要な場所であることが示唆された。

謝辞

　調査中には石門台自然保護区の職員や華南農業大学の学生，研究生らから種々支援をうけた。また，本研究は日本自然保護協会プロ・ナトゥーラ・ファンド第 12 期（2001 年度），第 13 期（2002 年度）からの助成がきっかけとなった。あわせて感謝したい。

〔引用文献〕

Baguette M, Petit S, Quéva F (2000) Population spatial structure and migration of three butterfly species within the same habitat network: consequences for conservation. *Journal of Applied Ecology*, 37: 100-108.

Chen XC (1997) A research on butterflies in Nanling National Nature Reserve. *Natural Enemies of Insects*, 19(1): 26-40. (in Chinese)

Chou I (ed.) (1999) *Monographia Rhopalocerorum Sinensium (Revised Edition)*. Henan Science and Technology Press, Zhengzhou. (in Chinese)

Corbet AS (1992) *The butterflies of the Malay Peninsula*. 4th edition, revised by JN Eliot. Malayan Nature Society.

D'Abrera B (1982) *Butterflies of Oriental Region Vol.1*. Hill House, Victoria.

D'Abrera B (1986) *Butterflies of Oriental Region Vol.2*. Hill House, Victoria.

D'Abrera B (1993) *Butterflies of Oriental Region Vol.3*. Hill House, Victoria.

Debinski DM, Ray C, Saveraid EH (2001) Species diversity and the scale of the landscape mosaic: do scales of movement and patch size affect diversity? *Biological Conservation*, 98(2): 179-190.

Dirk M, Hans VD (2001) Butterfly diversity loss in Flanders (north Belgium): Europe's worst case scenario? *Biological Conservation*, 9(3): 263-276.

Dover J, Sparks T, Clarke S, Gobbett K, Glossop S (2000) Linear features and butterflies: the importance of green lanes. Agriculture, *Ecosystems and Environment*, 80(3): 227-242.

Fuller RM, Groom GB, Mugisha S, Ipulet P, Pomeroy D, Katende A, Bailey R, Ogutu-Ohwayo R (1998) The integration of field survey and remote sensing for biodiversity assessment: a case study in the tropical forests and wetlands of Sango Bay, Uganda. *Biological Conservation*, 86(3): 379-391.

Hermy M, Cornelis J (2000) Towards a monitoring method and a number of multifaceted and hierarchical biodiversity indicators for urban and suburban parks. *Landscape and Urban Planning*, 49(3): 149-162.

Higgins LG (1983) *A field guide to the Butterflies of Britain and Europe*. Chapman and Hall, London.

Hill JK (1995) Effects of selective logging on tropical forest butterflies on Buru, Indonesia. *Journal of Applied Ecology*, 32: 754-760.

Igarashi S, Fukuda H (1997) *The life histories of Asian butterflis Vol.1*. Tokai University Press, Tokyo.

Igarashi S, Fukuda H (2000) *The life histories of Asian butterflis Vol.2*. Tokai University Press, Tokyo.

Ikeda K, Nishimura M and Inagaki H (2002) Butterflies of Cuc Phuong National Park in Northern Vietnam (6). *Butterflies*, 32: 34-38.

Jiang ZG, Ji LQ (1999) Avianmam malian species diversity in nine representative sites in China. *Chinese Biodiversity*, 7(3): 220-225. (in Chinese)

Li ZK, Ye XB, Feng ZJ, Wu DR, Li Y, Lai XH (1999) A preliminary report on the rare and endangered plant resource of Shimentai Nature Reserve, Yingde City, Guangdong Province. *Journal of South China Agricultural University*, 20(4): 94-97. (in Chinese)

Liu WP, Deng HL (1997) Study on butterfly diversity of Muli. *Journal of Ecology*, 17(3): 266-271. (in Chinese)

Ma KP, Liu YM (1994) Measure-ment of biotic community diversity I: α diversity (Part 2). *Chinese Biodiversity*, 2(4): 231-239. (in Chinese)

Moss D, Pollard E (1993) Calculation of collated indices of abundance of butterflies based on monitored sites. *Ecological Entomology*, 18(1): 77-83.

Myers N, Mittermeier RA, Mittermeier CG, daFonseca AB, Kent J (2000) Biodiversity hotspots for conservation priorities. *Nature*, 403(7): 853-858.

New TR (1993) *Conservation biology of Lycaenidae*. IUCN.

New TR, Pyle RM, Thomas JA, Thomas CD, Hammond PC (1995) Butterflies conservation management. *Annual Review of Entomology*, 40: 57-83.

Oliver IO, Beattie AJ (1996) Designing a cost-effective invertebrate survey: a test of methods for rapid assessment of biodiversity. *Ecology Applied*, 6: 594-607.

Osada S, Uémura Y, Uehara J, Nishiyama Y (1999) *An illustrated checklist of the butterflies of Laos PDR*. Mokuyo-sha, Tokyo.

Pang XF (ed.) (2001) *Integrated science investigation report of Shimentai Nature Reserve*. South China Agricultural Unviersity, Guangzhou. (in Chinese)

Pinratana A (1981) *Butterflies in Thailand, vol.4*. Viratham Press, Bangkok.

Pollard E, Yates TJ (1993) *Monitoring butterflies for ecology and conservation, The British Butterfly Monitoring Scheme*. Chapman and Hall, London.

Pullin AS (Ed.) (1995) *Ecology and conservation of butterflies*. Chapman and Hall, London.

Scott JA (1986) *The butterflies of North America*. Stanford University Press, Stanford.
白水隆 (1960) 原色台湾蝶類大図鑑. 保育社, 大阪.
白水隆 (2006) 日本産蝶類標準図鑑：336. 学習研究社, 東京.
Sparks TH, Mountford JQ, Manchester SJ, Rothery P, Treweek JP (1997) Sample size for estimating species lists in vegetation surveys. *The Statistician*, 46: 253-260.
Su ZY, Chen BG, Wu DR (2002) Vegetation types and community structure of Shimentai Nature Reserve, Yingde, Guangdong. *Journal of South China Agricultural University*, 23(1): 58-62. (in Chinese)
Thomas CD, Abery JCG (1995) Estimating rates of butterfly decline from distribution maps: the effect of scale. *Biological Conservation*, 73: 59-65.
Virtanen T, Neuvonen S (1999) Climate change and macrolepidopteran biodiversity in Finland. *Chemosphere: Global Science Change*, 1(4): 439-448.
Wang M, Fan XL (2002) *Butterflies Fauna Sinica: Lycaenidae*. Henan Science and Technology Press, Zhengzhou. (in Chinese & English)
Wang M, Huang GH, Fan XL, Xie GZ, Huang LS, Dai KY (2003) Species diversity of butterflies in Shimentai Nature Reserve, Guangdong. *Biodiversity Science*, 11(6): 441-453. (in Chinese)
Wu CS, Bai JW (2001) A review of the genus *Byasa* Moore in China (Lepidoptera: Papilionidae). *Oriental Insects*, 35: 67-82.
Wu CS (2001) *Fauna Sinica: Insect. Vol.25 (Lepidoptera: Papilionidea)*. Science Press, Beijing. (in Chinese)
Xiao HH, Xu JH, Li FM (2002) Preliminary Report on Butterfly Resources in Zhaoqing City of Guangdong. *Chinese Journal of Tropical Agriculture*, 22(3): 23-31. (in Chinese)
Yamauchi T, Yata O (2000) Systematics and biogeography of the genus *Gandaca* Moore (Lepidoptera: Pieridae). *Entomological Science*, 3(2): 331-343.
Yang DR (1998) Studies on the structure of the butterfly community and diversity in the fragmentary tropical rainforest of Xishuangbanna, China. *Acta Entomologica Sinica*, 41(1): 48-55. (in Chinese)
Yang HX, Lu ZY (1981) *Quantitative methods for classification of plant ecology*. Science Press, Beijing. (in Chinese)
Yodzis P (1981) The stability of real ecosystems. *Nature*, 289: 674-676.
Zhang SP, Zhang ZW, Xu JL, Sun QH, Li DP (2002) The analysis of water bird diversity in Tianjin. *Biodiversity Science*, 10(3): 280-285. (in Chinese)

（黄　国華・李　密・王　敏）

付 表

石門台自然保護区のチョウの種リスト および調査区のチョウの豊富度

豊富度（Abundance）は＋：1～50個体，＋＋：51～100個体，＋＋＋：100個体以上。各調査区の比率（The proportion of individuals）は各種の個体数の全体の総個体数に対する割合％を示している（Wang et al., 2003 より修正）。

なお，マダラチョウ科～テングチョウ科などをまとめてタテハチョウ科とする分類が一般的となっているが，ここでは以前の分類を用いた。

分類群（科、種）科名及び最初の種の属名は太字	調査区						中国の固有種	中国の絶滅危惧種
	テスト区 Experimental zone		バッファー区 Buffer zone		コア区 Core zone			
	%	豊富度	%	豊富度	%	豊富度		
Papilionidae（アゲハチョウ科）								
Troides *aeacus*	0.18	＋	0.17	＋	0.38	＋		√
Atrophaneura *aidonea*			0.07	＋				√
Byasa *alcinous*								
B. dasarada								
Pachliopta *aristolochiae*	0.13	＋	0.2	＋	0.51	＋		
Chilasa *agestor*	0.26	＋			0.77	＋		
C. clytia			0.34	＋	0.38	＋		
C. epycides					0.26	＋		
Papilio *helenus*	0.55	＋	0.44	＋	0.64	＋		
P. memnon			0.34	＋	0.51	＋		
P. nephelus			0.3	＋	0.26	＋		
P. polytes	1.69	＋＋	1.95	＋＋	2.68	＋		
P. protenor	2.16	＋＋	2.32	＋＋	2.3	＋		
P. arcturus					1.15	＋		
P. bianor	1.35	＋＋	1.55	＋	1.53	＋		
P. demoleus	0.81	＋	0.61	＋	0.64	＋		
P. paris	3.25	＋＋＋	3.73	＋＋＋	2.42	＋		
P. xuthus	0.49	＋	0.17	＋				
P. machaon			0.27	＋	0.51	＋		
Agehana *elwesi*					0.38	＋	√	√
Lamproptera *curia*			1.28	＋	1.4	＋		√
Graphium *agamemnon*	0.34	＋	0.5	＋	0.77	＋		
G. chironides					0.51	＋		
G. cloanthus			0.1					
G. doson	0.26	＋			0.64	＋		
G. eurypylus					0.38	＋		
G. sarpedon	0.55	＋	0.64	＋	1.66	＋		
Paranticopsis *megarus*					0.89	＋		
Pathysa *agetes*								
P. antiphates	0.29	＋	0.44	＋				
Pazala *euroa*					1.28	＋		
P. glycerion					0.64	＋		
Meandrusa *sciron*			0.34	＋	1.02	＋		

① 広東省石門台自然保護区におけるチョウ類の種多様性

付表

分類群（科、種）科名及び最初の種の属名は太字	調査区						中国の固有種	中国の絶滅危惧種
	テスト区 Experimental zone		バッファー区 Buffer zone		コア区 Core zone			
	%	豊富度	%	豊富度	%	豊富度		
Pieridae（シロチョウ科）								
Catopsilia pomona	0.47	+	0.47	+	1.02	+		
C. pyranthe	0.31	+	0.47	+				
C. scylla					0.64	+		
Dercas lycorias			0.61	+	1.02	+		
D. nina					0.64	+		
D. verhuelli					0.77	+		
Colias erate					0.51	+		
C. fieldii								
Eurema blanda			0.71	+				
E. hecabe	5.57	+++	4.14	+++	7.41	++		
Gonepteryx mahagara					1.02	+		
G. rhamni								
G. mahagara								
Ixias pyrene			1.04	+	1.92	+		
Delias acalis					0.89	+		
D. pasithoe	1.38	++	1.08	+				
Appias albina			0.77	+				
A. libythea			0.17	+				
A. lyncida					0.38	+		
A. indra								
Prioneris thestylis								
Aporia largeteaui					0.51	+		
Cepora nerissa	0.44	+	0.5	+				
C. nadina					1.15	+		
Pieris canidia	9.14	+++	7.34	+++				
P. melete	0.99	+	0.87	+	2.17	+		
P. rapae			1.31	+				
Talbotia naganum			0.84	+	1.4	+		
Leptosia nina								
Hebomoia glaucippe	0.34	+	0.57	+	0.64	+		
Pareronia valeria					0.89	+		
Danaidae（マダラチョウ科）								
Danaus chrysippus								
D. genutia	4.92	+++	2.62	++				
D. plexippus								
Tirumala gautama			0.64	+				
T. limniace			0.71	+	1.15	+		
T. septentrionis			0.57	+	1.02	+		
Parantica aglea	2.47	++	1.88	++	2.68	+		
P. melanea			0.61	+	1.4	+		
P. sita			0.5	+				
Ideopsis similis								
I. vulgaris			0.27	+				
Euploea core			0.71	+	1.4	+		
E. eunice	0.39	+	0.4	+	1.02	+		
E. midamus	4.82	+++	1.92	++	2.42	+		
E. mulciber								
E. sylvester								
E. tulliola			0.17	+				

付　表

分類群（科、種）科名及び最初の種の属名は太字	調査区						中国の固有種	中国の絶滅危惧種
	テスト区 Experimental zone		バッファー区 Buffer zone		コア区 Core zone			
	%	豊富度	%	豊富度	%	豊富度		
Amathusiidae（ワモンチョウ科）								
Discophora *sondaica*	0.23	+	0.27	+	0.38	+		
Enispe *lunatum*							√	
Aemona *amathusia*								
A. lena					0.51	+		
Faunis *eumeus*								
F. aerope								
Stichophthalma *howqua*								√
S. neumogeni			0.07	+	0.38	+	√	√
Satyridae（ジャノメチョウ科）								
Melanitis *leda*	1.46	++	0.61	+	0.89	+		
M. phedima	0.44	+	0.17	+	0.51	+		
Lethe *butleri*							√	
L. chandica	0.99	+			1.4	+		
L. christophi					0.38	+	√	
L. confusa	1.33	++	1.04	+	1.66	+		
L. diana								
L. mekara								
L. europa	0.57	+						
L. gemina							√	
L. insana					3.07	+		
L. laodamia							√	
L. lanaris							√	
L. rohria	0.31	+						
L. satyrina							√	
L. syrcis							√	
L. verma			0.61	+				
L. vindhya								
L. violaceopicta					1.53	+		
Neope **Moore**								
N. bremeri							√	
N. muirheadi	0.47	+					√	
N. pulaha								
Mandarinia *regalis*							√	
Mycalesis *francisca*	2.4	++						
M. panthaka								
M. gotama								
M. mineus	1.412	++	0.71	+	1.15	+		
Penthema *adelma*			0.27	+	0.64	+		
Neorina *patria*								
Elymnias *hypermnestra*	0.18	+						
Acropolis *thalia*					1.92	+	√	
Ypthima *balda*	6.01	+++	4.64	+++				
Y. multistriata								
Y. tappana								
Y. conjuncta			0.77	+			√	
Y. lisandra			0.5	+	1.15	+	√	
Y. motschulskyi								
Y. praenubila			0.34	+			√	
Palaeonympha *opalina*					0.64	+	√	

付表

分類群（科、種）科名及び最初の種の属名は太字	調査区						中国の固有種	中国の絶滅危惧種
	テスト区 Experimental zone		バッファー区 Buffer zone		コア区 Core zone			
	%	豊富度	%	豊富度	%	豊富度		
Nymphalidae（タテハチョウ科）								
Polyura *arja*					0.26	+		
P. eudamippus			0.17	+				
P. narcaea					1.66	+		
P. nepenthes					1.4	+		
Charaxes *bernardus*								
Cethosia *biblis*			0.34	+				
Chitoria *ulupi*								
Rohana *parisatis*			0.27	+				
Sephisa *chandra*					0.64	+		
Helcyra *subalba*					0.77	+	√	
H. superba							√	
Euripus *nyctelius*								
Hestina *assimilis*	0.39	+	0.24	+	1.02	+		
Sasakia *charonda*					0.38	+		
S. funebris					0.64	+	√	√
Stibochiona *nicea*			0.47	+	1.15	+		
Dichorragia *nesimachus*			0.27	+				
Cupha *erymanthis*								
Phalantha *phalantha*								
Argynnis *paphia*								
Argyreus *hyperbius*	0.94	+	0.87	+	2.17	+		
Damora *sagana*								
Childrena *childreni*								
Tanaecia *julii*					0.64	+		
Euthalia *kosempona*							√	
E. lubentina								
E. monina	0.36	+						
E. niepelti	0.73	+						
E. patala								
E. phemius								
E. pratti							√	
E. strephon							√	
Lexias *dirtea*								
L. pardalis								
Limenitis *misuji*							√	
L. sulpitia	1.38	+ +	1.21	+				
Athyma *asura*								
A. cama			0.74	+				
A. fortuna							√	
A. jina								
A. nefte			0.61	+				
A. opalina								
A. perius			0.4	+				
A. punctata								
A. zeroca								
A. ranga								
A. selenophora	1.59	+ +	1.24	+				
Abrota *ganga*								
Moduza *procris*								

付 表

分類群（科、種） 科名及び最初の種の 属名は太字	調査区						中国の 固有種	中国の 絶滅 危惧種
	テスト区 Experimental zone		バッファー区 Buffer zone		コア区 Core zone			
	%	豊富度	%	豊富度	%	豊富度		
Parasarpa *dudu*			0.1	+				
Auzakia *danava*					0.77	+		
Bhagadatta *austenia*			0.13	+				
Pantoporian *bieti*								
P. hordonia			0.4	+				
Phaedyma *aspasia*					0.89	+		
P. columella	0.29	+						
Neptis *ananta*								
N. antilope							√	
N. armandia								
N. beroe							√	
N. cartica			0.17	+				
N. clinia			0.13	+				
N. guia							√	
N. hylas	3.1	+++	2.59	++	2.94	+		
N. soma								
N. manasa								
N. miah			0.2	+				
N. philyra								
N. sankara								
N. nata								
N. speyeri								
Ariadne *ariadne*	0.34	+	0.3	+				
Cyrestis *thyodamas*	0.99	+	0.61	+				
Kallima *inachus*			0.77	+	1.28	+		√
Hypolimnas *bonila*	0.42	+	0.4	+				
Vanessa *cardui*			0.98	+				
V. indica								
Kaniska *canace*	0.55	+	1.04	+				
Polygonia *c-aureum*	1.07	+	0.87	+				
Junonia *almana*	0.55	+	0.57	+				
J. atlites								
J. hierta	0.31	+						
J. iphita	0.62	+						
J. lemonias								
J. orithya			0.44	+				
Symbrenthia *brabira*								
S. lilaea	0.94	+						
Acraeidae（ホソチョウ科）								
Acraea *issoria*	2.37	++						
Libytheidae（テングチョウ科）								
Libythea *celtis*			1.28	+				
Riodinidae（シジミタテハ科）								
Abisara *burnii*					0.26	+		
A. echerius								
A. fylla					0.26	+		
A. neophron								
Stiboges *nymphidia*			0.27	+				
Zemeros *flegyas*	3.41	+++	4.74	+++				
Dodona *eugenes*								

付表

分類群（科、種）科名及び最初の種の属名は太字	調査区						中国の固有種	中国の絶滅危惧種
	テスト区 Experimental zone		バッファー区 Buffer zone		コア区 Core zone			
	%	豊富度	%	豊富度	%	豊富度		
D. deodata			0.74	+				
D. durga					0.13	+		
D. ouida								
Lycaenidae（シジミチョウ科）								
Allotinus *drumila*								
Miletus *chinensis*	0.65	+						
Taraka *hamada*	2.08	++	1.72	++				
Curetis *acuta*								
C. bulis			1.45	+				
Cordelia *comes*							√	
C. kitawakii			0.37	+			√	
Leucantigius *atayalicus*							√	
Yamamotozephyrus *kwangtungensis*								√
Euaspa *forsteri*							√	
Howarthia sp.					0.26	+		
H. cheni							√	
H. melli							√	
Chrysozephyrus *disparatus*			0.1	+				
C. scintillans							√	
Arhopala *bazala*								
A. paramuta			0.5	+				
A. comica								
Mahathala *ameria*	0.18	+						
M. ariadeva								
Panchala *birmana*								
P. paraganesa								
Flose *asoka*			0.13	+				
Iraota *timoleon*								
Loxura *atymnus*								
Horaga *onyx*								
H. albimacula								
Spindasis *lohita*			0.1	+				
S. syama	0.68	+						
Tajuria *cippus*								
T. maculata								
Pratapa *deva*								
Creon *cleobis*					0.13	+		
Remelana *jangala*								
Ancema *ctesia*								
Deudorix *epijarbas*			0.07	+				
D. pseudorapaloides							√	
Artipe *eryx*	0.55	+						
Rapala *nissa*								
R. takasagonis							√	
R. manea								
Sinthusa *chandrana*	0.34	+						
Ahlbergia *nicevillei*							√	
Strymonidia *yangi*							√	
Heliophorus *ila*								

付 表

分類群(科、種) 科名及び最初の種の 属名は太字	調査区						中国の 固有種	中国の 絶滅 危惧種
	テスト区 Experimental zone		バッファー区 Buffer zone		コア区 Core zone			
	%	豊富度	%	豊富度	%	豊富度		
H. phoenicoparyphus	0.6	+					√	
H. kohimensis			0.84	+				
Orthomiella *pontis*								
O. rantaizana					0.26	+	√	
O. fukienensis							√	
Syntarucus *plinius*			0.17	+				
Nacaduba *kurava*			0.13	+				
Jamides *bochus*								
J. alecto								
Catochrysops *strabo*								
Lampides *boeticus*	0.89	+	0.64	+				
Zizeeria *karsandra*								
Pseudozizeeria *maha*	5.44	+++	1.31	+				
Zizula *hylax*								
Famegana *alsulus*								
Everes *lacturnus*	0.57	+	0.61	+				
Tongeia *potanini*			0.17	+				
Pithecops *corvus*								
Acytolepis *puspa*	1.07	+						
Udara *albocaerulea*								
U. dilecta			1.62	+	4.73	+		
Megisba *malaya*								
Chilades *lajus*								
C. pandava	0.39	+						
Freyeria *trochylus*					0.26	+		
Hesperiidae (セセリチョウ科)								
Bibasis *gomata*								
B. miracula			0.17	+	0.51	+	√	√
B. sena								
Hasora *anura*					0.51	+		
H. chromus			0.1	+				
H. taminata								
H. vitta								
Badamia *exclamationis*								
Choaspes *benjaminii*			0.27	+				
Capila *penicillatum*								
C. translucida							√	
Lobcla *bifasciata*								
Celaenorrhinus *aspersus*								
C. aurivittatus								
C. tibetana			0.07	+				
C. horishanus							√	
C. maculosus					0.13	+		
C. ratna								
Abraximorpha *davidii*								
A. heringi							√	
Daimio *tethys*			0.1	+				
Gerosis *sinica*			0.07	+	0.38	+		
G. phisara								
Tagiades *gana*								

広東省石門台自然保護区におけるチョウ類の種多様性

付表

分類群（科、種）科名及び最初の種の属名は太字	調査区						中国の固有種	中国の絶滅危惧種
	テスト区 Experimental zone		バッファー区 Buffer zone		コア区 Core zone			
	%	豊富度	%	豊富度	%	豊富度		
T. menaka								
T. litigiosa								
Mooreana *trichoneura*			0.4	+				
Satarupa *gopala*								
S. monbeigi							√	
Seseria *dohertyi*								
Coladenia *agnioides*								
C. laxmi								
C. sheila							√	
C. hoenei							√	
Pseudocoladenia *dan*			0.77	+				
Caprona *agama*								
Ctenoptilum *vasana*								
Odontoptilum *angulatum*								
Sovia *lucasii*					0.13	+		
Parsovia *perblla*			0.07	+				
Notocrypta *curvifascia*			0.17	+				
Udaspes *folus*								
Iambrix *salsala*			0.27	+				
Astictopterus *jama*			0.13	+				
Halpe *homolea*								
H. porus								
Onryza *maga*								
Pithauria *murdava*								
P. marsena								
P. stramineipennis								
Thoressa *submacula*							√	
Baoris *farri*								
Caltoris *cormasa*								
Borbo *cinnara*	0.29	+						
Pseudoborbo *bevani*								
Parnara *bada*	0.83	+						
P. ganga	1.12	+						
P. guttata	1.33	++	0.74	+				
Pelopidas *mathias*	0.65	++	0.57	+				
Polytremis *lubricans*								
Ochlodes *klapperichii*							√	
Thymelicus *sylvaticus*			0.1	+				
Isoteinon *lamprospilus*			0.17	+				
Erionata *torus*								
Matapa *aria*								
Scobura *coniata*							√	
Suastus *gremius*					0.64	+		
Potanthus *flavus*	0.83	+						
P. confucius							√	
P. pavus			0.94	+				
Telicota *colon*							√	
T. ohara			1.11	+				
Ampittia *disoscorides*	1.07	+	0.98	+				
A. virgata			0.61	+			√	

2 ジャワ島（インドネシア）におけるタテハチョウ類の目録作成のための調査

ジャワ島のチョウ相－モニタリングの基礎資料

　インドネシアは 17,500 を越える島から成り立っており，そのうちの 8,800 だけに名前がある．主な島および群島は，スマトラ，カリマンタン（ボルネオ島），ジャワ，小スンダ列島，スラウェシ，マルーク諸島そしてパプア（ニューギニア島）である．ジャワ島は，インドネシアの他の島と比較してもっとも開発が進み，そしてもっともよく探索された地域である．1700 年代から 1900 年の初期までの多くの記録は，ジャワ島がインドネシアにおいてもっとも頻繁にチョウの採集が行われたことを示す．

　ジャワ島においては，500 種を越えるチョウを数え上げ，そのなかには少なくとも 217 種のタテハチョウの記録がある（Aoki *et al*., 1982; Morishita, 1981; Tsukada, 1985; 1991）．しかしながら，最初の記録以来，実にさまざまな生息地の変化が生じ，チョウの出現に直接にあるいは間接的に影響を与えてきた．

　分布記録，ジャワ島および周辺の島々の生物地理学的な考察，そして特定の種の状況に関するモニタリングのための基本情報の提供のために，最新の情報に基づくチェックリストを作成する必要がある．ゴールに到達するための第一ステップとして，まずジャワにおけるタテハチョウ類の最新の出現状況についてレビューする．

　インドネシア政府の助成金によってこの調査の一部が，2005 ～ 2010 年になされた．ここではタテハチョウ科だけを対象とした．この結果は，ジャワ島に生息するタテハチョウ類の体系的な再検討のための第一ステップである．

　この研究のために収集された材料は，LIPI（the Indonesian Institute of Sciences）の一部であるボゴール博物館に保管された．チョウの多くは捕虫網で採集されたが，一部はバナナやエビのペーストを用いた食餌トラップを用いて得られた（口絵⑤）．ジャワ島内の 18 地区と周辺の島々（Nusa Kambangan, Nusa Barung, Sempu）で調査がなされた（図 1）．

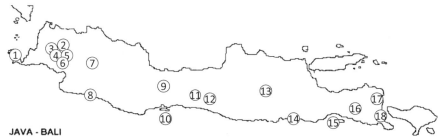

図 1 ここに報告された全てのタテハチョウ類が採集された 18 地区を示す地図 〔ジャワ西部〕地区 1. Ujung Kulon；地区 2. Bogor (KRB)；地区 3. Bodogol；地区 4. Selabintana；地区 5. Cikaniki；地区 6. Pameungpeuk (Halimun)；地区 7. Patuha；地区 8. Pangandaran〔ジャワ中部〕地区 9. Wonosobo；地区 10. P. Nusa Kambangan；地区 11. Baturraden；地区 12. Turgo, Merapi〔ジャワ東部〕地区 13. Lawu Selatan-Magetan；地区 14. P. Sempu；地区 15. P. Nusa Barung；地区 16. Meru Betiri；地区 17. Baluran；地区 18. Alas Purwo

地区ごとのタテハチョウ科の種リスト

本インベントリー調査（2004 ～ 2007 年）で 18 の地区で採集されたタテハチョウ科のリストを表 1 に示した。分類は主に Wahlberg & Brower (2007) によるが，これはカバタテハ亜科について Harvey (1991) の分類とは違いがある。次に各調査地区の詳細と調査記録を簡潔に記す。

地区 1：Ujung Kulon 国立公園（図 2），標高 0 ～ 100m，調査 2005 年 6 月；2006 年 9 月，63 種が記録された。7 種（*Danaus affinis*, *Euploea algea*, *E. eleusina*, *Tirumala limniace*, *Terinos terpander*, *Neptis nata*, *Mycalesis perseus*）はこの地区のみで見られた。

地区 2：ボゴール（Bogor）植物園（KRB；図 3），標高 250m，調査 1997 年；2005 ～ 2006 年，39 種が記録された。3 種（*Polyura dehanii*, *Phalanta phalantha*, *Euthalia monina*）はこの地区のみで見られた。

地区 3：Bodogol, Gede-Pangrango 国立公園，標高 800 ～ 900m，調査 2004 年 8 月，32 種が記録された。3 種（*Euripus nyctelius*, *Discophora sondaica*, *Lethe darena*）はこの地区のみで見られた。

地区 4：Selabintana, Gede-Pangrango 国立公園，標高 600m，調査 2006 年 5 月，12 種が記録された。この地区のみに見いだされた種はなかった。

地区 5：Cikaniki, Halimun-Salak 国立公園，標高 800m，調査 2004 年 7 ～ 8 月，38 種が記録された。3 種（*Euploea sylvester*, *Zeuxidia dohrni*, *Mycalesis nala*）はこの地区のみで見られた。

図 2　地区 1：Ujung Kulon 国立公園，標高 0 〜 100m，調査 2005 年 6 月

地区 6：Pameungpeuk，Halimun-Salak 国立公園，標高 700 〜 850m，調査 2007 年 7 月，18 種が記録された。この地区のみに見いだされた種はなかった。

地区 7：Patuha，Bandung の南部，標高 770 〜 1,350m，調査 2007 年 7 月，8 種が記録された。1 種（*Argyreus hyperbius*）はこの地区のみで見られた。

地区 8：Pangandaran Nature Reserve（図 4），標高 0 〜 90m，調査 2006 年 5 月，28 種が記録された。1 種（*Discophora celinde*）はこの地区のみで見られた。

地区 9：Wonosobo-Dieng 高原（図 5），標高 2,200m，調査 2007 年 6 月，27 種が記録された。3 種（*Parantica albata*，*Hypolimnas misippus*，*Vanessa cardui*）はこの地区のみで見られた。

地区 10：Kambangan 島，標高 0 〜 50m，調査 2004 年 7 月；2004 年 11 月；2006 年 4 月，49 種が記録された。10 種（*Polyura moori*，*Euploea camaralzeman*，*E. crameri*，*Parantica agleoides*，*Tirumala septentrionis*，*Euthalia alpheda*，*Lasippa tiga*，*Zeuxidia luxerii*，*Yoma sabina*，*Mycalesis fusca*）はこの地区のみで見られた。

地区 11：Baturraden（口絵⑤，図 6），標高 800m，調査 2006 年 3 月，18 種が記録された。1 種（*Lethe minerva*）はこの地区のみで見られた。

地区 12：Turgo，Merapi 山（図 7），標高 1,100m，調査 2006 年 3 月，14 種が記録された。2 種（*Ariadne ariadne*，*Lethe europa*）はこの地区のみで見られた。

地区 13：Lawu Selatan-Magetan，標高 600m，調査 2007 年 4 月，8 種が記録された。ほとんどの種が他地区と広く共通した。

地区 14：Sempu 島，標高 5 〜 10m，調査 2006 年 7 月，25 種が記録された。1

図3　地区2：ボゴール植物園，標高250m，調査1997年；2005〜2006年

図4　地区8：Pangandaran Nature Reserve，標高0〜90m，調査2006年5月

図5　地区9：Wonosobo-Dieng 高原，標高2,200m，調査2007年6月

図6　地区11：Baturraden，標高800m，調査2006年3月

　　種（*Euthalia mahadeva*）はこの地区のみで見られた。

地区15：Nusa Barung 島（図8），標高0〜20m，調査2005年4月，10種が記録された。1種（*Euploea modesta*）はこの地区のみで見られた。

地区16：Meru Betiri 国立公園，標高260〜400m，調査2005年5月；2006年7月，34種が記録された。3種（*Tirumala hamata, Parthenos sylvia, Amathusia taenia*）はこの地区のみで見られた。

地区17：Baluran 国立公園，標高5〜25m，調査2007年4月，10種が記録された。この地区のみに見いだされた種はなかった。

地区18：Alas Purwo，標高0〜15m，調査2007年4月，8種が記録された。この地区のみに見いだされた種はなかった。

表1 ジャワ島のインベントリー調査で得られたタテハチョウ科の種リスト

分類は主に Wahlberg & Brower (2007) に基づく。これまでにジャワ島で記録された217種のうち，今回の調査で127種が見いだされた。*固有種

No.	亜科	種名 / 地区	1	2	3	4	5	6	7	8	9	10	11	12	13	14	15	16	17	18
1	Apaturinae	Euripus nyctelius	0	0	1	0	0	0	0	0	0	0	0	0	0	0	0	0	0	0
2	Biblidinae	Ariadne ariadne	0	0	0	0	0	0	0	0	0	0	0	0	1	0	0	0	0	0
3	Charaxinae	Charaxes bernardus	0	1	0	0	0	0	0	0	0	0	0	0	0	0	1	0	0	0
4	Charaxinae	Charaxes (Polyura) athamas	1	0	0	0	0	0	1	0	0	1	1	0	0	0	0	0	0	0
5	Charaxinae	Charaxes (Polyura) dehanii	0	1	0	0	0	0	0	0	0	0	0	0	0	0	0	0	0	0
6	Charaxinae	Charaxes (Polyura) hebe	0	1	0	0	0	0	0	0	0	0	0	0	0	0	0	0	1	0
7	Charaxinae	Charaxes (Polyura) moori	0	0	0	0	0	0	0	0	0	0	0	0	0	0	0	0	0	0
8	Cyrestinae	Chersonesia rahria	1	0	0	0	0	1	0	0	0	0	0	0	0	0	0	1	0	0
9	Cyrestinae	Cyrestis lutea* (バリ島を含む)	0	0	0	1	1	0	0	0	0	0	0	0	0	0	0	0	0	0
10	Cyrestinae	Cyrestis nivea	0	0	0	0	1	0	0	0	0	0	0	0	0	0	0	0	0	0
11	Cyrestinae	Cyrestis themire	1	0	0	0	0	0	0	0	0	0	0	0	0	0	0	1	0	0
12	Danainae	Danaus affinis	1	0	0	0	0	0	0	0	0	0	0	0	0	0	0	0	0	0
13	Danainae	Danaus chrysippus	1	1	1	0	0	0	0	0	0	0	0	0	1	0	0	0	1	0
14	Danainae	Danaus genutia	1	0	1	0	1	1	0	0	1	0	0	0	0	0	0	1	0	0
15	Danainae	Danaus melanippus	0	0	0	0	1	1	0	0	1	1	1	0	0	0	0	0	0	0
16	Danainae	Euploea algea	1	0	0	0	0	0	0	0	0	0	0	0	0	0	0	0	0	0
17	Danainae	Euploea camaralzeman	0	0	0	0	0	0	0	0	1	0	0	0	0	0	1	0	0	0
18	Danainae	Euploea climena	0	1	0	0	0	0	0	0	0	0	0	0	0	0	1	0	0	0
19	Danainae	Euploea crameri	0	0	0	0	0	0	0	0	0	0	0	0	0	0	0	0	0	0
20	Danainae	Euploea eleusina	1	0	0	0	0	0	0	0	0	0	0	0	0	0	0	0	0	0
21	Danainae	Euploea eunice	1	1	1	1	1	0	0	1	1	1	1	1	0	0	0	1	1	0
22	Danainae	Euploea midamus	1	0	1	0	0	0	0	0	0	1	0	0	1	0	1	0	0	0
23	Danainae	Euploea modesta	0	0	0	0	0	0	0	0	0	0	0	0	0	0	1	0	0	0
24	Danainae	Euploea mulciber	1	1	1	1	0	1	1	1	1	1	1	1	1	1	1	1	1	1
25	Danainae	Euploea phaenareta	1	0	0	0	0	0	0	1	0	0	0	0	0	0	0	0	0	0
26	Danainae	Euploea radamanthus	1	0	0	0	1	1	0	0	0	0	0	0	0	0	0	0	0	0
27	Danainae	Euploea sylvester	0	0	0	0	1	0	0	0	0	0	0	0	0	0	0	0	0	0
28	Danainae	Euploea tulliolus	1	0	0	0	0	0	0	0	0	1	0	0	0	0	0	1	0	0
29	Danainae	Idea stolli	1	0	1	0	0	0	0	1	0	0	0	0	1	0	0	0	0	0
30	Danainae	Ideopsis gaura	0	0	0	0	0	1	0	0	0	1	0	0	0	0	0	0	0	0
31	Danainae	Ideopsis juventa	1	1	0	0	0	0	0	0	0	0	0	0	1	1	1	0	0	1
32	Danainae	Ideopsis vulgaris	1	0	1	0	0	0	0	0	1	0	0	0	0	0	0	0	0	0
33	Danainae	Parantica agleoides	0	0	0	0	0	0	0	0	0	0	0	0	0	0	0	0	0	0
34	Danainae	Parantica albata	0	0	0	0	0	0	0	0	1	0	0	0	0	0	0	0	0	0
35	Danainae	Parantica aspasia	0	0	0	0	0	0	0	0	1	0	0	0	0	0	1	0	0	0
36	Danainae	Parantica pseudomelaneus*	0	0	1	0	1	0	0	0	0	0	0	0	0	0	0	0	0	0
37	Danainae	Tirumala hamata	0	0	0	0	0	0	0	0	0	0	0	0	0	0	1	0	0	0
38	Danainae	Tirumala limniace	1	0	0	0	0	0	0	0	0	0	0	0	0	0	0	0	0	0
39	Danainae	Tirumala septentrionis	0	0	0	0	0	0	0	0	0	1	0	0	0	0	0	0	0	0
40	Heliconiinae	Acraea issoria	0	0	0	1	0	0	1	0	0	0	0	0	0	0	0	0	0	0
41	Heliconiinae	Argyreus hyperbius	0	0	0	0	0	0	1	0	0	0	0	0	0	0	0	0	0	0
42	Heliconiinae	Cethosia hypsea	1	0	1	0	1	1	0	0	0	0	1	0	0	0	0	0	0	0
43	Heliconiinae	Cethosia penthesilea	1	0	1	0	0	0	0	0	0	1	0	0	0	0	0	0	0	0
44	Heliconiinae	Cirrochroa clagia	0	0	1	0	1	0	0	0	0	1	1	0	0	0	0	0	0	0
45	Heliconiinae	Cirrochroa emalea	1	0	0	0	1	0	0	0	0	0	0	0	0	0	0	0	0	0
46	Heliconiinae	Cirrochroa tyche	1	1	0	0	0	0	0	0	0	0	0	0	0	0	0	0	0	0
47	Heliconiinae	Cupha erymanthis	1	1	1	0	0	0	0	1	0	1	1	1	0	0	1	1	1	1
48	Heliconiinae	Phalanta phalantha	0	1	0	0	0	0	0	0	0	0	0	0	0	0	0	0	0	0
49	Heliconiinae	Terinos terpander	1	0	0	0	0	0	0	0	0	0	0	0	0	0	0	0	0	0
50	Heliconiinae	Vagrans egista	0	0	0	1	1	0	0	0	0	0	1	0	0	0	0	0	0	0
51	Heliconiinae	Vindula dejone	1	0	0	0	0	0	0	0	0	0	0	0	0	1	0	0	0	0
52	Limenitidinae	Athyma nefte	1	1	0	0	1	0	1	0	0	1	1	0	0	0	0	0	0	0
53	Limenitidinae	Athyma pravara	1	0	1	0	0	0	0	0	0	0	0	0	0	0	0	0	0	0
54	Limenitidinae	Bassarona teuta	0	0	0	0	1	0	0	0	0	0	0	0	0	0	1	0	0	0
55	Limenitidinae	Dophla evelina	0	0	0	0	0	0	0	0	0	0	0	0	0	0	0	0	0	0
56	Limenitidinae	Euthalia alpheda	0	0	0	0	0	0	0	0	0	1	0	0	0	0	0	0	0	0
57	Limenitidinae	Euthalia mahadeva	1	0	0	0	0	0	0	0	0	0	0	0	0	1	0	0	0	0
58	Limenitidinae	Euthalia monina	0	1	0	0	0	0	0	0	0	0	0	0	0	0	0	0	0	0
59	Limenitidinae	Lasippa tiga	0	0	0	0	0	0	0	0	0	1	0	0	0	0	0	0	0	0
60	Limenitidinae	Lebadea martha	1	0	0	0	0	0	0	0	0	0	0	0	0	0	0	0	0	0
61	Limenitidinae	Lexias dirtea	1	0	1	0	0	0	0	0	0	1	0	0	0	0	0	0	0	0
62	Limenitidinae	Moduza procris	1	1	0	0	0	0	0	1	0	1	0	0	0	0	0	0	0	0

[2] ジャワ島（インドネシア）におけるタテハチョウ類の目録作成のための調査

No.	亜科	種名	地区	1	2	3	4	5	6	7	8	9	10	11	12	13	14	15	16	17	18
63	Limenitidinae	Neptis clinioides		0	0	0	0	1	0	0	0	0	0	0	0	0	0	0	1	0	0
64	Limenitidinae	Neptis hylas		1	1	1	0	1	1	1	1	1	0	1	1	1	1	1	1	1	1
65	Limenitidinae	Neptis miah		0	0	0	0	0	0	0	0	0	1	0	0	0	1	0	1	0	0
66	Limenitidinae	Neptis nata		1	0	0	0	0	0	0	0	0	0	0	0	0	0	0	0	0	0
67	Limenitidinae	Neptis vikasi		1	0	0	0	0	0	0	0	0	0	0	0	0	1	0	0	0	0
68	Limenitidinae	Pantoporia paraka		1	0	0	0	0	0	0	0	0	0	0	0	0	1	0	0	0	0
69	Limenitidinae	Parthenos sylvia		0	0	0	0	0	0	0	0	0	0	0	0	0	0	0	1	0	0
70	Limenitidinae	Phaedyma columella		1	1	0	0	0	0	0	0	0	0	0	0	0	0	0	0	0	1
71	Limenitidinae	Tanaecia godartii		1	0	0	0	0	0	0	1	0	0	0	0	0	1	1	1	0	0
72	Limenitidinae	Tanaecia iapis*		1	0	1	0	1	0	0	1	0	1	1	0	0	1	0	1	0	0
73	Limenitidinae	Tanaecia palguna		1	0	0	0	0	0	0	0	0	0	0	0	0	1	0	0	0	1
74	Limenitidinae	Tanaecia trigerta* (バリ島を含む)		1	0	0	0	1	0	0	0	0	0	0	0	0	1	0	1	0	0
75	Nymphalinae	Doleschallia bisaltide		0	1	0	0	0	0	0	0	0	1	1	0	0	0	0	0	0	0
76	Nymphalinae	Hypolimnas anomala		1	0	0	0	0	0	0	0	0	1	1	0	0	0	0	0	0	0
77	Nymphalinae	Hypolimnas bolina		1	1	1	0	1	1	0	1	1	1	0	1	1	1	1	1	1	1
78	Nymphalinae	Hypolimnas misippus		0	0	0	0	0	0	0	0	0	0	1	0	0	0	0	0	0	0
79	Nymphalinae	Junonia almana		1	1	0	0	0	0	1	0	1	1	1	1	0	0	0	1	0	0
80	Nymphalinae	Junonia atlites		1	1	0	0	0	0	0	0	1	0	1	0	0	0	0	0	0	0
81	Nymphalinae	Junonia erigone		1	1	1	0	0	0	0	0	0	1	0	0	1	0	0	0	0	1
82	Nymphalinae	Junonia hedonia		1	1	0	0	0	0	0	0	1	1	0	0	0	0	1	1	0	0
83	Nymphalinae	Junonia iphita		1	1	1	0	1	0	0	1	1	1	0	0	0	0	1	0	0	0
84	Nymphalinae	Junonia orithya		0	1	0	0	1	1	0	0	0	0	0	0	0	0	0	1	0	0
85	Nymphalinae	Symbrenthia hypselis		0	0	0	0	0	1	0	0	0	0	0	0	0	0	0	0	0	0
86	Nymphalinae	Symbrenthia lilaea		0	0	0	0	0	0	0	1	0	0	0	0	0	0	0	0	0	0
87	Nymphalinae	Vanessa cardui		0	0	0	0	0	0	0	0	1	0	0	0	0	0	0	0	0	0
88	Nymphalinae	Yoma sabina		0	0	0	0	0	0	0	0	0	1	0	0	0	0	0	0	0	0
89	Pseufergolinae	Amnosia decora		0	0	1	0	0	0	0	0	0	1	0	0	0	0	0	0	0	0
90	Pseufergolinae	Stibochiona coresia		0	0	1	0	0	0	1	0	1	0	0	0	0	0	0	0	0	0
91	Morphinae	Amathusia phidippus		1	1	0	0	0	0	0	1	0	0	0	0	0	0	0	0	0	0
92	Morphinae	Amathusia taenia		0	0	0	0	0	0	0	0	0	0	0	0	0	1	0	0	0	0
93	Morphinae	Discophora celinde		0	0	0	0	0	0	0	0	1	0	0	0	0	0	0	0	0	0
94	Morphinae	Discophora sondaica		0	0	0	0	1	0	0	0	0	1	0	0	0	0	0	0	0	0
95	Morphinae	Faunis canens		1	1	1	1	1	1	0	1	0	1	1	1	0	1	1	0	0	0
96	Morphinae	Taenaris horsfieldii		0	0	0	0	1	1	0	0	0	0	0	0	0	0	0	0	0	0
97	Morphinae	Thaumantis odana		0	0	1	0	1	0	0	0	1	0	0	0	0	0	0	0	0	0
98	Morphinae	Zeuxidia dohrni*		0	0	0	0	0	0	0	0	0	0	0	0	0	1	0	0	0	0
99	Morphinae	Zeuxidia luxerii		0	0	0	0	0	0	0	0	0	0	0	0	0	0	0	0	0	0
100	Satyrinae	Elymnias casiphone		0	0	0	0	0	0	0	1	0	0	0	0	0	0	0	1	0	0
101	Satyrinae	Elymnias hypermnestra		1	1	0	0	0	0	0	1	0	0	0	0	1	1	0	1	0	0
102	Satyrinae	Elymnias nesaea		1	1	1	0	0	0	0	0	0	0	1	0	0	0	0	0	0	0
103	Satyrinae	Elymnias panthera		1	0	0	0	0	0	0	0	0	0	0	0	0	1	0	1	0	0
104	Satyrinae	Erites medura		1	0	1	0	1	0	0	0	0	0	0	0	0	1	0	0	0	0
105	Satyrinae	Lethe confusa		0	0	1	1	1	1	0	1	0	1	1	0	0	0	0	0	0	0
106	Satyrinae	Lethe darena		0	1	0	0	0	0	0	0	0	0	0	0	0	0	0	0	0	0
107	Satyrinae	Lethe europa		0	0	0	0	0	0	0	0	0	0	0	0	0	0	0	0	0	0
108	Satyrinae	Lethe manthara* (バリ島を含む)		0	1	0	0	0	0	0	0	0	0	0	0	0	0	0	0	0	0
109	Satyrinae	Lethe minerva		0	0	1	0	0	0	0	0	0	0	0	0	0	0	0	0	0	0
110	Satyrinae	Melanitis leda		1	1	1	0	1	0	1	0	1	0	1	1	0	0	0	0	0	0
111	Satyrinae	Melanitis phedima		1	1	1	0	1	0	0	1	0	1	1	0	0	0	0	1	0	0
112	Satyrinae	Melanitis zitenius		1	1	0	0	0	0	0	0	0	1	0	0	0	0	0	0	0	0
113	Satyrinae	Mycalesis fusca		0	0	0	0	0	0	0	0	0	1	0	0	0	0	0	0	0	0
114	Satyrinae	Mycalesis horsfieldi		1	1	0	0	0	0	0	0	0	1	0	0	0	1	0	0	0	0
115	Satyrinae	Mycalesis janardana		1	1	1	0	1	0	0	1	0	0	1	0	1	0	0	1	0	0
116	Satyrinae	Mycalesis mineus		1	1	0	0	0	0	0	0	0	0	0	0	0	0	0	0	0	0
117	Satyrinae	Mycalesis moorei*		0	0	0	0	1	1	0	0	0	0	0	0	0	0	0	0	0	0
118	Satyrinae	Mycalesis nala*		0	0	0	0	0	0	0	0	0	0	0	0	0	0	0	0	0	0
119	Satyrinae	Mycalesis perseus		1	1	0	0	0	0	0	0	0	0	0	0	0	0	0	0	0	0
120	Satyrinae	Mycalesis sudra* (バリ島を含む)		0	0	1	0	1	0	0	0	0	0	0	0	0	0	0	0	0	0
121	Satyrinae	Neorina crishna		1	0	1	0	1	0	0	1	0	1	0	0	0	0	0	0	0	0
122	Satyrinae	Orsotriaena medus		1	0	0	0	0	0	0	0	0	1	0	0	0	0	0	0	0	0
123	Satyrinae	Ragadia makuta		0	0	0	0	0	0	0	0	0	0	0	0	0	0	0	0	0	0
124	Satyrinae	Ypthima horsfieldii		1	1	0	0	0	0	0	0	0	0	0	0	0	1	1	0	1	0
125	Satyrinae	Ypthima nigricans* (バリ島を含む)		0	0	1	0	1	0	0	1	0	1	1	1	0	0	0	0	0	0
126	Satyrinae	Ypthima pandocus		1	1	1	1	1	1	1	0	0	1	0	0	0	0	0	0	0	0
127	Satyrinae	Ypthima philomela		1	1	0	0	1	0	0	0	0	0	0	0	0	0	0	1	0	0
		地区別の種数合計		63	39	32	12	38	18	8	28	27	49	18	14	8	25	10	34	10	8

図7 地区12：Turgo，Merapi 山，標高800m，調査2006年3月

図8 地区15：Nusa Barung 島，標高0～20m，調査2005年4月

特定の複数の地区だけに共通する種

特定の地区だけで見いだされた種に加え，特定の複数の地区だけに共通する種の存在も興味深い．

● 特定の複数の地区だけに共通する種（2 地区の場合）

Ujung Kulon（地区1）＋ Bodogol（地区3）：*Athyma pravara*，*Lexias dirtea*
Ujung Kulon（地区1）＋ Sempu 島（地区14）：*Neptis vikasi*
Ujung Kulon（地区1）＋ Nusa Barung 島（地区15）：*Vindula dejone*
Ujung Kulon（地区1）＋ Meru Betiri（地区16）：*Cyrestis themire*
KRB（地区2）＋ Turgo（地区12）：*Lethe manthara*
KRB（地区2）＋ Sempu 島（地区14）：*Euploea climena*，*Dophla evelina*
KRB（地区2）＋ Nusa Barung 島（地区15）：*Charaxes bernardus*
KRB（地区2）＋ Balliran（地区17）：*Polyura hebe*
Bodogol（地区3）＋ Cikaniki（地区5）：*Parantica pseudomelaneus*
Selabintana（地区4）＋ Cikaniki（地区5）：*Cyrestis lutea*
Selabintana（地区4）＋ Patuha（地区7）：*Acraea issoria*
Selabintana（地区4）＋ Meru Betiri（地区16）：*Symbrenthia lilaea*
Cikaniki（地区5）＋ Pangandaran（地区8）：*Taenaris horsfieldii*
Cikaniki（地区5）＋ Kambangan 島（地区10）：*Ideopsis gaura*
Cikaniki（地区5）＋ Baturraden（地区11）：*Ragadia makuta*

Cikaniki（地区 5）＋ Meru Betiri（地区 16）： *Bassarona teuta*, *Neptis clinioides*
Pameungpeuk（地区 6）＋ Wonosobo（地区 9）： *Symbrenthia hypselis*
Wonosobo（地区 9）＋ Meru Betiri（地区 16）： *Elymnias casiphone*

● 特定の複数の地区だけに共通する種（3 地区の場合）

Ujung Kulon（地区 1）＋ KRB（地区 2）＋ Pangandaran（地区 8）
： *Amathusia phidippus*
Ujung Kulon（地区 1）＋ KRB（地区 2）＋ Kambangan 島（地区 10）
： *Cirrochroa tyche*
Ujung Kulon（地区 1）＋ KRB（地区 2）＋ Meru Betiri（地区 16）
： *Elymnias nesaea*
Ujung Kulon（地区 1）＋ KRB（地区 2）＋ Baluran（地区 17）
： *Mycalesis mineus*
Ujung Kulon（地区 1）＋ KRB（地区 2）＋ Alas Purwo（地区 18）
： *Phaedyma columella*
Ujung Kulon（地区 1）＋ Bodogol（地区 3）＋ Wonosobo（地区 9）
： *Ideopsis vulgaris*
Ujung Kulon（地区 1）＋ Bodogol（地区 3）＋ Meru Betiri（地区 16）
： *Chersonesia rahria*
Ujung Kulon（地区 1）＋ Cikaniki（地区 5）＋ Pameungpeuk（地区 6）
： *Euploea radamanthus*
Ujung Kulon（地区 1）＋ Cikaniki（地区 5）＋ Kambangan 島（地区 10）
： *Cirrochroa emalea*
Ujung Kulon（地区 1）＋ Pangandaran（地区 8）＋ Kambangan 島（地区 10）
： *Euploea phaenareta*, *Orsotriaena medus*
Ujung Kulon（地区 1）＋ Kambangan 島（地区 10）＋ Baturraden（地区 11）
： *Hypolimnas anomala*
Ujung Kulon（地区 1）＋ Kambangan 島（地区 10）＋ Sempu 島（地区 14）
： *Pantoporia paraka*
Ujung Kulon（地区 1）＋ Kambangan 島（地区 10）＋ Meru Betiri（地区 16）
： *Euploea tulliolus*

Ujung Kulon（地区1）＋ Sempu 島（地区14）＋ Meru Betiri（地区16）
：*Elymnias panthera*
KRB（地区2）＋ Kambangan 島（地区10）＋ Baturraden（地区11）
：*Doleschallia bisaltide*
Bodogol（地区3）＋ Cikaniki（地区5）＋ Kambangan 島（地区10）
：*Thaumantis odana*
Bodogol（地区3）＋ Cikaniki（地区5）＋ Baturraden（地区11）
：*Amnosia decora*
Selabintana（地区4）＋ Cikaniki（地区5）＋ Turgo（地区12）
：*Vagrans egista*
Selabintana（地区4）＋ Pangandaran（地区8）＋ Baturraden（地区11）
：*Stibochiona coresia*
Wonosobo（地区9）＋ Turgo（地区12）＋ Meru Betiri（地区16）
：*Parantica aspasia*
Kambangan 島（地区10）＋ Sempu 島（地区14）＋ Meru Betiri（地区16）
：*Neptis miah*

　本調査の結果，4種（*Euploea eunice*, *E. mulciber*, *Neptis hylas*, *Hypolimnas bolina*）は普通に産し，ほとんど全ての地区で見られた．12種（*Ideopsis juventa*, *Cupha erymanthis*, *Tanaecia iapis*, *Faunis canens*, *Junonia almana*, *J. hedonia*, *J. iphita*, *Elymnias hypermnestra*, *Lethe confusa*, *Melanitis leda*, *Mycalesis janardana*, *Ypthima horsfieldii*）は比較的普通に産し，およそ半分の調査地区で見られた．過去にジャワ島で記録された217種のタテハチョウのうちの127種が2004〜2007年の目録作成のための18地区の調査で採集された．

結び

　ここに示した分布データは，目録作成のため調査としてはまだ充分ではないと私は結論づけた．自信をもってジャワ島に生息するタテハチョウの分布地図を作るためには，同地区および追加の地区を含めたさらなる調査が必要であろう．

図9　スラウェシ島（インドネシア）で開催された国際チョウ類
会議のポスターセッションにて（1993年8月）
　　右端がDjunijanti Peggie博士，その後ろが訳者（森中），左端がイン
　　ドネシアのカザリシロチョウの研究で著名なHenk van Mastrigt氏

謝辞

　指導者としてまた私のチョウの研究の支えとなってくださったDr. R. I. Vane-Wright氏にお礼を申し述べる。私は，Rosichon Ubaidillah博士の野外調査を通じてのご支援とご協力に御礼申し述べる。また，ボゴール博物館のDarmawan, Rofik, Endang Cholik, Sarino, Rina各氏にチョウの採集にご協力を頂いた。感謝申しあげる。この研究を進めるにあたっての研究助成DIPA LIPI 2005-2007に感謝し，最後に支援と理解のあった私の家族に感謝する。

訳者より

　1993年8月にスラウェシ島（インドネシア）で開催された国際チョウ類会議（International Butterfly Conference）に参加し2演題を発表しました（本書V-5参照）。この時に，著者のDjunijanti Peggieさんと訳者（森中）は初めてお会いしました。私の博士論文の原点となったカザリシロチョウ *eichhorni* 種群の分岐系統研究のポスター発表（図9）を見て，私もこの分岐系統解析をやりたいと仰られたことを記憶しています。それから彼女は米国アイタカ州のコーネル大学に学び，そこで実施したインド-オーストラリア

区のタテハチョウ類の分岐系統解析と体系学的研究にて博士号を取得されました。それから英米の大学で学び，大英博物館でインターンシップを経験し，現在ボゴール博物館の研究者として活躍されています。

　インドネシアはアブラヤシのプランテーションなど最近とみに開発が進み，また経済的発展が著しい国の一つであり，インドネシアの生物多様性は大きく損なわれてしまう可能性があります。今を生きる人間の必要性だけでなく，未来の人類のためにこの地球の自然を維持する必要があり，Peggie さんらを中心とした今後のインドネシアの自然科学者の活躍に期待したいと思います。

〔引用文献〕

Aoki T, Yamaguchi S, Uémura Y (1982) Satyridae, Libytheidae. *In* Tsukada E (ed.), *Butterflies of the South East Asian Islands*, Part 3: 1-500. Plapac Co. Ltd., Tokyo.

Harvey DJ (1991) Higher classification of the Nymphalidae. *In* Nijhout HF (ed.), *The Development and Evolution of Butterfly Wing Patterns*: 255-273. Smithsonian Institution Press, Washington.

Morishita K (1981) Danaidae. *In* Tsukada E (ed.), *Butterflies of the South East Asian Islands*, Part 2: 123-204, 439-628. Plapac Co. Ltd., Tokyo.

Tsukada E (1985) Nymphalidae (I). *In* Tsukada E (ed.), *Butterflies of the South East Asian Islands*, Part 4: 1-558. Plapac Co. Ltd., Tokyo.

Tsukada E (1991) Nymphalidae (II). *In* Tsukada E (ed.), *Butterflies of the South East Asian Islands*, Part 5: 1-576. Azumino Butterflies Research Institute, Japan.

Wahlberg N, Brower AVZ (2007) Nymphalidae Rafinesque 1815. Version 19 February 2007 (under construction). http://tolweb.org/Nymphalidae/12172/2007.02.19 in The Tree of Life Web Project; http://tolweb.org/

（Djunijanti Peggie 著・森中定治 訳）

③ 絶滅に瀕するソテツ植物を脅かすクロマダラソテツシジミ

台湾のクロマダラソテツシジミ

　東洋熱帯域に生息するシジミチョウ科の一種クロマダラソテツシジミ *Chilades pandava* は，筆者が大学時代を過ごした 1980 年代後半の台湾では馴染みのない種であった。その頃までの台湾では，本種は謎のチョウとして古い記述があるのみだったのである。台湾産チョウ類の研究には長い歴史があり，そのはじまりは動物地理学の父 Alfred Russell Wallace が英国の鱗翅類研究者 Frederic Moore とともに台湾産チョウ類の分類学的報文を出版した 19 世紀中頃にまでさかのぼる（Wallace & Moore, 1866）。その 100 年後となる 1960 年には，白水隆博士著の原色台湾蝶類大図鑑で台湾のチョウ相がほぼ明らかにされた（白水，1960）。ところが興味深いことに，この白水図鑑にクロマダラソテツシジミは未掲載であった。筆者とこのチョウとの関わりは，大学 2 年の冬休みに台湾林業試験所の張玉珍研究員の下で非常勤の研究助手をしていた時に訪れた。この研究所に保管されているチョウ目コレクションを整理していたところ，クロマダラソテツシジミの標本が目に留まって驚愕した。その当時まで台湾からの記録はなかったのだ。これをきっかけに，本種に関する情報を調べ直したところ，台湾での本種の存在に関する注目すべき文献が見出されたのである。

　台湾産クロマダラソテツシジミは 1980 年中頃やその少し前くらいから報告されていた。農業害虫を紹介する小冊子にウラナミシジミがマメ類とソテツ類の害虫としてリストされていたが，その関連図は明らかにクロマダラソテツシジミであった（Anonymous, 1976）。また，1982 年頃に台湾南部の屏東にある大学キャンパス内でソテツシジミによりソテツが食害されたことが中国での昆虫学シンポジウムで報告されたが，この要約に図示されている標本が実はクロマダラソテツシジミであった（Chen & Chen, 1983）。これらの情報に基づき，筆者は台湾における本種の発生を報告した（Hsu, 1987）。

在来個体群の発見

　台湾産クロマダラソテツシジミの確実な標本と報文はあるものの，在来個体群に関する報告はこれまでなかった。筆者は台湾林業試験所所蔵の標本にあるラベルの場所を何度も訪れた。そこは台湾北部の台北近郊にある翡翠ダムに隣接した中国文化大学付属の演習林事務所で，1986年には毎月通ったが，本種の姿はまったくみられなかった。台湾林業試験所の著名な植物専門家の呂勝由博士に相談してみたところ，台湾固有種タイトウソテツの自然個体群が台湾東端周辺にのみ自生することをご教示下さった。もし台湾にクロマダラソテツシジミの在来個体群がいるとすれば，このエリアがもっとも生息の可能性の高い場所だと考えられたためである。まさにこの予想は的中した。1988年に本種の全ステージを発見することができたのである（Hsu, 1989）。ここで得られたサンプルを他の地域のものと比較したところ，オス交尾器や発香鱗の形態がかなり異なることが判明し，この観察結果から筆者は新亜種 peripatria を記載した（Hsu, 1989）。

クロマダラソテツシジミの大発生－研究のスタート－

　1988年中頃，筆者は米国のカリフォルニア大学バークレー校留学のために台湾を離れることとなった。ところが渡米から間もなくして，台湾で異常な現象が起こった。南東部からクロマダラソテツシジミが突然発見され，その後台湾全体に広がり，ソテツの害虫と化して各地で猛威を振るうようになったのである。実際，1990年に夏休みを利用して帰国した際には，台北の繁華街にあるソテツで発生する多くの個体を目撃して衝撃を受けた。何しろ台湾産の本種は，たった2年前まで謎の珍チョウだったのである。

　大学院の博士課程を修了して1995年に大学教員の職を得て帰国した後にも，さらに予想外の状況が続いた。その当時，沖縄での本種の一時発生がすでに知られていたが（三橋，1992），1995年以降，日本の他地域（矢後，2007）や韓国（Takeuchi, 2006），ミクロネシア（Schreiner & Nafus, 1997; Calonje, 2007; Moore et al., 2005; Moore, 2008），モーリシャス（Rochat, 2008; Moore et al., 2005; Guillermet, 2009; Williams, 2007），そしてマダガスカルや南アフリカ（Wu et al., 2010）など，異なる生物地理区をまたがった各国で報

告されはじめた。東洋区起源の小さなシジミチョウが，世界中で絶滅に瀕するソテツ植物を突如脅かすようになったのである。

　この現象に興味を抱き，2人の元大学院生，藍伯倫と呉立偉とともに世界中にはびこる本種の発生源を探る研究をスタートした。まず筆者らは台湾での大発生に繋がった要因の特定からはじめ，続いて世界の他地域に研究対象を拡大することにした。最初のアプローチとして，ミトコンドリア DNA の COII 領域を増幅，シーケンスしてハプロタイプネットワークを構築することにより，①台湾で大発生したクロマダラソテツシジミの発生源は在来個体群か外来個体群か？　②本種の台湾での大発生は外来ソテツの大規模な導入・移植によるものなのか？　③台湾中央山脈帯は本種の個体群構造にどのような役割を果たしているか？　④タイトウソテツの存続は近縁の外来ソテツの導入とともに激増した本種に影響されるか？　といった四つの問題点を明らかにすることで次の仮説を検証することにした。

大発生の仮説

　台湾での本種の大発生を説明できる仮説として，以下の三つが挙げられる。①台湾における大発生は国外由来の外来ソテツ *Cycas revoluta* の導入・普及に伴って一緒に付着してきた本種の外来個体群により引き起こされたとする説。もしこのケースがあてはまれば，台湾から検出されるハプロタイプは他地域のハプロタイプと共通し，さらに創始効果による低い遺伝的変異あるいは多数回の移入による高い遺伝的変異がみられるはずである。また台湾特有のハプロタイプは存在しないことになる。②この大発生は外来ソテツの導入，普及による本種の在来個体群の分布拡大により引き起こされたとする説。もしこの仮説が正しければ，ハプロタイプ分布は不均一となる。在来ソテツは台湾南東部にのみ自生するため，東部個体群が西部個体群よりも高い遺伝的多様度をもつはずである。また，台湾でのハプロタイプは固有のもので，他地域とかなり異なって現れることになる。これら二つの仮説に加えて，もう一つの可能性がある。つまり，③外来ソテツと本種の外来個体群の双方の導入に加えて，急激な在来個体群の分布拡大により大発生が引き起こされたとする説。この場合，ハプロタイプ分布のパターンは前述の2仮説で示したパ

ターンが入り混じって表されることになる。

筆者らは 2007 年に矢田脩博士のとりまとめで行われた九州大学での第 2 回熱帯アジア産昆虫インベントリー（TAIIV）シンポジウムで途中結果を発表した（Wu *et al.*, 2008）。その後，補足データを追加して Biological Invasions 誌に出版した（Wu *et al.*, 2010）。本章ではこのシンポジウムでの発表を要約し，さらにその後の知見を加えて解説する。

仮説の検証（材料と方法）

● 試料収集

台湾と他地域から得られた計 19 産地 588 個体のクロマダラソテツシジミが本研究で用いられた（口絵⑦，表 1）。このうち台湾本土産は 9 産地である。南北を連なる中央山脈帯の東部では花蓮（Hualian），電光（Dianguang），紅葉（Hongye）から採集した。紅葉は在来のソテツ個体群が唯一自生するところである。中央山脈帯の西部では宜蘭（Yilan），台北（Taipei），新竹（Xinzhu），豊原（Fengyuan），嘉義（Jiayi），高雄（Kaohsiung）から採集した。同血統の採集を避けるため，2000 年 2 月〜2002 年 10 月の月ごとに間隔を空けて採集した。台湾本土周辺からは緑島（Green Island）と沖縄から得たものを用いた。これらの地域は在来のソテツではないと思われる。確実な名義タイプ亜種の生息地からは中国福建省の厦門（Xiamen），広東省の汕頭（Shantou），潮州（Chauzhou），広州（Guangzhou），さらに香港（Hong Kong），ベトナムのハノイ（Hanoi），マレーシアのジョホールバル（Johor Bahru）の 7 カ所，さらに亜種 *vapanda* の産地からはフィリピンのルソン島ケソン（Quezon）のものを用いた。これらのサンプルは少数の博物館標本を除いて −20℃ で保管された。

● DNA 抽出とシーケンス

ゲノム DNA は Purgene DNA Isolation kit（Gentra Systems）を用いてサンプルの胸部筋肉から抽出した。まず，ミトコンドリア DNA のいくつかの異なる領域で予備実験を行って本研究に適した領域を調査し，その後 COII 領域で得られた結果から本研究の考察を行った。

3 絶滅に瀕するソテツ植物を脅かすクロマダラソテツシジミ   85

表1 クロマダラソテツシジミの産地とサンプルサイズ（N）のデータ

産地	採集年	N	採集場所	緯度	経度
台北（Taipei）	2000〜2002	56	台湾台北市	25° 02' N	121° 36' E
新竹（Xinzhu）	2000〜2002	42	台湾新竹県新竹	24° 48' N	120° 57' E
豊原（Fengyuan）	2000〜2002	25	台湾台中県豊原	24° 15' N	120° 43' E
嘉義（Jiayi）	2000〜2002	65	台湾嘉義県嘉義	23° 29' N	120° 27' E
高雄（Kaohsiung）	2000〜2002	93	台湾高雄県高雄	22° 28' N	120° 16' E
宜蘭（Yilan）	2000〜2002	27	台湾宜蘭県宜蘭	24° 45' N	121° 45' E
花蓮（Hualian）	2000〜2002	54	台湾花蓮県花蓮	24° 00' N	121° 36' E
電光（Dianguang）	2000〜2002	63	台湾台東県関山鎮	22° 59' N	121° 10' E
紅葉（Hongye）	2000〜2002	83	台湾台東県鹿野郷	22° 52' N	121° 01' E
緑島（Green Island）	2003	15	台湾台東県緑島郷	22° 40' N	121° 30' E
久部良（Kubura）	2001	4	沖縄県与那国町久部良	24° 27' N	122° 56' E
厦門（Xiamen）	2005	6	中国福建省厦門	24° 27' N	118° 05' E
汕頭（Shantou）	2005	5	中国広東省汕頭	23° 22' N	116° 40' E
潮州（Chauzhou）	2005	4	中国広東省潮州	23° 40' N	116° 37' E
広州（Guangzhou）	2001	23	中国広東省広州	23° 11' N	113° 22' E
香港（Hong Kong）	2003	6	香港	22° 15' N	114° 10' E
ハノイ（Hanoi）	1997	3	ベトナム ハノイ市	20° 59' N	105° 50' E
ジョホールバル（Johor Bahru）	2003	7	マレーシアジョホール州ジョホールバル	01° 27' N	103° 45' E
ケソン（Quezon）	1991	11	フィリピン ルソン島ケソン市	14° 38' N	121° 06' E

● ハプロタイプネットワーク

同種内の個体群レベルでは種間レベルよりも低い遺伝的差異がみられる。それゆえ，筆者らはより低い遺伝的差異での類縁関係を示すのに適したハプロタイプネットワークを構築した（Posada & Crandall, 2001）。ネットワーク内での各枝は確率 0.95 以上で支持された。

分析の結果

● シーケンス情報

588 サンプルから得られた COII の計 621bp を用いた。22 の変異サイトがみられ，その中に挿入，欠損やストップコドンはなかった。

● ハプロタイプ分布

588 サンプルから計 14 ハプロタイプが検出された（口絵⑦，表 2）。このうちハプロタイプ A，B，C，D，F は台湾のみに分布するもので，G，K がベトナム，I がマレーシア，H，J，L，O が中国南部，M がフィリピンから見出された。ハプロタイプ E のみは主にマレーシア産の個体から多く検出されたが，台湾西部でも少数個体にみられた。台湾でのハプロタイプ分布は不均一となった。台湾東部でみられたハプロタイプは A と B だったが，台湾西部のハプロタイプは主に C だった。ハプロタイプ F と D はそれぞれ嘉義と紅葉で検出された。沖縄産と緑島産はともにハプロタイプ A であった。

● 遺伝的多様度

塩基多様度は相対的に低かったが（$\pi = 0.00254$），全体のハプロタイプ多様度は比較的高かった（$h = 0.623$）（表 2）。台湾東部でのハプロタイプ多様度はより高かったが（紅葉，$h = 0.301$；花蓮，$h = 0.507$），台湾西部ではおよそ 0.1 より低かった。

● ハプロタイプネットワーク

ハプロタイプネットワークは TCS 1.13（Clement et al., 2000）を用いて最節約アルゴリズムに基づいて構築された（図 1）。ハプロタイプ M のみは他のハプロタイプとは 10-11 塩基の変異があり，ネットワークに連結しなかった。台湾のハプロタイプ同士は互いに連結した。まず A が台湾と異なる他

表2 本研究で用いられたクロマダラソテツシジミのハプロタイプ多様度と塩基多様度

産地	サンプル数	ハプロタイプ数	ハプロタイプ多様度	塩基多様度
台北（Taipei）	56	2	0.135	0.00109
新竹（Xinzhu）	42	2	0.093	0.00075
豊原（Fengyuan）	25	1	0	0
嘉義（Jiayi）	65	2	0.089	0.00014
高雄（Kaohsiung）	93	2	0.022	0.00007
宜蘭（Yilan）	27	1	0	0
花蓮（Hualian）	54	3	0.507	0.00085
電光（Dianguang）	63	4	0.094	0.00031
紅葉（Hongye）	83	4	0.301	0.00051
緑島（Green Island）	15	1	0	0
久部良（Kubura）	4	1	0	0
厦門（Xiamen）	6	1	0	0
汕頭（Shantou）	5	1	0	0
潮州（Chauzhou）	4	1	0	0
広州（Guangzhou）	19	2	0.526	0.0017
香港（Hong Kong）	6	2	0.333	0.00054
ハノイ（Hanoi）	3	2	0.667	0.00322
ジョホールバル（Johor Bahru）	7	2	0.571	0.00092
ケソン（Quezon）	11	1	0	0
計	588	13	0.623	0.00254

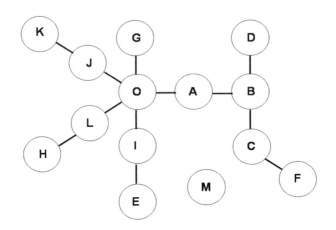

図1 ミトコンドリア DNA の COII 領域に基づいたクロマダラソテツシジミのハプロタイプネットワーク

地域のものと連結し，次に B が繋がり，この B に D, C が結合し，最後に F が C と接続して表された．つまり，このネットワーク図は台湾の西部個体群が東部個体群から生じたのかもしれないことを支持する証拠となる．

在来個体群の分布拡大・害虫化

今回の結果から判断すると，台湾におけるクロマダラソテツシジミ個体群は在来産地の分布拡大から引き起こされたという仮説を支持する．ハプロタイプネットワークによると，まず第一に，台湾で広く多数検出された主要なハプロタイプ（A, B および C）は，台湾の外側の産地のハプロタイプよりも，互いに極めて近縁なことである．第二に，これらのハプロタイプ群は台湾固有のものであり，外来ソテツに伴う本種の台湾への導入ではなさそうなことである．

台湾のハプロタイプは互いに連結しており，台湾西部個体群の主要ハプロタイプ（C）は東部個体群から生じたことをハプロタイプネットワークは示している．したがって，珍種から島中に広く害虫化した台湾産クロマダラソテツシジミの劇的な変化は，外来地域からの導入というよりも，むしろ台湾内での在来個体群の分布拡大によるものであろう．そのような分布拡大は，

台湾におけるソテツ植栽の普及により引き起こされたのかもしれない。台湾固有の絶滅危惧植物であるタイトウソテツは，クロマダラソテツシジミの勢力拡大に伴い，高い食害圧よる立ち枯れの危機に直面しているものと考えられる。沖縄産や緑島産のハプロタイプがいずれもAであったことは，台湾が原産地であることを示している。現在の台湾産の本種は，個体群サイズの増大に伴って，固有あるいは外来のソテツ植物の生える新天地に侵入できる高い能力をもつことを，この事実は示唆している。もう一つの注目すべき点として，マレー個体群に多くみられるハプロタイプEが台湾西部の個体群に混じることが挙げられるが，これは本種がマレーから商業的に輸入されたソテツについて台湾に運ばれた可能性も示している。もしこのような熱帯起源のハプロタイプが台湾に存続して拡散するようになれば，今後もさらに興味深い事例を展開することとなるだろう。

補足

　第2回TAIIVシンポジウムでの発表後，筆者らは調査の範囲をさらに拡大させた。追加サンプルとそれに伴うデータにより，多くの在来でない場所で見出された侵入個体群の発生源の様相がおよそ明らかにされた。最近侵入した多くの場所での個体は，ある独特なハプロタイプをもつ。台湾の緑島産や八重山の与那国島産の個体はすべて台湾東部でのみ検出されるハプロタイプAであった。韓国・済州島産や台湾・蘭嶼産は台湾の東部と西部の両方でみられるハプロタイプCを表した。グアム産の標本はフィリピン・ルソン島で発生するものと同じハプロタイプMのみを保有していた。マダガスカル産は中国本土や東南アジアの南域でみられるハプロタイプOをもっていた。日本産は各地域で異なり，前述のようにハプロタイプAが与那国島でみられたほか，ハプロタイプHが本州（大阪）で検出された。最近の侵入個体群のうち，台湾北部の彭佳嶼だけが中国本土と東南アジアで優位に検出されるハプロタイプOおよびHを所持していた。

結論

　世界中への移動が時とともにますます盛んになり，地球温暖化による影響がさらに顕在化することで，生物が新天地へ移動または侵入するケースが一

段と増加してきた。このような外来生物の発生源の解明は，その生物が有害化した時に，新たに侵入した発生地での監視と制御の鍵となる。しかしながら，これらの生物の発生源を特定するためには，TAIIVのようなプロジェクトにより促される国際協力関係に頼ることになる。つまり，これに相当するプロジェクトや事業が今後も一層推進されるべきであろう。

謝辞

羅益奎，黃嘉龍，吳明聰，廖培均の各氏には東南アジア産の標本のご提供を賜った。また，千葉秀幸博士，矢後勝也博士からは南西諸島のサンプルをご提供頂いた。本研究は中華民国行政院国家科学委員会（NSC90-2311-B-003-002）により助成を受けている。

〔引用文献〕

Anonymous (1976) *The major pests of flowers and trees in Taiwan*: Department of Plant Pathology and Entomology, National Taiwan University, Taipei. (In Chinese)

Calonje M (2007) Guam and Rota 2007: Working against cycad extinction. *Montgomery Botanical Center Expedition Report.* http://www.montgomerybotanical.org/media/Newsletters/MBC_SprSumm08_newsltr.pdf. (Accessed 21 Apr. 2009)

Chen JC, Chen WH (1983) On ecology and food-competition of *Chilades kiamurae* Matsumura. Abstract of papers presented at 1982 annual meeting of the entomological society of the republic of China, September 19th, 1982 in Pingtung, Taiwan. *Chinese Journal of Entomology*, 3: 4. (In Chinese)

Clement M, Posada D, Crandall K (2000) TCS: a computer program to estimate gene genealogies. *Molecular Ecology*, 9: 1657-1660.

Guillermet C (2009) *L'entomologie à l'île de La Réunion.* http://chring.club.fr/index.html. (Accessed 21 Apr. 2009)

Hsu YF (1987) Notes on *Chilades pandava pandava* Horsfield from Taiwan (Lepidoptera, Lycaenidae). *Transactions of the Lepidopterological Society of Japan*, 38: 9-12.

Hsu YF (1989) Systematic position and description of *Chilades peripatria* sp. nov. (Lepidoptera: Lycaenidae). *Bulletin of the Institute of Zoology, Academia Sinica*, 28: 55-62.

三橋渡 (1992) 日本未記録種クロマダラソテツシジミ *Chilades pandava*

を沖縄本島で採集．蝶研フィールド．7(12)：8-9.
Moore A (2008) *Cycad Blue butterfly fact sheet.* http://www.guaminsects.net/uogces/kbwiki/index.php?title = Chilades_pandava. (Accessed 21 Apr 2009)
Moore A, Marler T, Miller RH, Muniappan R (2005) Biological control of cycad aulacaspis scale on Guam. *Cycad Newsletter,* 28: 6-8.
Posada D, Crandall KA (2001) Intraspecific gene genealogies: trees grafting into networks. *Trends in Ecology & Evolution*, 16: 37-45. doi:10.1016/S0169-5347(00)02026-7.
Rochat J (2008) *Terrestrial invertebrate biodiversity of Reunion Island.* http://www.regionreunion.com/fr/spip/IMG/pdf/insectarium_in_english.pdf. (Accessed 21 Apr. 2009)
Schreiner IH, Nafus DM (1997) *Butterflies of Micronesia*: College of Agriculture and Life Sciences, University of Guam, Mangilao.
白水隆 (1960) 原色台湾蝶類大図鑑．保育社，大阪．
Takeuchi T (2006) A new record of *Chilades pandava* (Horsfield) (Lepidoptera, Lycaenidae) from Korea. *Transactions of the Lepidopterological Society of Japan*, 57: 325-326.
Wallace AR, Moore F (1866) List of lepidopterous insects collected at Takow, Formosa, by Mr. Robert Swinhoe. *Proceedings of the Zoological Society of London*, 1866: 355-365.
Williams JR (2007) *Butterflies of Mauritius. Second edition*: Bioculture Press, Rivie`re des Anguilles.
Wu LW, Yen SH, Hsu YF (2008) An introduced plant induced a native butterfly outbreak that may threaten the survival of an endangered plant. *Report on Insect Inventory Project in Tropical Asia (TAIIV)*, (2008): 123-136.
Wu LW, Yen SH, Lees CD, Hsu YF (2010) Elucidating genetic signatures of native and introduced populations of the Cycad Blue, *Chilades pandava* to Taiwan: a threat both to Sago Palm and to native *Cycas* populations worldwide. *Biological Invasions,* 12: 2649-2669.
矢後勝也 (2007) クロマダラソテツシジミ．新訂原色昆虫大圖鑑，蝶蛾篇（矢田脩編）．152, 北隆館，東京．

（徐　堉峰 著・矢後勝也 訳）

III. 分類・形態, 生物地理

1 大英自然史博物館でなぜ東洋区のアオスジアゲハ属 *Graphium* を研究するのか？

アオスジアゲハ属 *Graphium* とは

　正式な学名 *Graphium* を与えられたアオスジアゲハ属は，サハラ以南のアフリカ全体と南アジア，カシミールから日本やオーストラリアにいたる東南アジア全域でみられる約 100 種からなるチョウの一群である。この属は世界各地に 550 種以上を含むチョウの代表的なグループであるアゲハチョウ科の一員である。多くのアオスジアゲハ属は長く湾曲した尾状突起を持ち，"swordtails（剣のような尾）"や"kite swallowtails（凧アゲハ）"という英名が与えられている。しかし，多くの種は，この尾状突起を欠いており，これらの多くは味が悪くしたがって捕食者の鳥から忌避される他のチョウを模倣すると信じられている（口絵②）。

　チョウ類分類学者の大部分は，本属を五つのサブグループ（亜属）に分割した（たとえば Häuser, 2003 を見よ）。同様に，ほとんどの分類学者は，40 ほどのアフリカの種を一群アフリカタイマイ亜属（*Graphium* (*Arisbe*) Hübner, 1819）に含めてきた（Munroe, 1961; Miller, 1987; Ackery *et al.*, 1995）。しかし，この見解は普遍的なものではない。たとえば Hancock（1983）はアフリカタイマイ亜属を 26 の尾状突起を欠く擬態種にほぼ限定し，残りのアオスジアゲハ属の種はアオスジアゲハ亜属 *G.* (*Graphium*) に含めた。

　私の友人であり元同僚のディック・ベンライトと私はすべてのアフリカのチョウのカタログ（Ackery *et al.*, 1995）の編集の支援をした後，アフリカ産アオスジアゲハ類の研究を開始した。私たちの主な目的は，これらの意見の相違点のいくつかを解決することだった。すべてのアフリカの種はアフリカタイマイ亜属 *Arisbe* に含まれるべきなのか，もしそうだとすれば，尾状突起をもったアオスジアゲハ "swordtails" の種と尾状突起を欠くアオスジアゲハの種はどのような関係になっているのか？

　われわれはさらに，私たちの同僚ポール・ウィリアムズ（Paul Williams）によって開発された保全評価の研究のためのチョウとその分布に関する情報を提供した（Williams, 2004 およびその中での引用を参照のこと）。彼のコン

ピューター・プログラム WORDMAP では，分類に関する情報が保全の優先度を評価するため地理的分布の情報と結合される。このような研究は，たとえば，GART チョウの地球規模の種リスト（Häuser, 2003）や，最終的に提案された GloBIS 地球規模のチョウ類情報システム（Lamas et al., 2000）などのウェブによる情報システムに種のリストや分類を提供する点でもまた貴重なものとなっている。

　アフリカのアオスジアゲハ属の種は 40 種ほどであり，アゲハチョウ科は通常よく目立ちよく知られているので，われわれはこのプロジェクトは比較的早く達成可能であろうと期待していた。残念ながら，この予想は裏切られ，研究を拡大する方向に私たちを導いた。アフリカのアオスジアゲハ属に関するわれわれの研究は最終的には Smith & Vane-Wright（2001）として出版された。それ以来，さまざまな修正，新たな分布記録，幼生期と食草に関する情報，分類学的地位におけるいくつかの変更，新種の記載，を含む重要な追加データは，Libert（2007），Congdon et al.（2009）らによって出版されてきた。

熱帯アフリカ産アオスジアゲハ属の研究

（1）方法論－分岐学的解析

　アフリカ産アオスジアゲハ属の系統関係を調べるために，われわれは分岐学的解析を採用した。ここでは，チョウの多くの特徴（形質）は識別され，それぞれの種に存在するかしないかでスコア化される。得られたデータマトリックスは，次に専門の分岐ソフトで分析され，推定された類縁関係がツリー状図で表される。われわれは，おもに斑紋パターン，雌雄交尾器に由来する物理的（形態的）な形質にもとづいて分析した。分析のためのアンカーのようなものを提供するために，特定の研究対象となるグループ以外の種（いわゆる"外群"の種）が検討された。その結果，われわれはより遠縁群の種のみならずアオスジアゲハ属の各亜属の代表種も外群としてサンプルに含めた（図 1）。

　解析していく中で，類似性と多様性という矛盾する問題に直面した。とくに尾状突起を欠く擬態種の多くでは，斑紋パターンや交尾器形態が酷似する。逆に，種内で激しい斑紋パターンの変化を示す種がいる一方で，変異が小さ

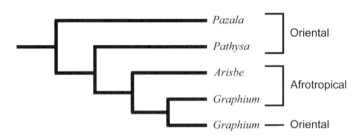

図1 アオスジアゲハ属の亜属の分岐図。アフリカの種が側系統的であり、また*Arisbe*および*Paranticopsis*両亜属が*Pathysa*亜属に含まれることを示す（Hancock, 1983）

いか存在しない種まで多岐にわたることも問題であった。だからわれわれは、種間類似性と種内変異性という相容れない問題に同時に直面した。さらに、交尾器形質の定義づけとコーディングに関する方法論的問題があった。あるいは、複数種でメスが未知であるためにデータギャップが生じるという問題も噴出した。加えて、熱帯アフリカ産アオスジアゲハ属の30％でしか飼育記録がなかった（Smith & Vane-Wright 2001; Congdon *et al.*, 2009）。そのために幼生期の液浸標本がたいへん少なく、潜在的にたいへん貴重な形質情報を解析できなかった。

（2）結果－アフリカ産アオスジアゲハ属は単系統ではない

上述の諸問題の影響もあって、結果は予想以上に不明瞭なものとなった（図2）。もっとも深刻なのは、われわれが選んだアオスジアゲハ属の大部分の外群の種は、アフリカの種の分類の内部に含まれたようであり、アフリカの亜属が自己完結的（単系統的）であるという仮説を否定するものであり、本属の現在の細分化を全体的に見直すことを問うものである。

われわれは孤軍奮闘しているわけではない。さまざまな種の組み合わせとともに、核とミトコンドリアの遺伝子配列を用いて、Makita *et al.* (2003) は、現在認められているアオスジアゲハ亜属にも同様の複雑な類縁関係を見いだした。彼らの研究ではアフリカ産*Arisbe*亜属の擬態種は、二つの東洋区の亜属であるオナガタイマイ亜属*Pathysa*、マダラタイマイ亜属*Paranticopsis*と近縁で、これらは互いに分離することができず一群として浮上した。さらに印象的なのは、DNAシーケンスができた唯一の尾状突起をもつアフリカ種

1 大英自然史博物館でなぜ東洋区のアオスジアゲハ属 Graphium を研究するのか？ 97

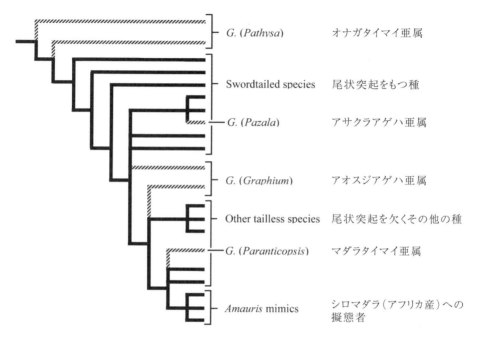

図2 アフリカ産アオスジアゲハ属および近縁群の分岐図。東洋区の分類群（外群）の系統枝は破線で示す（Smith & Vane-Wright, 2001）

コオナガコモンタイマイ Graphium (Arisbe) policenes が，東洋種のタイワンタイマイ G. (Graphium) cloanthus と近縁な関係にあることが明らかになった。

(3) 考察－東洋区のアオスジアゲハ属研究の必要性

現在のアオスジアゲハ属の分類体系が満足できるものでないことは明かである。よって，熱帯アフリカ産種に限定していた調査対象を属全体に拡張し，亜属ごとの調査の積み重ねにより属全体の調査完成を目指す必要がある。この過程で，形態形質への理解が深まり，東洋区に分布する亜属が有効な自然群であるかどうか検証できるものと思われる。

われわれはすでに，ヒマラヤ西部から中国南部，台湾に6種のみが分布するアサクラアゲハ亜属 Pazala の研究をスタートさせた。本亜属の種はすべて類似した斑紋パターンを示し，尾状突起を有する。さらにオス交尾器は特徴

的な構造をしており，それゆえ，本亜属が1自然群であることを強く示唆する。だが，分布情報は不足しており，特に亜種の分布境界についてはあまり明確でない。その多くは中国雲南省西部の急峻な渓谷に分布しているようであるが，情報は不足している。標本に関しては，大英自然史博物館には多くの標本が所蔵されているものの，それらは19世紀当時フランスがミッションステイションを持っていた地域で得られた標本であり，詳細な採集地情報が不明である。

Pazala 亜属の終了後，尾状突起のない *Paranticopsis* 亜属および *Pathysa* 亜属の研究にとりかかる予定であった。これらの擬態を示す両グループが自然群（本来の亜属）かどうかを検証し，仮に自然群であるならば，それらは互いに類縁があるのか，そして *Arisbe* 亜属と近縁である（擬態群を形成する）のかを明らかにする計画であった。

われわれは，上記の研究完了後，かつて Saigusa *et al.*（1977; 1982）が再検討した *Graphium* 亜属そのものに戻るつもりであった。彼らは三つの従属的なグルーピングを認識したが，亜属を定義するユニークな形質はリストアップしなかった。Miller（1987）も，亜属を定義する明瞭な形質を発見できなかったし，Makita *et al.*（2003）は本亜属は自然群ではないと示唆した。

最終目標としては，属全体について研究可能となる形態形質のデータセットを作成するすべての情報を一緒に取り出すことであった。それは，現在の亜属が分割すべきものであるのか，再定義されるべきものであるのか明らかにするかもしれない。しかしながら，ディック・ベンライトの定年退職と自然史博物館での私の仕事の変更，そして，2009年の私自身の退職によって，われわれはアサクラゲハ亜属 *Pazala* の再検討を完了することができなくなった。したがって，この論文のタイトルは今では古くなっている！

ディック・ベンライトと私は東洋区のアオスジアゲハ属の研究を続けることができなくなったので，日本やその他の研究者仲間に本研究への挑戦を奨励したい。当然のことながら，われわれが集めた学名，形態およびアサクラゲハ亜属のメンバーの分布に収集されたすべての情報を手渡すことはたいへん幸せなことである。うまくいけば，矢田教授がTAIIVプログラムの一貫として確立されたチョウ類研究者のネットワークによって，分子分類学のためのより多くの種や亜種の新鮮な解析用サンプルの入手が可能となるであろ

う。また，種の分布マップや亜種間の境界を明らかにする最新で包括的な地名情報，ならびに幼生期の新たな情報は，実に意義深いものであろう。

結び－国際連携によるチョウ類研究

　実際的見地から述べれば，インベントリー作成にはモノグラフ的なレビジョンに立脚した正確な同定が不可欠である。これらのレビジョン自体も，対象生物の正確な分布情報を与えるインベントリーの情報に依拠している。すなわち，公式であれ非公式のものであれ，共同プロジェクトにおいて世界中の研究者間の情報交換の活発化によって協調を深めることは相互利益となる。

　このようにして，協調を深めていけば，いつかアオスジアゲハ属に関して堅固で一般性を有する分類体系が構築されるものと確信する。モノグラフ的な再検討の発表の場は世界のネット上に移行しつつあり（Scoble, 2004 を参照），そこでは一般的な合意を得た分類体系のみならず，論争中の分類体系も発表・閲覧が可能である。GloBIS のウェブ上で公表予定であるが，分布その他の情報を含むこのようなアオスジアゲハ属のモノグラフは他の多くのチョウ類研究のモデルとなるべきものであろう。

謝辞

　私は TAIIV プログラムの支援によって私の参加を可能にした日本学術振興会に感謝しなければならない。私の共同研究者であり元同僚である，ディック・ベンライトは，このアオスジアゲハプロジェクトへの直接間接の激励をつねにして下さった。大英自然史博物館のキム（Kim Goodger）やその他の同僚たちも援助を惜しまず，アドバイスや情報を提供してくれた。

〔引用文献〕

Ackery PR, Smith CR, Vane-Wright RI (1995) *Carcasson's African butterflies: an annotated catalogue of the Papilionoidea and Hesperioidea of the afrotropical region* xii + 803. CSIRO Publications, Melbourne.

Congdon TCE, Bampton I, Collins SC (2009) Some notes on the life histories and taxonomy of Afrotropical *Graphium* species (Lepidoptera: Papilionoidea: Papilionidae). *Metamorphosis*, 20(2): 44-63.

Hancock DL (1983) Classification of the Papilionidae (Lepidoptera): a phylogenetic approach. *Smithersia*, 2: 1-48.

Häuser CL (2003) Papilionidae - revised GloBIS/GART species checklist (2nd draft). http://www.insects-online.de/frames/papilio.htm.

Hübner, [1819] *in* [1816-[1826]]. *Verzeichniss bekannter Schmettlinge* [sic] 432 + 72pp. Augsburg.

Lamas G, Nielsen ES, Robbins RK, Häuser CL, de Jong R, Vane-Wright RI (2000) Developing and sharing data globally: the 'Global Butterfly Information System' - GloBIS. In Gazzoni DL (ed.), *Abstracts 21st. International Congress of Entomology* 1, 196. EMBRAPA, Londrina, Brazil.

Libert M (2007) Notes on the genus *Graphium* Scopoli (Lepidoptera, Papilionidae) [with an appendix by Congdon C, Bampton I, & Collins C]. *Lambillionea*, 107: 19-29.

Makita H, Shinkawa T, Kondo K, Xing L, Nakazawa T (2003) Phylogeny of the Graphium butterflies inferred from nuclear 28S rDNA and mitochondrial ND5 gene sequences. *Transactions of the Lepidopterological Society of Japan*, 54(2): 91-110.

Miller JS (1987) Phylogenetic studies in the Papilioninae (Lepidoptera: Papilionidae). *Bulletin of the American Museum of Natural History*, 186: 365-512.

Munroe E (1961) The classification of the Papilionidae (Lepidoptera). *Canadian Entomologist. Supplements*, 17: 1-51.

Saigusa T, Nakanishi A, Shima H, Yata O (1977) Phylogeny and biogeography of the subgenus *Graphium* Scopoli (Lepidoptera: Papilionidae, *Graphium*). *Acta Rhopalocerologica*, 1: 2-32.

Saigusa T, Nakanishi A, Shima H, Yata O (1982) Phylogeny and geographical distribution of the swallow-tail subgenus Graphium (Lepidoptera: Papilionidae). *Entomologia Generalis*, 8(1): 59-69.

Scoble MJ (2004) Unitary or unified taxonomy. *Philosophical Transactions of the Royal Society* (B), 359: 699-710.

Smith CR, Vane-Wright RI (2001) A review of the afrotropical species of the genus *Graphium* (Lepidoptera: Rhopalocera: Papilionidae). *Bulletin of the Natural History Museum* (*Entomology*), 70(2): 503-719; See also Smith CR, Vane-Wright RI (2002) Afrotropical kite swallowtails. http://www.nhm.ac.uk/entomology/graphium/index.html.

Williams P (2004) *Biodiversity: measuring the variety of nature & selecting priority areas for conservation*. http://www.nhm.ac.uk/science/projects/worldmap/index.html.

（Campbell R. Smith 著・馬田英典・矢田　脩 訳）

2 固有種に着目したベトナム産チョウ類の生物地理

ベトナムのチョウ類研究

　ベトナム・ロシア熱帯研究センター（Vietnam-Russia Tropical Centre: VRTC）は，ベトナム国防省とロシア科学アカデミーによって組織された科学研究機関であり，1988年の創設以来，熱帯の生物に関する数多くの研究がここで行われている。筆者は1994年にVRTCの生態学部門に着任して以来，およそ20年間ベトナムのチョウ類に関する研究を行ってきた。その結果，基礎となる分類学的研究はほぼ終了し，生態学的，生物地理学的研究へと移行する段階に到達した。ここでは，ベトナムのチョウ相に見られる特徴，すなわち固有性の高さに着目し，固有分類群の分布について論じたい。

ベトナムの国土と自然

　ベトナムは日本と同様，南北に長い国土を有し，その細長いS字の形状は，稲作の盛んなこの国では米籠を吊るす天秤棒にたとえられている。その天秤棒の両端にあたる北部の紅河（Red River）と南部のメコン川（Mekong River）下流には広大なデルタ（三角州）が形成され，世界第五位の米の生産量を供給する水田地帯が広がっている。

　上記の二大デルタと南シナ海沿岸の平野部を除く国土の大半は，山地で占められている（図1）。中国雲南省と接する北部にはホアンリエンソン山脈（Hoang Lien Son range）があり，インドシナ半島の最高峰であるファンシーパン山（Mt. Fansipan, 標高3,143m）がそびえる。中部には2,000m級の山々からなるチュオンソン山脈（Truong Son Range, 別名アンナン山脈（Annamese Range））がラオスおよびカンボジアとの国境沿いに走り，その全長は約1,100kmに及ぶ。その南端にあたるコントゥム高原（Kon Tum plateau）やダラット高原（Da Lat plateau）は中部高原（Central Highlands）と呼ばれ，標高1,500m前後の高原地帯が広がる。

　ベトナム北部は温帯性気候であり，日本ほど明瞭ではないが四季が区別される。ケッペンの気候区分では温暖冬期小雨気候（Cw）に分類され，12月

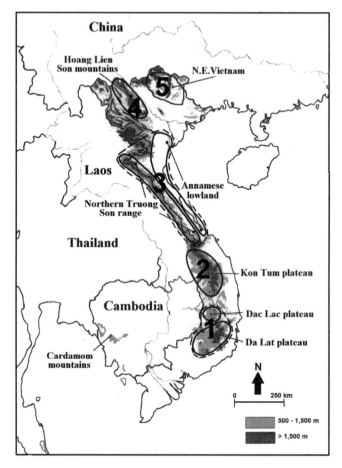

図1 ベトナムの地理および固有分類群の主要産地
1.ダラット高原およびダクラク高原；2.コントゥム高原；3.チュオンソン山脈北部およびアンナン低地；4.ホアンリエンソン山脈；5.北東ベトナム

から2月にかけての冬期は北東モンスーンの影響を受けて乾燥するが、5月から10月にかけての時期は南西モンスーンの影響を強く受けて雨の多い高温多湿な夏となる。一方、南部は明瞭な雨季と乾季の二季からなる熱帯性のサバナ気候（Aw）であり、5月から10月にかけての時期が雨季となる。また、

中部の海岸低地は弱い乾季のある熱帯雨林気候（Am）であり，12月まで雨の多い日が続く。

ベトナムでは，1990年代にサオラやホエジカ類といった大型ほ乳類の新種が立て続けに発見されている。アジア大陸では唯一生息が確認されていたジャワサイは2011年に絶滅したと世界自然保護基金（WWF）によって発表されたが，アジアゾウやインドシナトラは個体数は少ないものの，現在もなお健在である。生態系の頂点に立つ大型ほ乳類の多様性は，植物や昆虫をはじめ下位に位置する生物の多様性をも暗示するものであり，ベトナムの有する複雑な地形と多様な気候が，この国の生物の多様性を支えていると考えられる。

ベトナムにおける地理的障壁

ベトナムには，生物の生殖的隔離を引き起こすと考えられる数多くの地理的な障壁が存在する。図2は，南北方向におけるベトナムの地形断面図を示したものである。断面Ⅰは，北部のホアンリエンソン山脈や中部のチュオンソン山脈，南部のコントゥム高原やダラット高原等の標高2,000mを超す尾根を通過している。断面Ⅱは，海岸部の低地および低山地（標高0～500m）を走っている。これらの断面図によれば，ベトナムには地理的隔離を引き起こす障壁に二つのタイプがあることがわかる。一つは，山地性チョウ類の地域集団間に隔離が生じるのに十分な標高変動が南北方向に存在することであ

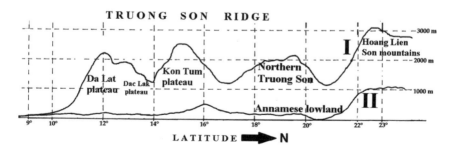

図2　ベトナムにおける固有性の高い地域を通過する地形の縦断面図
　　Ⅰ：標高2,000m以上の主要な稜線，Ⅱ：海岸線に沿う低地（標高0～500m）

る。もう一つは，これらの山脈がアンナン低地（Annamese lowland）などの海岸低地や丘陵地をインドシナ半島の他の低地から分離し，平地性チョウ類に地理的隔離を引き起こす要因となっていることである（口絵④）。

ベトナムのチョウ相

ベトナムのチョウ相に関するこれまでの研究により，基礎的な分類学的研究はおおよそ終了したといえるであろう。1995 年以降にベトナムから記載された新種および新亜種の数は 100 を超え，現在ベトナムから知られているチョウ類の種数は 1,100 種にものぼる。筆者も 1994 年から 60 以上の地域において調査を行い，新分類群の記載や生態学的知見に関する報告等を行ってきた（Monastyrskii, 2003; 2005a; 2007a, etc.）。また，アゲハチョウ科およびタテハチョウ科のマダラチョウ亜科，ジャノメチョウ亜科，およびワモンチョウ亜科については，モノグラフを出版した（Monastyrskii, 2005b; 2007b; 2011）。プロジェクト TAIIV の一環としては，2007 年 4 月に中部のバックマ（Bach Ma）国立公園にて調査を行った。

ベトナムに産するチョウ類は，生物地理学的観点から以下の 9 カテゴリーに分類される。すなわち，1. インドシナ固有種，2. 中国－ヒマラヤ系種，3. インド－ビルマ系種，4. 東洋区（特にスンダランド）系種，5. インド－オーストラリア系種，6. 東洋区およびオーストラリア区に分布域を拡大した旧北区系種，7. 旧熱帯区系種，8. 東洋区に分布域を拡大した全北区系種，9. 汎存種である。このように，ベトナム産チョウ類は広い地域にわたるチョウ相と関係があり，それぞれの構成種数を比較すると，特に中国－ヒマラヤ系，インド－ビルマ系，スンダランド系の種と密接な関係があることがわかる。

ベトナム産インドシナ固有種の分布域

現在ベトナムから知られている 1,100 種のチョウ類のおよそ 6％にあたる 69 種がベトナム国内に固有であると考えられており，それらの分布は，1. ダラット高原およびダクラク高原（Dac Lac plateau），2. コントゥム高原，3. チュオンソン山脈北部およびアンナン低地，4. ホアンリエンソン山脈，5. 北東ベトナムの 5 地域に集中する（図 1）。範囲をインドシナ半島（ベトナム，

ラオス，カンボジア，およびタイ東部）に拡大すると固有種数は77種に増加するが，そのほとんどの分布域は前述の5地域に隣接した地域に限定されている（図3〜5）。唯一の例外がタイ南東部からカンボジア西部かけてのカルダモン山脈（Cardamom Mountains，最高峰1,813m）であり，スンダランド系のインドシナ固有種がわずかに分布している。予備的なチョウ相の調査からはカルダモン山脈の固有分類群の数は，はるかに少ないことが予想され（Monastyrskii, et al., 2011），周辺地域と比較してもベトナムにおける固有分類群の占める割合は高いといえるであろう。

　ベトナムに固有な分類群の多くは，主に地理的隔離により生じたと考えられる。一般的に，固有種や固有亜種はそれらにもっとも近縁な分類群の分布域から距離的に遠く離れて分布している例が多いが，ベトナムでは隔離された集団間の距離は極めて短いことが多く，最短で数十kmという例もある。このような例は，地形や生息環境の特殊性によって特徴づけられる小規模の隔離でさえ，二つの集団間の遺伝的交流を妨げ，異なる分類群が形成されるのに十分であることを示している。

　以下に，ベトナムに産するインドシナ固有種の分布を各地域ごとに詳述する。

ダラット高原およびダクラク高原の固有種

　ダラット高原およびダクラク高原からは29種のインドシナ固有種が記録され，それらのうち20種はこの地域のみに固有である。*Chilasa imitata*, *Euthalia hoa*, *E. strephonida*, *Phaedyma armariola*, *Neptis transita*, *Euaspa minaei*, *Shirozuozephyrus alienus* は，チベット，ヒマラヤ東部，中国西部および中部にそれぞれに近縁な種が分布しており，典型的な中国—ヒマラヤ系の分類群である（Monastyrskii & Devyatkin, 2003; Monastyrskii, 2005a; Koiwaya & Monastyrskii, 2010；図3）。近縁種の分布域が数百から数千km離れている場合もあるが，ダラット高原に近接している例として，ダラット高原に固有であるマネシアゲハの一種 *Chilasa imitata* が挙げられる。本種にもっとも近縁な種はキボシアゲハ *C. epycides* であり，ネパール，チベット，中国西部からコントゥム高原にかけての標高1,000〜1,500mの地域に分布してい

III. 分類・形態，生物地理

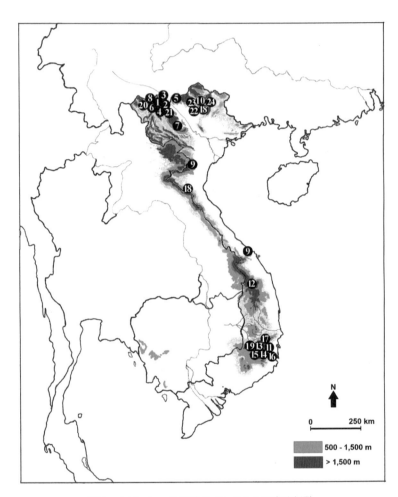

図3 中国−ヒマラヤ系のインドシナ固有分類群
1. *Ypthima frontierii*；2. *Euthalia khambounei*；3. *Euaspa nishimurai*；4. *Shirozuozephyrus masatoshii*；5. *Proteuaspa akikoae*；6. *Chrysozephyrus vietnamicus*；7. *Lethe berdievi*；8. *Chrysozephyrus hatoyamai*；9. *Chrysozephyrus wakaharai*；10. *Calinaga funeralis*；11. *Euthalia hoa*；12. *Heliophorus smaragdinus*；13. *Euaspa minaei*；14. *Neptis transita*；15. *Chilasa imitata*；16. *Phaedyma armariola*；17. *Euthalia strephonida*；18. *Mycalesis inopia*；19. *Shirozuozephyrus alienus*；20. *Coladenia koiwaii*；21. *Praescobura chrysomaculata*；22. *Celaenorrhinus victor*；23. *Scobura eximia*；24. *Celaenorrhinus phuongi*

る。また，同じくダラット高原に固有であるイナズマチョウの一種 *Euthalia strephonida* は，チベットからコントゥム高原にかけて広く分布している *E. strephon* にもっとも近縁であると考えられる。どちらの例も，コントゥム高原とダラット高原の間に存在する地理的障壁により集団間に隔離が生じ，種分化に至った例であると考えられる。

　もう一つのグループは全体の 60％以上を占めるスンダランド系の分類群であり，*Delias vietnamensis*, *Tanaecia stellata*, *Cyllogenes milleri*, *Faunis bicoloratus*, *Zeuxidia sapphirus*, *Discophora aestheta*, *Ypthima daclaca*, *Tajuria sekii*, *T. shigehoi*, *Deramas cham*, *Suada albolineata* などがその例である（図 4）。これらの近縁種は，距離的には遠く離れたマレー半島やスンダ列島に分布している。スンダランド系のベトナム固有種の多くはダラット高原にのみ分布しているが，ヒメワモンの一種 *Faunis bicoloratus* は例外的にコントゥム高原にも分布し，またカザリシロチョウの一種 *Delias vietnamensis* はコントゥム高原だけでなくカンボジアのカルダモン山脈にも分布している。また，ダラット高原から最近発見されたジャノメチョウ亜科の一種 *Cyllogenes milleri* は，ボルネオ北部にもっとも近縁な *C. woolletti* が分布している。両種の形態が極めて類似していることは，比較的最近まで両者間に遺伝的交流があったことを暗示するものである。スンダランド系固有種の多くは中国－ヒマラヤ系固有種よりも低標高地域に分布していることが多く，隔離されたのはより新しい時期であることが推測される。したがって，第四紀更新世にインドシナ半島と大スンダ列島間に形成された陸橋（Voris, 2000）を経由して遺伝的交流が生じ，最終氷期の気候変動期に集団が分離したのではないかと考えられる。

　中国－ヒマラヤ系やスンダランド系の固有種が多いのに対して，インド－ビルマ系の固有種はダラット高原には少ない。*Stichophthalma uemurai* や *Dodona speciosa* はダラット高原の他，コントゥム高原にも分布している。

コントゥム高原の固有種

　コントゥム高原には，シロチョウ科 1 種，タテハチョウ科 10 種，シジミタテハ科 3 種，シジミチョウ科 1 種，およびセセリチョウ科 1 種の合計

III. 分類・形態，生物地理

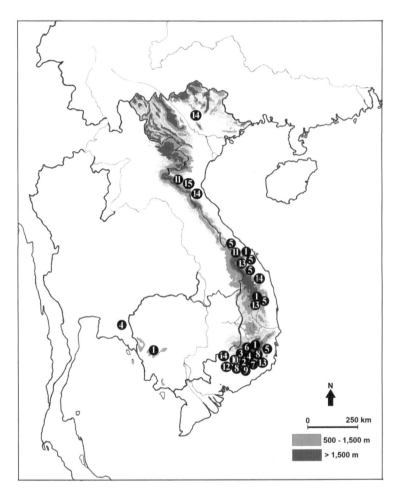

図 4 スンダランド系のインドシナ固有分類群
1. *Delias vietnamensis*；2. *Discophora aestheta*；3. *Cyllogenes milleri*；4. *Euploea orontobates*；5. *Zeuxidia sapphirus*；6. *Ypthima daclaca*；7. *Deramas cham*；8. *Tanaecia stellata*；9. *Tajuria sekii*；10. *Tajuria shigehoi*；11. *Elymnias saola*；12. *Eurema novapallida*；13. *Faunis bicoloratus*；14. *Suada albolineata*；15. *Neomyrina* sp.

16種のインドシナ固有種が分布している。コントゥム高原の標高1,500m以上の地域には，中国－ヒマラヤ系の占める割合はダラット高原よりも高いが（16％），中国－ヒマラヤ系の固有種はシジミチョウ科の *Heliophorus smaragdinus* と *Chrysozephyrus wakaharai* の2種のみである。スンダランド系の固有種数はダラット高原よりも少なく，例として *Delias vietnamensis*, *Elymnias saola*, *Zeuxidia sapphirus* が挙げられる。ダラット高原と同様，これらは主として900〜1,400mの中標高地域に分布している。一方，コントゥム高原におけるインド－ビルマ系の種は極めて優勢である（図5）。それらの多くはこの地域と近隣のダラット高原およびチュオンソン山脈北部にのみ見られる。*Lethe melisana*, *L. konkakini*, *Aemona kontumei*, *A. simulatrix*, *Stichoiphthalma uemurai*, *S. eamesi*, *Dodona speciosa*, *D. katerina*, *Pintara capiloides* などがその例である。

チュオンソン山脈北部の固有種

チュオンソン山脈北部およびアンナン低地を含むコントゥム高原北部には，26種のインドシナ固有種が分布しているが，構成要素は他の地域と若干異なる。スンダランド系の種は *Elymnias saola*, *Zeuxidia sapphirus*, *Neomyrina* sp. の3種のみであり，中国－ヒマラヤ系の種も *Papilio doddsi*, *Mycalesis inopia*, *Chrysozephyrus wakaharai* の3種のみである。これらに対し，73％にあたる19種はインド－ビルマ系に属し，それらのうち6種はこの地域のみに固有である。

ホアンリエンソン山脈の固有種

ホアンリエンソン山脈のチョウ相は中国南部のチョウ相の一部をなすと考えられ，その種構成および分布域の構造はインドシナ半島の他の地域とは明瞭に異なる（Monastyrskii, 2007a; 2010）。中国－ヒマラヤ系の種がもっとも多く，全体の44.3％を占めるが，この地域の固有性は低い。インドシナ固有種は14種であるが，それらのうち *Euthalia khambounei*, *Euaspa nishimurai*, *Chrysozephyrus vietnamicus*, *C. hatoyamai*, *Shirozuozephyrus masatoshii*, *Praescobura chrysomaculata* などの9種は中国－ヒマラヤ系であり，*Graphium*

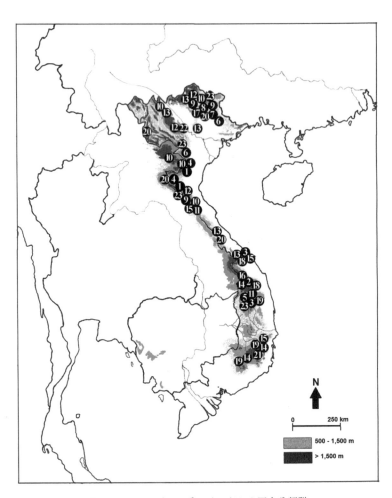

図 5　インドービルマ系のインドシナ固有分類群

1. *Halpe paupera*；2. *Lethe melisana*；3. *Aemona simulatrix*；4. *Ypthima pseudosavara*；5. *Lethe konkakini*；6. *Lethe philesanoides*；7. *Lethe huongii*；8. *Lethe philemon*；9. *Lethe philesana*；10. *Graphium phidias*；11. *Dodona katerina*；12. *Aemona implicata*；13. *Aemona tonkinensis*；14. *Dodona speciosa*；15. *Pintara capiloides*；16. *Aemona kontumei*；17. *Penthema michallati*；18. *Stichophthalma eamesi*；19. *Stichophthalma uemurai*；20. *Stichophthalma mathilda*；21. *Aemona falcata*；22. *Aemona berdyevi*；23. *Taxila dora*

phidias, *Aemona tonkinensis*, *A. berdyevi*, *A. implicata*, *Taxila dora* の 5 種 が インド－ビルマ系である。

北東ベトナムの固有種

ベトナム北部の紅河以東には 26 種のベトナム固有種が分布しており，これらはインドシナ半島に固有でもある。それらのうち 15 種はチュオンソン山脈北部およびアンナン低地に分布域を拡大し，また 4 種は紅河の西側まで見られるが，11 種は北ベトナムの東部地域に固有である。

分断によって生じた固有種

ここまで挙げてきた固有種の多くは地理的な分断によって種分化したと考えられ，その代表的な例としてワモンチョウ亜科の 2 属，ウスイロトガリワモン属 *Aemona* およびワモンチョウ属 *Stichophthalma* が挙げられる。まず，*Aemona* 属の場合，北部のホアンリエンソン山脈の *A. berdyevi* は中国中西部の *A. oberthueri* の地理的姉妹群（vicariant）である。また，*A. tonkinensis* と，それと成虫のサイズや斑紋パターンは類似しているが交尾器が明瞭に異なる *A. implicata*（口絵④）はベトナム北部から中部にかけて同所的に分布する（図6）。また，中部高原には *A. kontumei* と *A. simulatrix* の 2 種が分布し，ダラット高原には斑紋と交尾器が著しく異なる *A. falcata* が分布している。

もう一つの例として，*Stichophthalma* 属 7 種の分布域を図 7 に示した。中国雲南省の *S. howqua iapetus* は，*S. mathilda*，*S. suffusa tonkiniana*，および *S. fruhstorferi* とは異所的である。また，山地性の *S. mathilda* は中央高地まで分布し，*S. suffusa tonkiniana* と *S. fruhstorferi* の 2 種はベトナム北部と中部の低地に広く分布している。コントゥム高原とダラット高原にそれぞれ分布する *S. eamesi* と *S. uemurai* は一部分布域が重なっている。また，*S. cambodia* はカンボジア西部とタイ東部に分布している。

これら 2 属の固有分類群それぞれの分布域は，Takhtajan（1986）によって提唱された植物地理区の地方（province）区分に驚くほど一致している。旧熱帯区のインド－マレーシア亜区に属する地方には，16 の固有科と多数の固有属および固有種が分布しており，植物においても非常に固有性の高い地

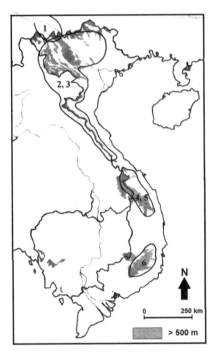

図6 インドシナ半島における *Aemona* 属6種の分布

1. *A. berdievi*；2. *A. tonkinensis*；3. *A. implicata*；4. *A. simulatrix*；5. *A. kontumei*；6. *A. falcata*

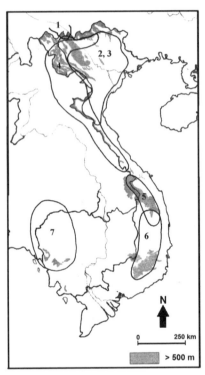

図7 インドシナ半島における *Stichophthalma* 属7種の分布

1. *S. howqua iapetus*；2. *S. suffusa tonkiniana*；3. *S. fruhstorferi*；4. *S. mathilda*；5. *S. eamesi*；6. *S. uemurai*；7. *S. cambodia*

域である。

　分断によって生じた種分化の後，二次的な分散によって種の分布域が重なったと考えられる顕著な例が，オオウラナミジャノメ *Ypthima sakra* 種群に見られる（図8）。*Y. sakra*, *Y. atra*, *Y. persimilis* の3種はヒマラヤ東部からベトナム北部にかけて分布が部分的に重なっている。さらに南下すると，極めて地域限定的で異所的な *Y. pseudosavara*，さらに南には広範囲で分布が重なっている *Y. evansi* および *Y. dohertyi* の2種が分布している。

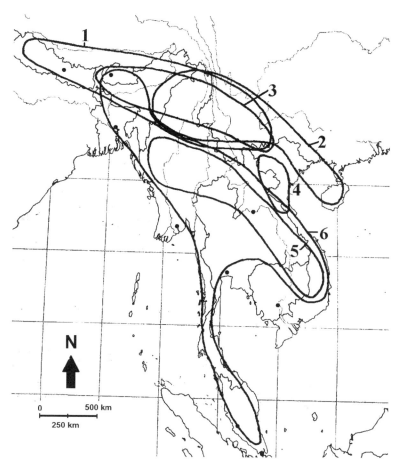

図8　*Ypthima sakra* 種群の分布
1. *Y. sakra*；2. *Y. atra*；3. *Y. persimilis*；4. *Y. pseudosavara*；5. *Y. evansi*；6. *Y. dohertyi*

固有種に着目したベトナム産チョウ類の生物地理

　ベトナムのチョウ類は，固有性，連続性，モザイク性，分断といったさまざまな分布パターンによって特徴づけられるが，このようなパターンの多様性は現在のベトナムのチョウ相がまだ発達途中にあり，進化的には比較的新しい構成段階にあることを暗示している．特に固有種の分布パターンに焦点

をあてると，ベトナムのチョウ類の生物地理に関する一つの仮説が浮上してくる。すなわち，氷期の寒冷な時代に，インドシナ半島東部を南北に走る山脈は，寒冷な気候を好む中国－ヒマラヤ系の種が南下するルートを提供したとともに，スンダランド東部の温暖な海岸部では温暖な気候を好むスンダランドおよびインド－ビルマ系の種にレフュージ（避難所）を提供したのではないだろうか。

前述したようなダラット高原における中国－ヒマラヤ系の固有種とスンダランド系の固有種間に見られる標高による生息域の隔離は，この仮説に矛盾しない。このシナリオは，Aemona 属や Stichophthalma 属のようなインドシナ半島において分断によって隔離されて固有種となったグループや，Ypthima sakra 種群のような分断による種分化後に二次的に種の分布域が重なったと考えられるグループの系統学的研究により，再評価されるであろう。

訳者より

本文はモナスティルスキー博士の依頼のもと下記論文を訳者が要約し，補足的な説明を加えて書かれたものである。本文中で使用した図も，すべてこの論文からの引用である。一部の内容については，2005 年および 2007 年に開催された TAIIV シンポジウムで博士が講演された。

Monastyrskii AL, Holloway JD (2013) The Biogeography of the Butterfly Fauna of Vietnam With a Focus on the Endemic Species (Lepidoptera), Current Progress in Biological Research, Dr. Marina Silva-Opps (Ed.), ISBN: 978-953-51-1097-2, InTech, DOI: 10.5772/55490.

〔引用文献〕

Holloway JD (1973) The affinities within four butterfly groups (Lepidoptera: Rhopalocera) in relation to genera patterns of butterfly distribution in the Indo-Australian area. *Royal Entomological Society of London.* 125(2): 126-176.

Koiwaya S, Monastyrskli AL (2011) New species of *Shirozuozephyrus* (Lepidoptera, Lycaenidae) from Da Lat plateau (C. Vietnam). *Butterflies*, 56, 4-8.

Monastyrskii AL (2003) *Some biogeographical and ecological features of butterfly fauna of Vietnam.* In Studies of Land Ecosystems of Vietnam: 188-218, GEOS, Moscow-Hanoi (*in Russ.*).

Monastyrskii AL (2005a) New taxa and new records of butterflies from Vietnam (3) (Lepidoptera, Rhopalocera). *Atalanta*. 36(1/2): 141-160.

Monastyrskii AL (2005b) *Butterflies of Vietnam, Vol. 1: Nymphalidae: Satyrinae*: Dolphin Media, Hanoi, Vietnam.

Monastyrskii AL (2006) Fauna, ecology and biogeography of butterflies in Vietnam. *Butterflies*. 44: 41-55.

Monastyrskii AL (2007a) Ecological and biogeographical characteristics of the butterfly fauna (Lepidoptera Rhopalocera) of Vietnam. *Entomology Review* 86(1): 43-72.

Monastyrskii AL (2007b) *Butterflies of Vietnam, Vol. 2: Papilionidae*: Dolphin Media, Hanoi, Vietnam.

Monastyrskii AL (2010) On the origin of the recent fauna of butterflies (Lepidoptera, Rhopalocera) of Vietnam. *Entomology Review*, 90(1): 39-58.

Monastyrskii AL (2011) *Butterflies of Vietnam, Vol. 3: Nymphalidae: Danainae; Amathusiinae*: Dolphin Media, Hanoi, Vietnam.

Monastyrskii AL, Devyatkin AL (2003) New taxa and new records of butterflies from Vietnam (2) (Lepidoptera, Rhopalocera) *Atalanta* 34(1/2): 471-492.

Monastyrskii AL, Yago M, Odagiri K (2011) Butterfly assemblages (Lepidoptera, Papilionoidea) of the Cardamom Mountains, Southwest Cambodia. *Cambodian Journal of Natural History* 2011(2): 122-130.

Takhtajan AL (1986) *Floristic regions of the World*: University California Press, Berkeley, Los Angeles, London.

Voris HK (2000) Maps of Pleistocene sea levels in Southeast Asia: shorelines, river systems and time durations. *Journal of Biogeography*, 27: 1153-1167.

（Alexander L. Monastyrskii 著，小田切顕一 訳）

3 東南アジアのセセリチョウ

Evansのカタログ

　他のチョウのグループと同様に，セセリチョウは昆虫の中でもっとも分類学的研究の進んだグループと考えられている。では，いったいどの程度までわかっているのだろうか。そもそも本当によくわかっているのか。
　英国の軍人でアマチュアながら数々のすばらしい業績を残した昆虫学者 William Harry Evans 准将は，大英博物館自然史部門（現在は自然史博物館）のセセリチョウコレクションを整理した。その成果は20世紀の中頃に Evans のカタログとして知られる6分冊のシリーズとして出版された (Evans, 1937, 1949, 1951, 1952, 1953, 1955)。東南アジアについては，1949年に出版されたヨーロッパ，アジア，オーストラリアのカタログに含まれている。彼は長くインドに滞在していたこともあり，この地域をもっとも得意としている。この有名な大著があるために，東南アジアのセセリチョウはすでによくわかっており，簡単に種や亜種の同定ができると思われているようだ。
　その後，多くの新属，新種，新亜種が記載され，またEvansの分類の一部が再検討されているが，このカタログは今でもセセリチョウ分類の古典的スタンダードの地位を保っている。とはいえ，これはEvansのカタログが満足いくものであるということを意味するわけではない。実際カタログを利用して種や亜種の同定を行おうとすると大きな壁にぶつかる。検索表の文があまりにも簡潔で，また，他との比較で表されているためだ。しかも図がほとんど出ていない。自然史博物館には，カタログに準じて標本が並べられたシノプティックコレクションがあるが，これを参照しないと，あるいは膨大な比較標本がないとカタログを使うことはむずかしい。カタログの表題が示しているように，あくまでもこれは，大英博物館自然史部門に保管されたセセリチョウのカタログなのである。
　Evansの分類体系，特に属グループ（genus group）と Evans が呼んだ亜科と属の間の分類階層，すなわち族（tribe），は曖昧なところが多く再検討を要する。また，Evansはある程度系統を意識しているものの，基本的にはオ

ス交尾器が単純なものから複雑なものへという配列で種を並べている。そのため，現代の感覚での系統分類にはそぐわないところがある。

Warrenらの新しい分類体系

　分類学的研究，特に高次分類において分子系統が導入されて久しいが，セセリチョウもまた例外ではない。Warrenら（2008, 2009）により分子と形態による系統に基づく新たな分類体系が示された（図1）。もっとも大きな変更点は，ピロピゲ亜科がチャマダラセセリ亜科に，イトランセセリ亜科がアカセセリ亜科にそれぞれ吸収されたことであるが，いずれもアジアには関係がない。また，チャマダラセセリ亜科が三つに分割された。アジアでは唯一マエキセセリ属 *Lobocla* がオナガセセリ亜科 Eudaminae に移されているが，これは形態に基づく分類からもある程度予想されていたことである。南北アメリカ大陸で発展しているグループが孤立して東アジアにみられるのは生物地理学的に非常に興味深い。彼らは，アカセセリ亜科に八つの族をみとめたが，残念なことにアジアの多くの属がいまだ所属未確定（Incertae Sedis）の状態である。今後の研究に期待したい。

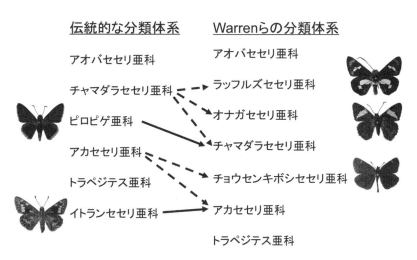

図1　セセリチョウの分類体系の変更（実線は統合，破線は分割）

表1 セセリチョウの属の再検討

亜科	属	著者	年
アオバセセリ亜科	全て	Chiba	2009
オナガセセリ亜科	*Lobocla*	Fan & Wang	2004
チャマダラセセリ亜科	*Odina*	Tsukiyama & Chiba	1994
	Odontoptilum	de Jong	2006
アカセセリ亜科	*Matapa*	de Jong	1983
	Pirdana	de Jong & Treadaway	1993
		Chiba & Tsukiyama	1993
	Plastingia と近縁属	Eliot	1978
	Ochlodes	千葉・築山	1996
	Taractrocera	de Jong	2004
	Parnara	Chiba & Eliot	1991

研究の現状：課題と展望

　Evans（1949）以降の東南アジアのセセリチョウの属レベル以上の再検討を表1に示した。ある地域に限定された属の再検討は表に入れていないが，まだまだ不充分といわざるを得ない。実のところ，われわれは新属，新種，新亜種を記載し終えるのにさえほど遠い状況にある。特にインドシナ半島では近年未記載種がつぎつぎに見出されている（Devyatkin, 1996, 1997, 1998ab, 2000abc, 2001, 2002ab, 2003ab; Devyatkin & Monastyrskii, 1999, 2002, 2003; 丸山, 2010）。また, de Jongらにより積極的に記載がなされたフィリピンでさえ（de Jong, 1980; de Jong & Treadaway, 1993abcdef），筆者の手元に未解決なものが多々ある。まして，系統を再構築することはまだはじまったばかりである。

　地域のリストも充分とはいえない（表2）。たとえば台湾や香港のリストがしばしば改訂される一方で，スマトラのような重要な地域のリストは長い間作られていない。筆者の知る限りスマトラの最新のリストはde Nicéville & Martin（1896）にまで遡る。この地域の重要な図鑑のシリーズであるD'Abreraの『Butterflies of the Oriental Region』も塚田悦造編『東南アジア島嶼の蝶』もセセリチョウを扱っていない。また，ある地域，たとえば海南の種数は過小評価されている（千葉・范, 2009）。

　Evansのカタログが検索に使えないことはすでに述べたが，Evans以外の検索表も使う側に親切に作られているとはいえない。セセリチョウの場合，絵合わせはしないほうがいい。また，同定したい地域の検索表がないからといって，他の地域のものを代用すべきではない。まして，他の地域の図で絵合わせをすることは絶対に避けなければいけない。信頼のおける検索表が必

表2 地域ごとのセセリチョウリスト

地域	著者	年	リスト種数
スリランカ	丸山	1984	50
ラオス	長田・植村・上原	1999	210
中国	薛	2009	360
香港	羅	2004	56
海南	顧・陳	1997	132
台湾	徐	2006	65
タイ	Ek-Amnuay	2006	311
マレーシア	Eliot	1992	265
ボルネオ	Maruyama	1991	214
ヴェトナム	Monastyrskii & Devyatkin	2003	258
フィリピン	de Jong & Treadaway	2007, 2008	170
スラウェシ	Vane-Wright & de Jong	2003	87

要だが，セセリチョウにしばしばみられる地理的・季節的変異が仕事を困難にさせている。

現在10人に満たない専門家がこのグループの研究を積極的にすすめているが，ごく最近ひとりの仲間を失った。モスクワ州立大学のAlexey Devyatkinが55歳の若さでこの世を去った。若い世代の分類学者が必要であるが，現在チョウの分類で学位をとれる大学は実質日本にはなく望みは薄い。

一方，幸いなことはIT技術の普及がややもすれば孤独な分類作業をグループでの共同研究に変えていることである。地球の反対側とでも瞬時にやりとりができることは作業効率を飛躍的に上げる。

そのひとつの例を紹介する。Evansのカタログの欠点のひとつは，アフリカ，ユーラシアとオーストラリア，アメリカの三つの地域をそれぞれ別々に扱ったことである。そのため，二つ以上の地域にまたがって分布するグループについては，その分類について，きちんとした議論がなされてこなかった。現在，アジアとアフリカ両地域にまたがって分布する属について，Larsenらが再検討中だが，筆者はアジアの標本や知見を提供している。セセリチョウの14の属がアジア・アフリカ共通属だが，そのうち，シロシタセセリ属 *Tagiades*，チャバネセセリ属 *Pelopidas*，イチモンジセセリ属 *Parnara*（Chiba & Eliot, 1991），ニセキマダラセセリ属 *Ampittia*（Larsen & Congdon, 2012）などは共通属であることがわかっている。一方，ムモンホソバセセリ属 *Astictopterus* やホソバセセリ属 *Isoteinon* は他人のそら似でアジアとアフリカが同属に扱われており，属を分ける必要がある（Larsen, 私信）。今のところ再検討は形態によるが，まもなく分子系統の再構築も行う予定である。

〔引用文献〕

Chiba H (2009) A revision of the subfamily Coeliadinae (Lepidoptera: Hesperiidae). *Bulletin of the Kitakyushu Museum of Natural History and Human History, Series A (Natural History)*, 7: 1-102.

Chiba H, Eliot JN (1991) A revision of the genus *Parnara* Moore (Lepidoptera, Hesperiidae) with special reference to the Asian species. 蝶と蛾, 17: 179-194.

千葉秀幸・范骁凌 (2009) 海南島のセセリチョウ. 昆虫と自然, 44(13): 24.

Chiba H, Tsukiyama H (1993) A revision of the genus *Pirdana* Distant (Lepidoptera: Hesperiidae). *Butterflies*, (6): 19-25.

千葉秀幸・築山洋 (1996) ユーラシア産コキマダラセセリ属の再検討. *Butterflies*, (14): 3-16.

Devyatkin AL (1996) New Hesperiidae from North Vietnam, with the description of a new genus (Lepidoptera, Rhopalocera). *Atalanta*, 27(3/4): 595-604.

Devyatkin AL (1997) A new species of *Halpe* Moore, 1876 from North Vietnam (Lepidoptera, Hesperiidae). *Atalanta*, 28(1/2): 121-124.

Devyatkin AL (1998a) Hesperiidae of Vietnam 3. A new species of *Celaenorrhinus* Hübner, 1819 from Vietnam, with revisional notes on the *C. aurivittata* (Moore, 1879) group (Lepidoptera: Hesperiidae). *Neue Entomologische Nachrichten*, 41: 289-294.

Devyatkin AL (1998b) Hesperiidae of Vietnam 4. A new species and a new subspecies of *Pintara* Evans, 1932 from Vietnam, with notes on the genus (Lepidoptera: Hesperiidae). *Neue Entomologische Nachrichten*, 41: 295-301.

Devyatkin AL (2000a) Hesperiidae of Vietnam 6. Two new species of the genera *Suada* de Niceville, 1895 and *Quedara* Swinhoe, 1907 (Lepidoptera: Hesperiidae). *Atalanta*, 31(1/2): 193-197.

Devyatkin AL (2000b) Hesperiidae of Vietnam 7. A contribution to the Hesperiidae fauna of the southern Vietnam (Lepidoptera). *Atalanta*, 31(1/2): 198-204.

Devyatkin AL (2000c) Hesperiidae of Vietnam 8. Three new species of *Celaenorrhinus* Hübner, 1819, with notes on the *C. maculosa* (C. & R. Felder[1867])- *oscula* Evans, 1949 group (Lepidoptera, Hesperiidae). *Atalanta*, 31(1/2): 205-211.

Devyatkin AL (2001) Hesperiidae of Vietnam 9. Three new species and one new subspecies from the subfamily Pyrginae (Lepidoptera, Hesperiidae). *Atalanta*, 32(3/4): 403-410.

Devyatkin AL (2002a) Hesperiidae of Vietnam 10. A new species of *Coladenia*

Moore, [1881] (Lepidoptera, Hesperiidae). *Atalanta*, 33(1/2): 123-125.

Devyatkin AL (2002b) Hesperiidae of Vietnam 11. New taxa of the subfamily Hesperiinae (Lepidoptera, Hesperiidae). *Atalanta*, 33(1/2): 127-135.

Devyatkin AL (2003a) Hesperiidae of Vietnam 13. A new species and a new subspecies of *Potanthus* Scudder, 1872 from Vietnam and Burma (Lepidoptera, Hesperiidae). *Atalanta*, 34(1/2): 111-114.

Devyatkin AL (2003b) Hesperiidae of Vietnam 14. A new species of the genus *Celaenorrhinus* Hübner, 1819 (Lepidoptera, Hesperiidae). *Atalanta* 34(1/2): 115-118.

Devyatkin AL, Monastyrskii AL (1999) Hesperiidae of Vietnam 5. An annotated list of the Hesperiidae of north and central Vietnam (Lepidoptera, Hesperiidae). *Atalanta*, 29(1/4): 151-184.

Devyatkin AL, Monastyrskii AL (2002) Hesperiidae of Vietnam 12. A further contribution to the Hesperiidae fauna of north and central Vietnam. *Atalanta*, 33(1/2): 137-155.

Devyatkin AL, Monastyrskii AL (2003) Hesperiidae of Vietnam 15. New records of Hesperiidae from southern Vietnam (Lepidoptera, Hesperiidae). *Atalanta*, 34(1/2): 119-133.

Ek-Amnuay (2006) *Butterflies of Thailand*: 867pp. Amarin Book Center, Bangkok.

Eliot JN (1978) *The Butterflies of the Malay Peninsula*, 3rd ed.: 578pp. + 35 plates, Malayan Nature Society, Kuala Lumpur.

Eliot JN (1992) *The Butterflies of the Malay Peninsula*, 4th ed.: 595pp. + 69 plates, Malayan Nature Society, Kuala Lumpur.

Evans WH (1937) *A Catalogue of the African Hesperiidae indicating the classification and nomenclature adopted in the British Museum*: 212pp. + 30 plates. British Museum (Natural History), London.

Evans WH (1949) *A Catalogue of the Hesperiidae from Europe, Asia and Australia in the British Museum (Natural History)*: 502pp. + 53 plates. British Museum (Natural History), London.

Evans WH (1951) *A Catalogue of the American Hesperiidae indicating the classification and nomenclature adopted in the British Museum (Natural History)*. Part I: x +92pp. + 9 plates. British Museum (Natural History), London.

Evans WH (1952) *A Catalogue of the American Hesperiidae indicating the classification and nomenclature adopted in the British Museum (Natural History)*. Part II: 178pp. + 25 plates. British Museum (Natural History),

London.

Evans WH (1953) *A Catalogue of the American Hesperiidae indicating the classification and nomenclature adopted in the British Museum (Natural History)*. Part III: 246pp. + 53 plates. British Museum (Natural History), London.

Evans WH (1955) *A Catalogue of the American Hesperiidae indicating the classification and nomenclature adopted in the British Museum (Natural History)*. Part IV: 499pp. + 88 plates. British Museum (Natural History), London.

Fan XL, Wang M (2004) Notes on the genus *Lobocla* Moore with description of a new species (Lepidoptera, Hesperiidae). 動物分類学報, 29(3): 523-526.

顧茂彬・陳佩珍 (1997) 海南島蝴蝶：355pp. 中国林業出版社, 北京.

徐堉峰 (2006) 臺灣蝶圖鑑第三卷：404pp. 國立鳳凰谷鳥園, 南投.

Jong R de (1980) Neue taxa der Gattung *Choaspes* aus den Philippinen (Lep.: Hesperiidae). *Entomologische Zeitschrift*, 90(23): 263-267.

Jong R de (1983) Revision of the Oriental genus *Matapa* Moore (Lepidoptera, Hesperiidae) with discussion of its phylogeny and geographic history. *Zoolgische Meddelingen*, 57: 243-270.

Jong R de (2004) Phylogeny and biogeography of the genus *Taractrocera* Butler, 1870 (Lepidoptera: Hesperiidae), an example of Southeast Asian-Australian interchange. *Zoologische Mededelingen*, 78: 383-415.

Jong R de (2006) Revision of the Oriental genus *Odontoptilum* de Nicéville (Lepidoptera: Hesperiidae: Pyrginae). *Tijdschrift voor Entomologie*, 149: 145-159.

Jong R de, Treadaway CG (1993a) Eine neue Art der Gattung *Zographetus* (Lepidoptera: Hesperiidae). *Entomologische Zeitschrift*, 103(7): 113-128.

Jong R de, Treadaway CG (1993b) Neue Arten der Gattung *Halpe* von den Philippinen (Lepidoptera: Hesperiidae). *Entomologische Zeitschrift*, 103(8): 145-152.

Jong R de, Treadaway CG (1993c) Notes on South East Asiatic Coeliadinae (Lepidoptera: Hesperiidae). *Nachrichten des Entomologischen Vereins Apollo (nf)*, 13(4): 447-455.

Jong R de, Treadaway CG (1993d) The geographic variation of *Pyroneura liburnia* (Hewitson [1868])(Lepidoptera: Hesperiidae). *Nachrichten des Entomologischen Vereins Apollo (nf)*, 14(1): 23-32.

Jong R de, Treadaway CG (1993e) Notes on the genus *Pirdana* Distant, 1886 (Lepidoptera: Hesperiidae). *Zoolgische Mededelingen*, 67(8): 127-136.

Jong R de, Treadaway CG (1993f) A new *Celaenorrhinus* species (Lepidoptera: Hesperiidae) from a remarkable locality in the Philippines. *Zoologische Mededelingen*, 67(24): 345-349.

Jong R de, Treadaway CG (2007) *Hesperiidae of the Philippine islands. Butterflies of the world, Supplement 15*: 72pp. Goecke & Evers, Keltern.

Larsen TB, Congdon TCE (2012) The genus *Ampittia* in Africa with the description of a new species (Hesperiinae; Aeromachini) and three new species in the genera *Andronymus* and *Chondrolepis* (Hesperiinae, incertae sedis) (Lepidoptera; Hesperiidae). *Zootaxa*, (3322): 49-62.

羅益奎 (2004) 郊野情報蝴蝶篇：563pp. 郊野公園之友會，香港.

丸山清 (1984) スリランカ（セイロン島）のセセリチョウ．神奈川虫報, (72): 1-14.

Maruyama K (1991) *Butterflies of Borneo. Vol 2, No. 2. Hesperiidae*. 89pp. + 48 plates + 84pp. 飛島建設，東京.

丸山清 (2010) 東南アジア産セセリチョウ覚書(3). *Butterflies* (*Teinopaipus*), (55): 15-19.

Monastyrskii AL, Devyatkin AL (2003) *Butterflies of Vietnam (An Illustrated Checklist)*: 56pp. + 14 plates. Dolphin Media Co. Ltd., Hanoi.

Nicéville CLA de, Martin L (1896) A list of the butterflies of Sumatra with especial reference to the species occurring in the North-East of the island. *Journal of the Asiatic Society of Bengal Part II*, 64(3): 357-555.

長田志朗・植村好延・上原二郎 (1999) ラオス蝶類図譜：240pp. 木曜社, 東京.

Tsukiyama H, Chiba H (1994) A review of the genus *Odina* Mabille, 1891 (Lepidoptera: Hesperiidae). *Butterflies*, (8):30-33.

Vane-Wright RI, Jong R de (2003) The butterflies of Sulawesi: annotated checklist for a critical fauna. *Zoologische Verhandelingen*, Leiden, (343): 3-267.

Warren AD, Ogawa JR, Brower AVZ (2008) Phylogenetic relationships of subfamilies and circumscription of tribes in the family Hesperiidae (Lepidoptera: Hesperioidea). *Cladistics*, 24: 1-35.

Warren AD, Ogawa JR, Brower AVZ (2009) Revised classification of the family Hesperiidae (Lepidoptera: Hesperiidae) based on combined molecular and morphological data. *Systematic Entomology*, 34: 467-523.

薛国喜 (2009) 中国弄蝶科分類与系統発育（鱗翅目：弄蝶総科）．博士学位論文．西北農林科技大学：528pp.

（千葉秀幸）

4 メンタワイ群島のチョウ
―マルバネシロチョウ属 *Cepora* の分類―

メンタイワイ群島について

　インドネシアの西方にスマトラ島という大きな島がある。島の面積は世界第7位の本州の約1.8倍の大きさで世界第6位に位置づけられている。そのスマトラ島のさらに西方にはスマトラ島と南北に平行して位置する島嶼群がある。北はシムルー島から南のエンガノ島に至る鎖状列島となっており，この地域はWilliam（1967）やAckery & Vane-Wright（1984）によりメンタワイ群島（Mentawai Archipelago）と呼ばれる（図1）。特に北部で発生しているが，この地域の大規模地震はいわゆるスマトラ島西方沖地震（スマトラ沖地震）であり，マグニチュードの大きさや被害について日本でも大きく報じられている。
　メンタワイ群島に含まれる島嶼は，北からシムルー島，バビ島，ニアス島，

図1　メンタワイ群島

バツ諸島，シベルート島，シポラ島，パガイ島そしてエンガノ島などからなる。これらのうち，シベルート島，シポラ島，パガイ島はメンタワイ諸島（Mentawai Islands）と呼ばれる。メンタワイ群島の島間は非常に近接しており，もっとも離れたパガイ島－エンガノ島間でおよそ300km，特に近接なシムルー島－バビ島，シポラ島－パガイ島間に至っては20km以下の距離しか離れていない。

またメンタワイ群島の特色として，各島間の海峡が深いことが挙げられる。なぜ海峡が深いということが特色なのか，その理由は氷期について知ることで理解できる。

氷期とは氷河期における寒冷な時期のことであり，比較的温暖な間氷期と区別される。氷期には海水の一部が氷床となって陸地に固定されるため大規模な海水面の低下が起こる。つまり，海深が浅い場所の海水はなくなり，陸地（陸橋）が形成されることになる。日本も氷期には中国大陸と陸橋を形成しており，日本人の先祖やいくつかの生物種はこの陸地をわたってきたと考えられている。

さて，メンタワイ群島に話を戻すと，各島の海峡に深さがあるということは氷期において海水面が低下しても陸橋は形成されず，島は海によって隔離されていたことになる。そのため，海または水中を長距離移動できない生物は島へ侵入することが不可能となり，一方で島に生息している（または過去に生息していた）生物の侵入経路を推測するうえで海峡の深さは重要なキーワードとなってくる。メンタワイ群島には多くの島が存在し，かつ各島間の海峡は深いことが知られている。このことから，メンタワイ群島は生物地理学的な観点から大変興味深い地域といえる。

今回筆者は，この地域に注目し，さらにこの地域に生息しているチョウ類，特にシロチョウ科の一群について，これまで得た分類学的知見について紹介していきたい。

マルバネシロチョウ属 *Cepora*

今回紹介したいのは，和名ではマルバネシロチョウ属，学名では*Cepora*属と呼ばれる一群である。*Cepora*属はチョウ目シロチョウ科モンシロチョウ亜科に属する単系統であり，翅には白色，黄色，オレンジ色，赤色などを含む

種もおり，日本のモンシロチョウをちょっと色付けしたような外観である（口絵⑩）。インド・オーストラリア地域に広く分布しており，現在24種が記載されている。和名ではキシタシロチョウ*C. aspasia*やタイワンスジグロシロチョウ*C. nerissa*の名で知られている。属名が「マルバネ」という名のとおり，同科同亜科のトガリシロチョウ属*Appias*とは異なり前翅先端は丸みを帯びるのが特徴である。飛翔はゆるやかで，平地～低山地性であり高山帯ではみかけられないようである。幼生期の食草についてはフウチョウソウ科の*Capparis*属各種であることが知られている。

本属の分類学的な研究は非常に乏しく，その原因として，オス・メスで斑紋が異なる（雌雄二型），雨季および乾季によって斑紋が変化する（季節的変異），同種であっても生息地域が違うと斑紋が変化する（地理的変異），さらにカザリシロチョウ属*Delias*への擬態と考えられる斑紋をもつものも含んでおり，チョウにおける外観的特徴である斑紋の変異が非常に著しいために種の輪郭がつかみにくいということが挙げられる。特に地理的変異については顕著であり，最近のまとまった本属に関する分類学的研究では，本属に21種，その中に110もの亜種を認め（矢田，1981），当時の種で亜種をもっとも多く含むのは*Cepora perimale*で，31亜種を含むとされている。

また，特定の数種が多くの亜種を含む一方で，本属には島嶼性の特産種も多く含まれており，矢田（1981）の研究以後記載された種を含むと7種（*Cepora kotakii*, *C. vaga*, *C. licaea*, *C. himiko*, *C. ethel*, *C. bathseba*, *C. eurygonia*）が確認されている。興味深いのはこれらのうち，Kangean島の*C. bathseba*とToga島の*C. eurygonia*を除いて，スマトラの西方沖の島嶼，つまりメンタワイ群島に集中していることである。

メンタワイ群島の特色は先に述べたとおりであるが，本属の特産種が多くここに分布しているのはなぜだろうか。そもそも各種は本当に各島の特産種で，分類学的に別種として認められる根拠はあるのだろうか。

分類学的研究の背景と検討

矢田（1981）は当時ニアス島の*C. licaea*，バビ島の*C. vaga*，エンガノ島の*C. ethel*を種として認め，またバツ諸島の個体は*C. iudith*の亜種*batucola*として認めていた。しかし，この地域の標本は当時（現在もだが）非常に得がた

く，直接観察できたのはC. licaeaだけであった。その後，筆者は本属の研究をはじめるにあたり標本の収集を行った結果，メンタワイ群島の8島（シムルー島，バビ島，ニアス島，バツ諸島（シムック島），シベルート島，シポラ島，パガイ島，エンガノ島）に分布する種の標本を得ることができた（口絵⑩）。さらに筆者は2007年2月にシベルート島とシポラ島について現地調査の機会を得ることができたため，現地の様子について後述する。

分類学的な検討として8島から得られた標本について，チョウの分類学では一般的に行われている交尾器の観察を行った。この交尾器の，いわゆる「違い」を見出すことができれば，それは別種として扱う根拠の一つとなる可能性がある。交尾器の形状は同種内のオス・メスで「カギとカギ穴」の関係にあり，どちらかの形状がその種本来の形状と異なればかみ合うことができず，その結果子孫を残すことができない。

今回の交尾器以外にも外観（斑紋パターン），発香鱗などの形質に基づい

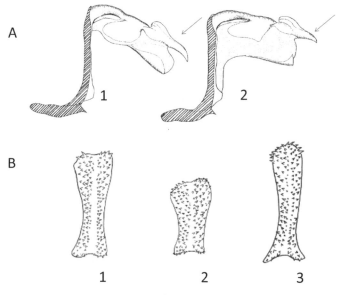

図2　雌雄交尾器形態

A：オス交尾器の側面図（1. C. vaga, 2. C. ethel），B：メス交尾器のsignum（1. C. kotakii, 2. C. licaea, 3. C. sp.（シポラ島産））

て分類学的な検討を行ったが，結論として，各島から獲得された個体群については島ごとに区別できる「違い」が見出されたのである．今回検討に用いた個体の中にはスマトラ島の他，他地域に生息する種の亜種として認められている個体も含んでいたが，メンタワイから得られた個体は特徴があり，他の亜種間の変異の範囲内であると判断できないものであった．それら違いについてその一部を紹介するが（図2），オス交尾器形態については図中の矢印で記しているuncus形態に，その長さや先端にかけての湾曲の程度に差異が認められた．また，メス交尾器形態ではcorpus bursaeについている板状のsignumの長さや太さに違いが認められた．そのため，各島の個体群は別種として扱うことが妥当ではないかと考えられる．また，これらは一つの島から1種のみ得られており，同所的に生息することが確認されていないため，各種はその島にしか生息していない特産種であると考えられる．

メンタイワイ群島におけるCepora属の種分化

では，今回検討を行ったメンタワイ群島においてCepora属の種分化はどのように行われたのだろうか？　地史情報の不足に加え，他に同様の分布パターンをもつものがいないこと（少なくとも筆者は知らない），形態の類似，材料の不足などから飛翔能力をもつチョウを対象に，これだけ近接する島嶼間の地理的種分化を推測することは現在のところ非常に困難である．しかしながら，極めてわずかな情報と現在知りうる事実から次の二つの仮説を考えた．

島嶼間の隔離が種分化を招いたと推定できる．島嶼間は確かに非常に近接しているが，その間の海峡は比較的深く（およそ100～200m），氷期に伴う海水面低下においても陸橋をほとんど生じさせなかったと考えられる．おそらくは，海水面の低下により，スマトラからメンタワイ群島のいずれかに入り，直接的または間接的に陸橋を利用し各島嶼へ分布を広げたのではないだろうか．Inger & Voris（2001）によるとバツ諸島はスマトラとの距離約55km，海の深さは約40～45mであり海水面低下時のスマトラとの陸橋を示唆している．その後，海水面が上昇することによって，各島嶼は海により隔離され，種分化を引き起こす機会が与えられたのかもしれない．しかし，チョウなど飛翔能力をもつグループの種分化の説明にはもうひと

つの仮説を必要とする。

　メンタワイ群島に分布している*Cepora*属は極端に移動性が低く，風の影響も分布拡大に関係しないということが推定される（台湾など近隣に分布する*Cepora*属の日本での迷蝶記録も今のところまったくない）。これは，現在の採集記録に基づいたもので，近接する島嶼で本当に同所性が認められないのか，現地調査などの詳細な検討が望まれる。

　以上をまとめると，各島嶼（すべてとは限らないが）に分布した個体の生息環境は海水面上昇に伴い，陸橋がなくなることによって小さくなったと考えられる。その結果，食草などチョウにとって重要な生息環境も変化し，もともと移動性の高くない個体の他島嶼への移動を制限し，その後，各島嶼で種分化を遂げたのではないかという仮説が考えられる。

　以上の仮説についてはまだまだ情報が少なく，更なる材料に基づく諸情報，食草を中心とした生息データの集積，または分子を加えた系統解析など，より詳細な検討が望まれる。またこの地域の地史に関する情報についても著者により見解が異なる点もあるため，種分化の考察がより推定的なものとなってしまっている。たとえば，Root *et al.*（2003）やAbegg & Thierry（2002）はメンタワイの島嶼は深さ約200mの海により隔離されていると示唆し，Meijaard & Groves（2004）はニアス島，シムルー島，エンガノ島を除いてスマトラ西方沖島嶼は約120m以下の海深により隔離され，ニアス島は275m，シムルー島は421mの海深により隔離されると述べている。さらに，これまでに起こった氷期においてこれらの島嶼はスマトラ島と陸橋を形成したかどうかについても著者によって見解が異なる。つまりこの群島における分類群，特に哺乳類については氷期における海水面の低下の程度によりメンタワイ諸島からの分散経路に関する推測が若干異なる。よって，メンタイワイ群島地域における種分化の解明については，海水面の低下や共通祖先個体が生息していた時代の地理学的な情報が必要不可欠ともいえるが，形態形質やDNAに基づく種分化の推測は，逆に地理学的な考察へ情報を提供できるものと考えられる。現状として少ない個体数による検討でもあり，雌雄個体も十分に検討できたとはいえない。今後の課題としてはさらなる個体数の検討および形態形質の変異がどの程度認められるのか精査していく必要がある。

シベルート島およびシポラ島の現地調査

　それでは，メンタワイ諸島の現地調査についてであるが，滞在期間中にCepora属の個体を捕獲，発見することはできないままに終えることとなった。しかしながら現地について，ここでは簡単にメンタワイ諸島の紹介として執筆させていただく。

　2007年2月15日，われわれは福岡から台湾を経由し，インドネシアの首都ジャカルタへ向かった。その翌日はジャカルタで調査申請の手続きを行い，スマトラ島へ移動したのはさらにその翌日である。スマトラ島からフェリーに乗り込み，シポラ島を経由して揺られること17時間ほど。第一の目的地シベルート島に到着したのは2月19日であった。ここからが筆者のはじめての海外調査のはじまりである。

　シベルート島の周囲に砂浜はほとんど確認できず，植物（マングローブ）が海岸淵まで茂っており，船を着けることができる場所も限られている様子であった。際立って標高の高い山もない。島内の港を少し離れると，道など整備されているわけはなく，徒歩と川を小さなボートで移動するほかない。特に過酷であったのは島のガイドが案内したSirisurraという地区からSimabuggeiという場所への移動である。地面はぬかるみ，熱帯らしく植物のトゲトゲがよく体をかすめた。荷物も少しは預けたとはいえ，背負うだけで体力は奪われた。そのような状況で5時間ばかりの歩行である。恥ずかしながら筆者はこのような経験不足もあり，到着後脱水症状で数時間寝込むこととなった。調査地の環境としては非常に多様であり，森林だけでなく日当たりのよい開けた場所もある。また周辺には川も流れていたためコンパクトに自然がまとまっているような印象である。この川の水は沸かして飲み水，そして水浴に利用することができた。

　余談だが，インドネシア滞在中にお湯を浴びることができたのはスマトラ島の小綺麗なペンションに宿泊したときのみであり，それ以外は水浴びか，水シャワーであった。日本にいるとお湯は無意識に使用しているが，外国へ出向くと，これまでの常識が必ずしも当たり前ではないことを思い知らされる。また，熱帯とはいえ，やはり川の水というのは冷たく，水浴びすらままならない日々を過ごした。

さて，シベルート島の気候は熱帯そのもので，暑さはいうまでもないが，スコールのタイミングを除けば蒸し暑くはなく，スコールでびしょ濡れになった服も小一時間で乾いてしまうほどカラッとしていた。
　2月24日，われわれはシポラ島へ移動した。シポラ島はシベルート島と環境は大きく変わらないが，広範囲にわたって道路が舗装されていた。また，商店も充実していて飲食に困ることはなく，比較的栄えた町といった印象である。商店においてあったテレビからは日本のアニメが放映されており，久しく文明と触れ合っていなかったこともありしばらく眺めてしまった。調査場所付近には川などの水環境が乏しかったため乾燥しており，個体数は多く得られても種数としては満足のいく調査とはならなかった。今回わずか3日間の滞在であったため，広範囲での調査を行うことができなかったが，よりよい調査環境の探索も実施したいところであった。
　短い滞在を終え，帰路につくときである，当初シポラ島からスマトラ島へは行きで使用したフェリーで戻る予定であったが，海が荒れたためフェリーが来ないというトラブルが起こってしまった。しかし，スマトラ島からの飛行機の時間に間に合わせて戻らなければならなかったため，翌日，現地の人にエンジンつきボートを運転してもらいスマトラ島まで戻ることとなった。フェリーでは10時間の船旅であったところを，この小さなボートでは5，6時間だっただろうか，身動きのとれないまま波に揺られて移動した。幸い昨日の荒れた天気とは異なり，晴天の海原を海面と近い高さで移動し，フェリーとは違った壮大な解放感とちょっとばかりの緊張感に酔いしれながらスマトラ島に戻ることができた。この船のしぶきによって，筆者の携帯電話が水死してしまったものの，採集した標本が無事だったことは不幸中の幸いであろうか。
　約2週間に及ぶインドネシアのメンタワイ調査であったが，まことに残念ながら期待していた成果を得ることはできなかった。しかしながら，インドネシアの西端ともいえる場所の現地調査を実施できたことは，筆者にとってかけがえのない貴重な思い出である。もし，今後機会があるのであれば，滞在期間と調査範囲を広げて，*Cepora*属やその他のチョウ，または他の生物種について詳細な調査を実施したいと考えている（図3）。

図3　メンタワイ諸島，現地の様子
1. シベルート島の民族衣装，2. シベルート島Maileppet，3. シベルート島Sirisurraへ移動中，4. シポラ島の調査地

メンタワイ群島の今後の研究に関して

　スマトラ島西方沖といえばまだ記憶に新しい地震と津波の大被害を受けた地域である。Toxopeus（1926）はこの地域（Nicobarを含む）は動物相が特異的であることから，動物相の比較的安定的なスンダランド地域である「ネオマラヤ（Neomalaya）」に対して，「パラマラヤ（Paramalaya）」と呼んでいたという（Corbet & Pendlebury, 1992）。
　メンタワイ群島はインドネシアの西端に位置し，大きな島や地域にくらべて一部の研究以外ではさほど注目されてこなかった地域であるが，その動物相の特異性は被害の大きな地震が多発する地帯でもあることからもっと注目されるべきと思う。その各島嶼にはまだ知られていない貴重な生物種や

*Cepora*属のように各島ごとに生息しているような特産種が発見されるかもしれない。当地域の調査を行うのは容易なことではないが，地震災害や開発により希少な自然環境が人知れず失われてしまう前に多くの方が興味をもち，様々な生物種または地理学的な研究，またはまったく別の視点からも注目されることを筆者は切望している。

謝辞

　本原稿を執筆させていただくにあたり，メンタワイ産の大変貴重な標本を貸与してくださった英裕人氏（*C. hiniko*（1オス），*C. iudith mentawaica*（1オス・1メス）のホロタイプ，パラタイプ標本），渡辺力氏（*C. kotakii*（1オス・1メス）），および大英自然史博物館R. I. Vane Wright氏（*C. ethel*（2オス））に厚くお礼申し上げる。なお，本調査の採集許可の面で種々ご援助下さったボゴール動物博物館のPeggie博士に感謝したい。

〔引用文献〕

Abegg C, Thierry B (2002) Review Macaque evolution and dispersal in insular south-east Asia. *Biological Journal of the Linnean Society*, 75: 555-576.

Ackery PR, Vane-Wright RI (1984) *Milkweed Butterflies*: 136-137, British Museum (Natural History), London.

Corbet AS, Pendlebury HM (1992) *The butterflies of the Malay Peninsula*, 4th ed.: 20-21, MALAYAN NATURE SOCIETY, Malaysia.

Inger RF, Voris HK (2001) The biogeographical relations of the frogs and snakes of Sundaland. *Journal of Biogeography*, 28: 863-891.

Meijaard E, Groves CP (2004) A taxonomic revision of the *Tragulus* mouse-deer (Artidactyla). *Zoological Journal of the Linnean Society*, 140: 63-102.

Roos C, Ziegler T, Hodges JK, Zischler H, Abegg C (2003) Molecular phylogeny of Mentawai macaques: taxonomic and biogeographic implications. *Molecular Phylogenetics and Evolution*, 29: 139-150.

Toxopeus LJ (1926) Verslag van de Een-en-tachtigste Zomervergadering. *Tijdschrift voor Entomologie*, 69 Verslag: Ixx-Ixxxi.

William A (1967) The majour geographic regions of Sumatra, INDONESIA. *Annals of the Association of American Gepgraphers*, 57(3): 534-549.

矢田脩 (1981) シロチョウ科．「東南アジア島嶼の蝶」第2巻（塚田悦造編）：206-438, pls.1-84. プラパック，東京．

（岩崎浩明）

5 マダラチョウ―微細構造による分類―

マダラチョウの研究

　マダラチョウ類（タテハチョウ科マダラチョウ亜科）は，日本を含む世界の熱帯・亜熱帯地域に広く分布し，約160種が知られている。一般的にチョウ目は環境指標群として優れているといわれているが，特にマダラチョウ類は体内に食草由来の有毒成分を蓄積するいわゆる毒チョウであり多くのチョウ目との間で擬態関係にあること，生息域や食草などの生態情報が豊富なこと，さらに主な分布域が熱帯・亜熱帯地域に集中していることから，環境指標群として熱帯アジアの生物多様性の理解やその保全への貢献が期待されている。このほかにも，特徴的な配偶行動や季節的長距離移動など，さまざまな研究分野で注目されているが，これらの研究の基礎となる系統分類学的研究については，1984年Ackery & Vane-Wrightによるモノグラフの出版以降，まとまった研究はなされていない。

　なかでもコモンマダラ属*Tirumala*の種は，一般的に分類に用いられる外観や雌雄交尾器の形状が相互に酷似するため，種間の識別が特に難しく分類が困難な一群とみなされていた。ところが各種の形態を詳細に比較検討したところ，雄性器官の微細構造が本属の分類形質のひとつとして有用であり，これまで困難とされていた近似種の同定にも利用できることがわかった。またこの形質を用いてS. Mindanao沖のSarangani島に産する亜種*tumanana*の分類学的位置も見直された（Hashimoto *et al.*, 2012）。ここでは，この*Tirumala*属とともに，マダラチョウ類の微細な諸形質をいくつか紹介したい。

マダラチョウの雄性器官

　マダラチョウ類の雄性器官といえば，ヘアペンシルと呼ばれる腹部末端に内蔵された器官で，マダラチョウ類のオスに共通してみられる。オスは配偶行動の際にこの毛束を突き出し（図1），フェロモンを空中にまき散らしたり，メスの触角に直接付着させたりする。そのヘアペンシルの揮発性物質はいく

図1 突き出された
ヘアペンシル
(*Euploea tulliolus*)
(橋本, 2009より改変)
左:側面, 右:腹面

らか同定されており, 主な構成要素はdihydropyrrolizinesで, これはオスによってはじめから合成することはできない。そのため, オスは成虫になってから, 前駆物質として働くpyrrolizidine alkaloids (PA) を特定の植物から吸汁しなければならない。この物質を取り込む機会がなかったオスは交尾を成功させることができないといわれている。また, これはおそらくフェロモン合成のためだけでなく, オス自身の捕食者に対する防御のためや, メスへのナプシャルギフト (nuptial gift) にも利用されていると考えられている。

ヘアペンシルの構造については, いくつかの属において詳細に記載されており, その構造はフェロモンの運搬に用いられるフェロモン運搬粒子PTPs (pheromone-transfer-particles) という粒子の有無やPTPsの起源に影響しているということが示唆されている (Boppré & Vane-Wright, 1989；Vane-Wright *et al.*, 2002)。このPTPsとは, フェロモンをメスの触角に付着させやすくする粘着性のある粒子であり, 俗に"love-dust" (Vane-Wright, 2003) と呼ばれている。そのPTPsを利用するマダラチョウ類の多くは, ヘアペンシルでそれを生成し, ヘアペンシルを性標に擦りつけることでこの粒子に匂いづけを行い配偶行動に備える。ところが, *Tirumala*属はポケット状の特徴的な性標でおそらく"フェロモン付き"のPTPsを生成し, 貯蔵している。そして, 必要に応じてヘアペンシルで性標からPTPsをかきだし, PTPsを補充する

(Boppré & Vane-Wright, 1989)。このように，PTPsを利用するマダラチョウ類でも，ヘアペンシルの機能は若干異なっている。一方，*Ideopsis*属や*Euploea*属は，配偶行動時にメスの前でヘアペンシルを突出させるが，基本的にPTPsをもたず，匂いづけ行動も行わないといわれている。一般的に感覚毛や毛は，鱗粉にくらべ原始的な構造のままだと考えられているが（新川，1994），マダラチョウ類にとって，ヘアペンシルは"ただの毛"ではなく，配偶行動に関連し種の認識に重要な役割を果たしているため，属だけでなく種レベルにおいても重要な形質である。

コモンマダラ属*Tirumala*

コモンマダラ属*Tirumala*というグループは，全部で10種が知られており，8種（*T. gautama*，*T. choaspes*，*T. limniace*，*T. septentrionis*，*T. hamata*，*T. ishmoides*，*T. euploeomorpha*，*T. alba*）がインド・オーストラリア区に，2種（*T. petiverana*，*T. formosa*）がアフリカに分布する。日本には生息していないが，このうち4種（ウスコモンマダラ*T. limniace*，コモンマダラ*T. septentrionis*，ミナミコモンマダラ*T. hamata*，ニセミナミコモンマダラ*T. ishmoides*）は「迷蝶（めいちょう）」として日本でも記録されている（白水，2005）。1954年に日本ではじめて記録されて以来，1990年代を皮切りにその数は年々増える傾向にあり，今日南西諸島においてはさほど珍しいチョウではなくなりつつある。本属は，英名で"ブルータイガー"と呼ばれるように，ほとんどの種は黒地に青白色紋を散らしたような鮮やかなマダラ模様で，一見リュウキュウアサギマダラに似ているが，本属のオスの場合，後翅にポケットをもつという特徴で簡単に見分けることができる（口絵⑪）。ところが種の同定となると，先にも述べたが，このチョウは種同士の外観および交尾器の形態が酷似しているためかなり難しいグループである。そのため，これまでの迷蝶記録も他種と混同されている可能性がある。食草は，ガガイモ科，キョウチクトウ科で，これらの植物に含まれるアルカロイドを体内に蓄積し，成虫になっても有毒な体液をもつため，捕食者に対する防御に役立っている。ちなみに*Tirumala*という学名の語源には諸説あるが，平嶋義宏氏は著書で，*Tirumala*という語は本属を設立したMoore（1880）の創作ではないかと述べ

ている（平嶋，1999）。しかし，R. I. Vane-Wright氏によれば，そもそも"Tirumala"というのは，インド南部にあるヒンドゥー教の有名な寺院の名であり，タミル語でTiru（神聖な）＋Malai（丘）という意味があるらしい。Mooreはこれにちなんで，本属の模式種の主な産地がインドから中国南部であることから*Tirumala*と名付けたのかもしれない。

*Tirumala*属の雄性器官の機能と形態

これまで*Tirumala*属のヘアペンシルは，ヘアペンシルでPTPsを生成する*Danaus*属や*Parantica*属にくらべ，単純な構造をしていると考えられていたが，それどころか本属は属内でもいくつかのタイプに分けられるほどの顕著な違いがあることが明らかとなった。これは，他属とは異なるヘアペンシル

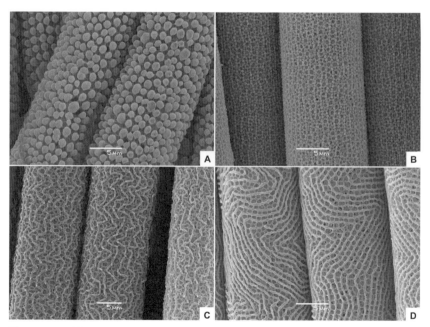

図2　*Tirumala*属のヘアペンシルの走査型電子顕微鏡像（橋本，2009）
　A：*T. formosa*，B：*T. limniace*（*T. petiverana*もこのタイプのヘアペンシルをもつ），C：*T. choaspes*（*T. gautama*もこのタイプのヘアペンシルをもつ），D：*T. hamata*（*T. septentrionis*，*T. ishmoides*，*T. euploeomorpha*もこのタイプのヘアペンシルをもつ）

の機能や後に述べるPTPsの形状と関係しているためと考えられる。

本属のヘアペンシルは700〜800本の一種類の毛で成り立ち，全長約4.5mm。基部から中央部にかけては全種で共通しているが，中央部から先端になるにつれ，粒状の突起に覆われるものや（図2AB），Danaus属のヘアペンシルと似たようなもの（図2C），螺旋を描きながら網目状になるもの（図2D）など，表面の形態のタイプが明らかに異なる。Bopprèらは，これらの毛を，配偶行動時にポケット状の性標に入れてPTPsを補うことから，particle-receiving hair と呼んでいる。たしかに毛の先端には，肉眼でも確認できるほどたくさんの灰色の粉（PTPs）が付着している。

このさまざまな表面構造は，ポケット状の性標からより多くのPTPsをかきだすために，おそらくできるだけ表面積を広くし，それぞれの種のPTPsの形態にあわせて（Hashimoto & Yata, 2008），PTPsを付着させやすい構造へと適応したものであることを示唆する。しかも，ヘアペンシルの表面とPTPsがフィットしすぎては，メスの前でPTPsを散布しにくくなってしまうため，適度にPTPsが"くっつきやすく，はがれやすい"といった条件を満

図3 Tirumala属の性標と性標内部表面
A：オス成虫（T. limniace），B：後翅表面（矢印は開口部を示す），C：後翅裏面，D：性標内部表面の走査型電子顕微鏡像

たした絶妙な形態なのだろう。

Alar pouchとPTPs

　*Tirumala*属のオスは，後翅裏面1b室といわれる場所にalar pouchと呼ばれるポケット状の性標をもつ（図3A～C）。その内部の表面（図3D）には，普通鱗のソケット（図3D-a）と，円盤状のソケット（クッション）（図3D-b）が存在し，その円盤状のソケットからクッションスケール（図3D-c）と呼ばれる鱗粉がのびている。

　PTPsは，alar pouch内にある酵素によって，タヌキマメ属，キダチルリソウ属，スイゼンジナ属植物より吸収した前駆物質を変化させることにより生成される（Ackery & Vane-Wright, 1984）。このPTPsは，もともとは粉状ではなく，alar pouch内の表面にあるクッションスケールが，時間の経過とともに細かく分割されることで，無数に生成され，そして蓄積される（Boppré & Vane-Wright, 1989）。これは，本属のみにみられる特徴であり，他属の性標では普通鱗のソケットや円盤状のソケットは存在するが，本属のような粉状に分割される特殊化した鱗粉はみられない（図4）。したがって，本属は配偶行動によってある程度PTPsを失ったとしても，alar pouch内に貯蔵されて

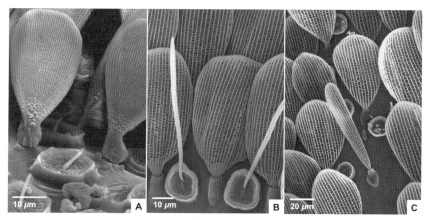

図4　*Tirumala*属以外の種の性標内部表面の走査型電子顕微鏡像
A：*Danaus genutia*，B：*Parantica cleona*，C：*Ideopsis gaura*

図5 *Tirumala*属のPTPsの走査型電子顕微鏡像
A：*T. formosa*，B：*T. limniace*（*T. petiverana*もこのタイプのPTPsをもつ），C：*T. gautama*（*T. choaspes*もこのタイプのPTPsをもつ），D：*T. ishmoides*（*T. septentrionis*，*T. hamata*，*T. euploeomorpha*もこのタイプのPTPsをもつ）

いるPTPsをいつでも補うことができる。

　本属のPTPsの微細構造は少なくとも以下の四つのタイプに分けられる。①表面に多数の突起をもち，粒子サイズは他のタイプにくらべ2倍以上大きい（図5A），②多面体（図5B），③丸く，表面がひだ状（図5C），④丸く，細かいシワをもつ（図5D）。PTPsの形状が類似する種同士は，ヘアペンシルの表面構造も類似している。また同じタイプのPTPsをもつ種同士は概ね異所的に分布している。一方，いくつかの種と分布が重なり混飛するような地域にいる種は，それぞれ異なる形態のPTPsをもつことがわかった。

　揮発性物質を運ぶPTPsは，同種のメスに交尾相手を正確に認識させる機能をもつものであると考えられる。つまり，本属は種同士の外観が酷似する

ため，特に他の種との生殖隔離機構が重要となる。モンシロチョウ属 Pieris において，オスの発香物質の化学的成分やその成分比が種によって異なることがすでにわかっていることから（阿部ほか，1986），おそらく本属にもこのような種特異性があり，それとともにフェロモンを運ぶPTPsの形態にも何らかが影響している可能性は十分ありうる。

また Tirumala 属は種同士が似ているだけではなく，ミュラー型擬態によって，他の属（Ideopsis 属や Parantica 属など）の種とも，外観がかなり似通ってしまう現象がみられる。"まずい種"同士の斑紋が似ることは，捕食者へ学習されやすく有利な生存戦略であると考えられるが，一方で種間認識を困難にさせてしまっている。したがって，PTPsを利用する種においては，誤認によるPTPs損失のリスクも生じているはずである。本属はこのような状況下で，PTPsを節約的に長期間にわたって利用できるように雄性器官を独自に進化させた一群であると推測される。

その他の代表的なマダラチョウ類の雄性器官の機能と形態

（1） Danaus 属，Parantica 属（図6）

Danaus 属（カバマダラ D. chrysippus やスジグロカバマダラ D. genutia）や Parantica 属（アサギマダラ P. sita やヒメアサギマダラ P. aglea など）は，particle-budding hairs（PTPsを生成する毛）とその周囲を取り巻く marginal hair（PTPsを生成しない毛）の2種類の毛で構成されている（Boppré & Vane-Wright，1989；Vane-Wright et al., 2002）。約1,000本の毛からなり，全長4.5～5.0 mm。Particle-budding hairs も基部付近では marginal hair と同様，PTPsは生成されないが，中央部から先端にかけて Danaus 属では円盤型のPTPs，Parantica 属ではサメの歯のような三角形のPTPsを生じる（図6矢印）。Marginal hairs の表面は，両属とも基部から先端にかけて大きな変化はみられない。これは，ヘアペンシルを出し入れする際に，余計なPTPsの損失を防ぐためのものと考えられている。Danaus 属や Parantica 属が，Idea 属や Euploea 属のように腹部を刺激しても簡単にヘアペンシルを出さないのは，PTPsをむやみに消耗させないためなのかもしれない。

図6 PTPsを生成する種のヘアペンシルの走査型電子顕微鏡像（橋本，2009）
A：カバマダラ，B：スジグロカバマダラ，C：アサギマダラ，D：ヒメアサギマダラ

（2）*Ideopsis*属，*Idea*属，*Euploea*属（図7）

*Ideopsis*属（リュウキュウアサギマダラ*I. similis*など）や*Idea*属（オオゴマダラ*I. leuconoe*），*Euploea*属（ルリマダラ*E. sylvester*やツマムラサキマダラ*E. mulciber*）などは基本的にPTPsを生成しないといわれるグループであり，毛は一様に棘状の突起に覆われており，PTPsらしき粒子もなく，各属内での形態差もほとんどみられない。ところが，*Euploea*属において種によってヘアペンシルの形態に変異がいくつか認められた。この一群については今後検討していく必要がある。

マダラチョウ類は多くのチョウ目との間で擬態関係にあるがゆえに，外観による識別が困難なため，種間認識のためにさまざまな生殖隔離機構を発達させている。したがって，一見形態的相違がないようでも特に配偶行

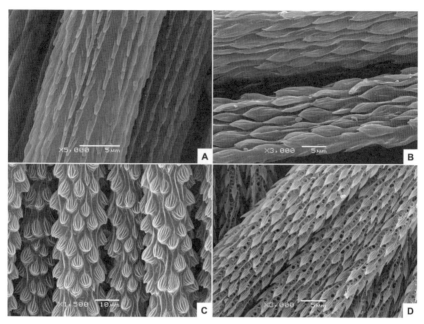

図7 PTPsを生成しない種のヘアペンシルの走査型電子顕微鏡像（橋本，2009）
A：リュウキュウアサギマダラ，B：オオゴマダラ，C：ルリマダラ，D：ツマムラサキマダラ

動に関連する諸器官の微細構造は分類に利用できる形質をまだまだ秘めている可能性がある。なかでも*Tirumala*属は種間差が微妙で分類が困難なグループとみなされていたが，雄性器官の諸形質の微細構造によって，これまで困難だった近似種の同定や形質評価をより確実にできるようになった。さらに本属の迷蝶4種における迷蝶記録の見直しや，それらの出発地の推定にも利用できるかもしれない。これによって，*Tirumala*属およびその他のマダラチョウ類における近年の著しい北進現象の要因の解明にもつながることが期待される。

〔引用文献〕

阿部正喜・矢田脩・中井衛 (1986) スジグロシロチョウの発香鱗と発香物質．昆虫と自然，21(8): 2-7.

Ackery PR, Vane-Wright RI (1984) *Milkweed Butterflies: their Cladistics and Biology*. British Museum (Natural History), London.

Boppré M, Vane-Wright RI (1989) Androconial systems in Danainae (Lepidoptera): functional morphology of *Amauris*, *Danaus*, *Tirumala* and *Euploea*. *Zoological Journal of the Linnean Society*, 97: 101-133.

橋本恵 (2009) マダラチョウのヘアペンシル．昆虫と自然，44(12): 24-27.

Hashimoto K, Schroeder HG, Treadaway CG, Vane-Wright RI (2012) On the taxonomic status of *Tirumala tumanana* Semper, 1886 (Lepidoptera: Nymphalidae, Danainae). *The Journal of Research on the Lepidoptera*, 45:39-47.

Hashimoto K, Yata O (2008) Comparative morphological study in the genus *Tirumala*: sexual isolation and PTPs (Lepidoptera, Nymphalidae, Danainae). *Transactions of the Lepidopterological Society of Japan*, 59(4): 305-311.

平嶋義宏 (1999) 新版蝶の学名：その語源と解説．九州大学出版会，福岡．

Moore F (1880) *The Lepidoptera of Ceylon*, 1.London.

新川勉 (1994) 鱗翅目鱗粉のミクロ構造と系統的進化（1）．蝶と蛾，45(1): 47-58.

白水隆 (2005) 日本の迷蝶1：マダラチョウ科・ジャノメチョウ科．蝶研出版，大阪．

Vane-Wright RI, Boppré M, Ackery PR (2002) *Miriamica*, a new genus of milkweed butterflies with unique androconial organs (Lepidoptera: Nymphalidae). *Zoologischer Anzeiger*, 241: 255-267.

Vane-Wright RI (2003) *Butterflies*. The Natural History Museum, London.

（橋本　恵）

6 比較形態学にもとづくチョウの分類学的研究
― イチモンジチョウ族の雌雄交尾器にもとづく分類を例に ―

チョウの分類学とインベントリー

　本書のテーマである熱帯アジアにおける生物多様性の保全は，われわれにとって緊急の重要課題となってきたが，この中で，そのもっとも基本的かつ具体的な取り組みの一つとして要請されているのが種の分類目録（すなわちインベントリー）の作成である。ある環境に生息していた生物が人間活動によってどの種がどれほど減ってしまったか，というような具体的なデータを知るためにも（モニタリング），地域の分類目録は基本的に重要である。しかし，このような生物多様性保全のことが問題となる以前から，毎年多数の生物（その代表は昆虫類）の種が次々と記載されてきた。それは毎年まとめられるゾーロジカルレコードを一覧すればよくわかる。もっともチョウ類について言えば，新種記載の数は，さほど多くない。これは，チョウが昆虫としては大型で美しくよく人の目につくため，リンネ時代の早い段階（1700年代後半）から分類学的研究が進んだためである。1800年代後期から1900年代前半にかけて世界各地で調査が行われ，それに伴い多くのチョウ類の種や亜種などが記載されてきた。筆者の研究対象であるアジアに生息するタテハチョウ科に関して言えば，ビンガム（Bingham）やムーア（Moore），ニセビレイ（de Niceville）などといった研究者の仕事が挙げられる。海外旅行自体が困難だった当時の野外調査にもとづくこれらの論文資料は，昆虫相そのものが未解明であった時代の熱帯アジアのどこに，どのような種が生息していたかを調べた重要な資料であった。その重要性は多様性保全という観点ではなく，もっぱら人の好奇心や資源探査によるものであった。このために，分類学とくに記載分類学はおおいに利用された。

　現在の昆虫類の記載論文を見ると，新しいタクサ（属や種などの分類群）の原記載とともに，そのタクソンの分類的位置，系統関係の考察や，生態の解明が記述されているケースが少なくない。また，研究が進むと高次分類の体系が変更されたり，隠蔽種が明らかになったりして，分類学的な解明もまだ余地があると考えている。すでに過去に多くの記載が行われ解明度の高い

チョウではあるが，熱帯地域の開発によって新たな種が発見されることもしばしばある。筆者が研究しているイチモンジチョウ族もその一例であり，本章ではその具体例を二つ挙げて紹介しようと思う。

イチモンジチョウ類の高次分類の再検討

　最初に述べたように，昆虫のなかではとくに解明度の高いチョウ類であるが，大型の種が多いにも関わらず，タテハチョウ科の分類は比較的おくれている。筆者が研究テーマとして取り上げてきたイチモンジチョウ類は，大きさがさまざまなタテハチョウ科のチョウで，東南アジアと熱帯アフリカ区を中心として，多くの属がほとんどすべての動物地理区に分布する。このことから，この一群の分類学的な解明を行うことは，全世界を含めた生物地理を考察する上で格好の材料となるとともに，熱帯域に多くの種を擁することから，本書の基本テーマである熱帯環境の保全の問題に大きく関わってくると考えられる。

　このイチモンジチョウ類は，狭義のイチモンジチョウ類，ミスジチョウ類，トラフタテハ類，イナヅマチョウ類の四つのグループで構成される体系が用いられることが多い。このイチモンジチョウ類に含まれる種のほとんどは，"イチモンジ"の名のとおり，翅には前後に渡る一本の白色帯をあらわす種が多い。しかし，他のチョウへの擬態関係なども生じるため，斑紋形質が分類群を定義付ける重要な形質とするには注意が必要である。また幼虫の餌となる植物も，アカネ科やブナ科，マメ科，ヤドリギ科など多様なグループにわたる点も特徴的である。幼生期の特徴としてWillmott（2003）は，これらを含むイチモンジチョウ類を「イチモンジチョウ族Limenitidini」として位置づけ，"卵の表面が多角形状の凹みから成り立ち，交点から毛を生じる"という特徴を指摘しているが，幼生期の解明が十分でない現状では，確固たる形質として利用することはできない。Willmott（2003）に対して，タテハチョウ科全体の系統を再検討したWahlberg *et al.*（2003）は，ここで言うイチモンジチョウ類を「イチモンジチョウ亜科Limenitidinae」として扱っており，このように分類学的ランクも研究者によって異なる。これは，イチモンジチョウ類を含む近縁の分類学的研究が，未だに解決できていないという背景に

よると考えられる。

このようにイチモンジチョウ類を含むタテハチョウ科は，生態や生理など分類学以外の分野でも比較的よく研究されているグループであるが，その著しい多様性ゆえ，分類群の定義は必ずしも明確でない。そこで筆者は，幼虫の肉質突起の形態学的特徴によって定義づけられるイチモンジチョウ類の一群（いわゆる狭義のイチモンジチョウ類）をイチモンジチョウ族Limenitidiniとして位置づけ，この群を対象として，主に雌雄生殖器をはじめとする成虫形態から亜族（subtribe）および属（genus）レベルの分類学的再検討に着手した。今回は研究内容の一部を抜粋して紹介する。

イチモンジチョウ族の研究史

イチモンジチョウ族の種は，1800年代半ばから，1900年代前半にかけて，多くの分類群が記載された。斑紋形質を重視したMoore（1896-1899）をはじめ，何人かの研究者が多数の属を記載し，分類が混乱した状態の中で，本分類群を再検討して統合をはかったのはChermock（1950）であった。彼は，翅脈とオスの交尾器を比較検討し，属レベルの分類を行ったが，学名の扱いに多くの問題点を残した。1900年代後半では，Eliot（1969），Bridges（1988），Harvey（1991）などによって学名上の大混乱はかなり整理された。Chermock（1950）以後，このグループの分岐学的系統解析を含む包括的な研究はWillmott（2003）が行っている。彼は，新大陸に分布するイチモンジチョウ族の代表群であるナンベイイチモンジ属Adelphaの全種の分類を整理し，系統の論議の中で，イチモンジチョウ族の属間の系統関係についても触れている。このように，過去には本族を扱った多くの研究があるが，アジア地域に分布する種を用いた近年の研究は皆無に等しく，分類学的な問題点を多く残したままである。

イチモンジチョウ族におけるメス交尾器の形態分類の有効性

これらの問題点を考慮して，筆者はアジア地域の材料を中心にイチモンジチョウ亜科の34属152種を扱い，これまでほとんど調べられていないメス内部生殖器を含む雌雄交尾器，翅脈，頭部などの形態を詳細に検討し，イチモンジチョウ族Limenitidiniについて分類学的再検討に着手した。その結果，とくに高次分類においてイチモンジチョウ族のメス内外部生殖器の形態が分類

に有効であることが明らかになった（Ohshima & Yata, 2005; Ohshima, 2008）。
①イチモンジチョウ族に含まれる4亜族（イチモンジチョウ亜族，ミスジチョウ亜族，トラフタテハ亜族，イナヅマチョウ亜族）は，従来幼生期の形態などから1群であるとされているが，雌雄交尾器の再検討にもとづき本族が自然群（単系統群）であると定義された。
②イチモンジチョウ族に含まれるミスジチョウ亜族Neptinaでは，これまで検討されていないアフリカのグループ（ミスジチョウ属*Neptis*）を含めて再検討した結果，交尾口周辺の硬化した皮膚である膣後板（lamella postvaginalis）の形態が緩やかに隆起し，交尾口（ostium）が「U」字の形になり，signaが交尾嚢（corpus bursae）全体に広がるという共通した特徴など，メス交尾器にユニークな形質を確認し，ミスジチョウ亜族の単系統性がさらに強く支持された。
③これまで認められてきたイチモンジチョウ亜族に含まれる諸属のうち，ユーラシア大陸を中心に分布するほとんどの属と新大陸に分布する全属（2属）は，メス交尾器の膣後板（lamella postvaginalis）と肛乳頭（papila analis）に安定した形質を持ち，これにもとづいて狭義のイチモンジョ

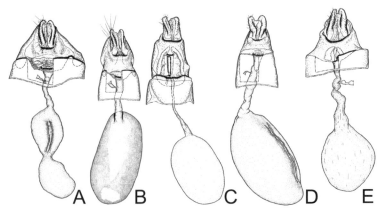

図1　イチモンジチョウ族のメス交尾器（腹面）
A：*Limenitis populii*（イチモンジチョウ亜族），B：*Neptis sappho*（ミスジチョウ亜族），
C：*Parthenos sylvia*（トラフタテハ亜族），D：*Euthalia phemius*（イナヅマチョウ亜族），
E：*Lexias aeropus*（イナヅマチョウ亜族）

ウ亜族Limenitidinaを定義できた（図1）。その結果，分類学的な位置は定かでないが，ユーラシア大陸に分布する少なくとも3属（*Bhagadatta*, *Seokia*, *Calinga*）と，アフリカに分布する少なくとも3属（*Pseudoneptis*, *Cymothoe*, *Harma*）はイチモンジチョウ亜族の外群として扱うべきである。

ウスグロイチモンジ*Auzakia danava*のオス交尾器による分類

　前節では，イチモンジチョウ族の高次分類においてメス内外部生殖器の形態が分類に有効であることを述べたが，同族においても種レベルなど低次分類の形質は主に観察の容易なオス交尾器が使用されてきた。しかし，イチモンジチョウ亜科はオス交尾器が比較的変化に乏しく，斑紋の方がむしろ安定的な形質であるとして一般に利用されてきたと思われる。ただし，オス交尾器の種差はグループによってその現れ方が大きく異なるようである。多くのイチモンジチョウ亜族やミスジチョウ亜族に含まれる属では，種差が微妙であるが，近年みられる遺伝的手法を用いることなく，従来の分類学で用いられてきた比較形態学の手法によって明確な差異が認められた種が存在した。その一例について紹介したいと思う。

　ヒマラヤ山脈の南から東側斜面とスマトラ島の山地部に隔離分布し，1種で1属を形成する（単型属という）ウスグロイチモンジ*Auzakia danava*という種がいる（口絵⑫）。もともとこのウスグロイチモンジという種は，1858年，Mooreによって*Limenitis danava*として記載された。その後1898年の彼の研究では，この*Limenitis*属を翅脈の特徴などから，複数の属に細分し整理している。この時*Auzakia*という属が記載され，*L. danava*は，*Limenitis*属から分離され，*Auzakia*属の種として扱われるようになった。そして現在，*A. danava*とされる種は，さらに1991年までに斑紋の特徴にもとづいて，種をさらに細分化した計六つの亜種として命名・記載されてきた。

　昆虫は，一般的にオス・メスの交尾器形態は錠と鍵の関係となっていて，形態が異なれば物理的に交尾が成立しないとされている。つまり交尾器形態が交尾時のオス・メスの連結に重要な役割を果たし，種を認識するための分類形質として重要視されている。チョウを含むチョウ目のオス交尾器形態には，腹部末端節に由来する「把握器（バルバ，valva）」と呼ばれる部分が存在

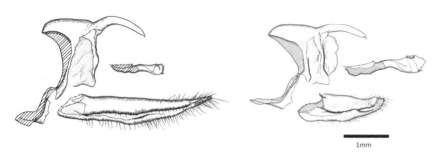

図2 ウスグロイチモンジのオス交尾器形態
大陸部に生息する個体（左），スマトラ島に生息する個体（右）

する。これは左右に一対存在し，メスとの交尾の際に，メスの腹部を挟んで固定する役割を持っており，交尾を成立させるために重要な部位となる。とくにチョウ目の種の記載には，この部位の形態学的特徴が重要とされている。

　ウスグロイチモンジの種の分類を整理した最新の研究は，『東南アジア島嶼のチョウ』（塚田，1991）である。この研究では，ウスグロイチモンジの6亜種の分布を地図上に示し，大陸に分布する個体と，スマトラ島に分布する個体は，斑紋や個体サイズによる変異が見られると述べられた。しかし，交尾器形態については全体的な比較形態にもとづく研究がなされておらず，従来の1種のままとされていた。筆者は大学院学生時代にイチモンジチョウ族の分類学的研究を雌雄交尾器の形態に注目しながら進めていたところ，ウスグロイチモンジとされていた亜種の中に，明らかに形態が異なる二つのグループを発見するに至った（図2）。大陸部に分布する個体と，スマトラ島の山地部に生息する個体の違いは，外観上の違いだけでなく，交尾器形態に明確な違いがあり，それぞれの地域で安定した特徴を持っていることが分かった。その結果，ウスグロイチモンジと呼ばれていた中には，*A. danava*と，*A. albomarginata*の2種が存在するのではないかという結論に至った（図3）。後者の種小名は，スマトラに分布していたウスグロイチモンジの亜種*A. danava albomarginata*の亜種名を種小名に昇格させたものである。

形態分類学の重要性

　これら一連の個体の調査は，観察したい標本の部位（腹部末端）を苛性カ

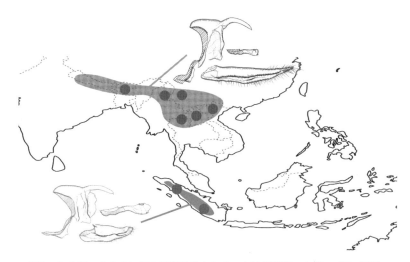

図3 ウスグロイチモンジの地理的分布とオス交尾器形態のちがい（図2参照）

リKOH水溶液で処理し，実態顕微鏡下で解剖する。その後，詳細に形態を観察して特徴の出る部分のスケッチを行う。形態形質を観察する際は，形質を写真でとるのではなく，立体的な形態を平面上に詳細なスケッチで描画する。そのような作業を通して，単なるアウトラインを描く際でも，微妙なちょっとした形状の差異に気づく可能性が高まるようであり，実際にそのようにして種間の差を見いだした経験がある。

　熱帯アジアにおける指標的昆虫分類群についてインベントリーと分布地図を作成するためには，正確な同定にもとづく分類学的な基礎が不可欠である。比較的解明度が高いとされるチョウであっても，従来の手法で検討の余地が残されていると思われる。チョウは指標的昆虫分類群であり，分類学的な基礎はどの昆虫グループより先行していると言って良いが，ウスグロイチモンジの場合のように，依然として分類学的な基礎に多くの問題が残っているようである。

　インベントリー作成には同定作業の過程が必ず含まれ，その中から新たなタクサの発見に至るケースは少なくない。とくに熱帯アジア地域の調査にもとづくインベントリー調査では，必ずといってよいほど新タクサの発見や新産地の発見があった。インベントリー作成をきっかけとして分類学・生物地

理学的研究を進め，その結果はより新しいインベントリーに還元され，かつさまざまな分野の研究に発展して，生物多様性の保全につながっていくと考えている。このような過程を通してわれわれは種の認識を深め，それぞれの種の生態を解明し研究することで，生物多様性保全の一端を担っていると筆者は思う。生物多様性保護が叫ばれているこの時代に，インベントリー作成とその基礎となる分類学の重要性はもっと認識されるべきであると考える。

〔引用文献〕

Bridges CA (1988) Part V, Synonimic list of genus-group names. *In Catalogu of family-group and genus-group names (Lepidoptera: Rhopalocera)*: 1-33, Lincoln Bookbindery, Illinois.

Chermock RL (1950) A generic revision of the Limenitini of the world. *The American Midland Naturalist*, 43(3): 513-569.

Eliot JN (1969) An analysis of the Eurasian and Australian Neptini (Lepidoptera: Nymphalidae). *Bulletin of British Museum (Nat. History) (Entomology)*, Supplement 15: 1-155, Pls.3.

Harvey DJ (1991) *Appendix B. Higher classification of the Nymphalidae. The Development and Evolution of Butterfly Wing Patterns* (ed. Nijhout HF): 255-273, Smithsonian Institution Press, Washington DC.

Moore F (1896-1899) *Lepidoptera Indica,* 3: 254, Pls.191-286, Lovell Reeve & Co., London.

Ohshima Y (2008) *The systematics of the tribe Limenitidini based on morphology (Lepidoptera; Nymphalidae)*. PhD Dissertation, Kyushu University, Fukuoka.

Ohshima Y, Yata O (2005) Higher classification of the tribe Limenitidini (Lepidoptera, Nymphalidae) based on female genitalia. *A Report on Insect Inventory Project in Tropic Asia* (TAIIV): 461-464.

塚田悦造 (1991) 東南アジア島嶼のチョウ，V．タテハチョウ科 (II)：576，プラパック，東京．

Wahlberg N, Weingartner E, Nylin S (2003) Towards a better understanding of the higher systematics of Nymphalidae (Lepidoptera: Papilionoidea). *Molecular Phylogenetics and Evolution*, 28: 473-484.

Willmott KR (2003) Cladistic analysis of the Neotropical butterfly genus *Adelpha* (Lepidoptera, Nymphalidae), with comment on the subtribal classification of limenitidini. *Systematic Entomology*, 28: 279-322.

（大島康宏）

7 インドシナ半島のフタオチョウ属 Charaxes [註1]

インドシナ半島のファウナ

　インドシナ半島は中央に広大なコラート平原を有し，その東西，北部には中国南部およびヒマラヤから連なる巨大な山塊があり，南は赤道に近いマレー半島と連結している。気候帯は亜熱帯から熱帯で，主に熱帯モンスーン気候であり，雨季と乾季の湿潤の差が大きい為，平野部やその周辺の山地は乾季に落葉する熱帯季節林がフローラの大きな一角を占める。一方，南部沿岸域周辺の低地に主に熱帯多雨林を，また，ある程度標高のあるような山地では熱帯，亜熱帯性の常緑広葉樹林および亜熱帯照葉樹林を有している。
　このように，インドシナ半島はいくつかの生物地理学的な背景をもった地域が入り組み，それに伴った多様な環境を包含しているため，広く東南アジアと呼ばれる地域の中においても特に多様なファウナを有している。たとえばチョウ類においては，主なファウナは東洋区系であるが，その中においてもスンダ系，大陸系，西部支那系，ヒマラヤ系が見られ，他にも，一部ではあるが旧北区温帯系のファウナも進入している。これらは山脈や河川の配置，植生，気候および標高などによって複雑な分布を示し，またおそらく地史の影響も受けて多様に属および種，亜種の分化を遂げており，さらにはそれらがモザイク状に分布する。
　この地域のチョウ類相は古くから研究されており，現在知られているものでも少なくとも1,200種以上が記録されているが，いまだに新たな記録種や未記載種が発見されており，分類が混沌としているグループも少なく無い。その中でも，フタオチョウ属Charaxesは，最も分類が混乱しており，且つ同定が困難なものの一つであろう。

フタオチョウ属 Charaxes について

　本属は「チャイロフタオチョウ属」と呼び親しまれている場合が多いが，一般的に翅の地色が茶色一色なのはアジアの一群くらいであり，アフリカの

グループは必ずしもそうではないので，ここでは塚田（1991）に従って「フタオチョウ属」の呼称を使いたい。

周知のこととは思うが，フタオチョウ属 Charaxes は，タテハチョウ科 Nymphalidae のフタオチョウ亜科 Charaxinae に属しており，旧世界の熱帯，亜熱帯域に広く分布している。現在のところ，形態に基づいた21種群もしくは分子系統解析の結果により5亜属24種群にまとめられており（van Someren, 1963-1975; Henning, 1989; Tsukada, 1991; Aduse-Poku et al., 2009），約180〜200種が知られる大属である。殆どの種群が熱帯アフリカにのみ分布しており，インドーオーストラリア地域には固有の3種群約28種が分布している。本属の基礎的研究は比較的よく行われているが，アフリカとインドーオーストラリア地域の種を含めた包括的な分類・系統学的な研究は少ない。また，インドーオーストラリア地域の種に関しては，地理的変異や同所的な斑紋多型が顕著であるにもかかわらず，種の識別に重要な交尾器や斑紋形態の検討が不十分であるため，いまだ分類体系についての統一的な見解はないと言っても過言ではない。形態的特徴や分類および系統などの大まかな解説は，以前筆者が「昆虫と自然」誌に掲載した拙文を参照されたい（勝山, 2006; 2007b）。

インドシナ半島の Charaxes

インドシナの Charaxes は固有種の数こそスラウェシに譲るものの，種数という点においてはもっとも多様性の高い地域である。また，種内の翅斑紋の変異がスンダランドやウォーレシアなどの島嶼部においては各地域で比較的安定しているのに対して，インドシナでは多形的な変異が同所的に現れる種が存在する。いまのところ solon 種群，bernardus 種群の2グループ，合計9種が知られており，後者は特に種の同定が困難で，いまなお分類学的問題を多く抱えている。一般的にこの地域のチョウは，たとえばジャノメチョウ亜科のコジャノメ属 Mycalesis のように雨季と乾季で斑紋を著しく変化させるものが良く知られるが，本属では著しい季節的変異は知られておらず，一部の種において多少の大きさや翅地色の濃淡などの変異があると言われるが明確なデータはない。

タイ半島部をインドシナに含めるかどうかは議論の余地があるが，ここでは含むものとし，同時にインドシナに西方に隣接し，インド，スリランカ〜

ネパール周辺に分布するC. psaphon（図1）を含めた10種を以下にリストアップした（表1）。

インドシナ周辺の本属は，古くから主にFabricius, Westwood, Felder & Felder, Moore, Butler, Rothschild & Jordan, Fruhstorferおよび Tytlerなどによって膨大な種，亜種，型が記載されており，これらをまとめた詳細なモノグラフはRothschild & Jordan（1900）によって著されている。現在では新たな記録種も含めて9種にまとめられており，この中でインドシナの固有種はC. marmax, C. kahruba, C. aristogitonの3種のみで，意外と少ないが，前述したように今なお多くの分類学的問題を抱えており，新たな（おそらくインドシナ固有となるような）隠蔽種が存在する可能性は多分にある。

各種の一見した特長および概説は多くの研究者の著書によってある程度周知のことと思うのでここでは詳しく述べないが，幾つかの

図1　*Charaxes psaphon* オス（Nilgiri Hills, S. India）

表1　インドシナ半島を含む東南アジア大陸部におけるCharaxes属10種

solon 種群
C. solon　(Fabricius, 1793)
bernardus 種群
C. borneensis　Butler, 1869
C. bernardus　(Fabricius, 1973)
C. psaphon Westwood, 1848
C. durnfordi　Distant, 1884
C. marmax　Westwood, 1848
C. kahruba　Moore, 1896
C. distanti　Honrath, 1886
C. harmodius　Felder & Felder, 1867
C. aristogiton　Felder & Felder, 1867

分類学的なトピックや問題点があるものに関しては，現時点において述べられる範囲で解説を行っていきたい。

(1) *solon* 種群

*C. solon*は，インドシナからはRothschild & Jordan（1900）により記載された亜種*sulphureus*が知られる（口絵⑬A）。本亜種は今までに記載された幾つかの種や亜種をシノニムとして含み，そのなかでもブータンから記載された*raidhaka*は前翅の黄白色斑が消失し非常に特徴的であるが，おそらくこれは異常型であろうと思われる。インド〜ネパール，アッサム周辺から知られる名義タイプ亜種*solon*との分布境界は，調査が行き届いていないため，はっきりしていない。

(2) *bernardus* 種群

C. durnfordi（口絵⑬F）は，インドシナにおいてはミャンマー南部〜タイ半島部にかけての西部沿岸域周辺の低山地に分布しており，他に似た種はいない。3亜種*nicholi*, *merguia*, *miyashitai*が知られており，これらは形態を観察した限りマレー半島とスマトラおよびビリトンの亜種*durnfordi*, *connectens*, *billitonensis*とクラインを形成するようにみえる。中でもミャンマーの亜種*nicholi*は後翅の白色部が著しく発達し，最も特異的で美しい斑紋形態を持つが，かれこれ80年近く新たな記録がない。

C. harmodius（口絵⑬D）は長らくスンダランドのみに分布する種と思われていたが，Hanafusa（1994）によってラオスから記録され，同時に亜種*shiloi*として記載された。これ以降本種の記録はなかったが，Inayoshi（2007），Miyazaki *et al.*（2007）によってタイ半島部，および南ベトナムからそれぞれ新たに記録された。インドシナにおける本種は*C. bernardus*または*C. marmax*によく似ており今まで混同されてきたが，斑紋および交尾器の精査により同定が可能である。現在筆者の手元にある標本も含めてインドシナ各地から本種と思われるものが見出されている。各地で変異がみられ，亜種の問題を含んださらなる検討を継続中である。

C. marmax（口絵⑬E）は，上記したように斑紋の類似から*C. harmodius*, *C. aristogiton*および*C. bernardus*と混同される場合が非常に多い。これは，それぞれの種内における斑紋の変異が大きく，互いの種の特徴が一見重なって見え

⑦ インドシナ半島のフタオチョウ Charaxes 属

ることによる。加えてこの地域の本属の同定がBingham（1905）とEvans（1932）による非常に曖昧な検索表に従わざるを得ないことにも起因している。話は逸れるがインド-オーストラリア地域のCharaxesの"ある程度"まともな種の検索表は，インド-ミャンマー周辺の種に限定されたこの2つしかないということがまず問題であろう。本種もC. harmodiusと同様に斑紋および交尾器の精査によって同定が可能である（図2）。いまのところ，海南島やマレー半島も含めて4亜種が知られているが，マレー半島の亜種philosarcusはタイプシリーズの1ペア以外の記録がなく，さらに北インドの名義タイプ亜種との区別が困難であることから，その実在性は怪しい（Eliot, 1978; 1992）。また，これらの中に隠蔽種が含まれている可能性が大きく，交尾器形態のさらなる検討が必要である。

C. kahruba（図3）は一見して特徴的な外見を持ち，識別に苦労することはないが，オス交尾器においても他種との区別は容易である。また，ampullaの形質状態がC. marmaxと共通することから，これら2種は最も近縁であると考え

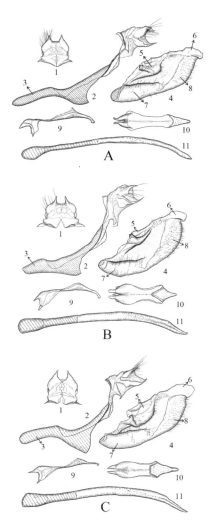

図2 インドシナのCharaxes3種のオス交尾器
A：*C. marmax*，B：*C. kahruba*，C：*C. bernardus*.
1. tegumen＋uncus（背面）；2. ring（側面）；3. saccus; 4. right valva（内側面）; 5. costa; 6. ampulla; 7. sacculus; 8. harpe; 9. juxta（側面）; 10. juxta（背面）; 11. phallus（腹面）

図3 *Charaxes kahruba* オス (Tam Dao, N. Vietnam)

図4 一見よく似た2種，A：*Charaxes aristogiton aristogiton*，
B：*Charaxes bernardus hierax*.

られる（図2）。

　インドシナのタテハチョウ科において，もっとも実態が不明なものは，恐らく*C. aristogiton*（口絵⑬C；図4A）と*C. bernardus*（図4B；図5の一部）である。前述したが，この2種は同所的に分布しており，斑紋の変異が大きく，加えて交尾器形態も類似しているため，形態からは区別することが困難であるとされている。実際，前述したBinghamやEvansの検索表では同定することは不可能である。筆者も一見よく分からない，さまざまなタイプの個体を，

同じ場所で多数採集したことがある。そのため，これらは同種ではないかと言う愛好者は多い。しかしながら詳しく検討した結果，この2種はオス交尾器ampullaの間に顕著な差異があり，斑紋形質においても明瞭な識別点が認められた。また，*C. aristogiton*は翅の斑紋の変異は少なく，同所的多形を表すことも無い。

　前述の2種のうち*C. bernardus*は，現在インドシナでは中央部から*hierax*，ベトナム中北部周辺から*mahawedi*の2亜種に整理されており，中国南部から南東部に名義タイプ亜種*bernardus*，ネパール周辺に亜種*hemana*，海南島に亜種*paris*が知られる。これらの分布の境界は曖昧で，区別が付かない標本も存在する。また，マレー半島，スマトラ，ボルネオ，ジャワ，バリおよびそれらの周辺島嶼などの所謂スンダランドにも多くの亜種が分布する。これ

図5　アッサムー中国南部からインドシナ半島における*Charaxes bernardus*の地域的または同所的変異，いずれのタイプもそれぞれ過去に種，亜種，型として命名された経緯をもつ

図6　a：*Charaxes borneensis praestantius* オス（Malay Peninsula），b：*Charaxes distanti distanti* オス（Kanchanaburi, W. Thailand）

らの中には過去に記載された非常に多くの種，亜種，型が含まれているが（図5），本種はその斑紋の変異が大きいこと，オス交尾器の形態にも変異が見られ，その分類が難しいことから詳細に検討されず，包括的な扱いをされているのが現状であり，実際にはその内部に複数の種を含んでいる可能性が非常に高い。

*C. borneensis*はこれまでスンダランド以外の分布は知られていなかったが（Tsukada, 1991），近年Inayoshi（2007）によってタイ半島部から初めて記録され，マレー半島部における亜種*praestantius*と同一であるとされた。*C. distanti*は，タイ西南部およびミャンマー南部が分布の北限であり，マレー半島の名義タイプ亜種と変わらない（図6）。

C. borneensis, *C. distanti*および*C. durnfordi*の3種は，熱帯多雨林を住処とする，スンダランド要素のチョウである。インドシナでは最南部であるタイ半島部とミャンマー南部にのみ分布しているが，このような種が一般的にインドシナとスンダランドの生物地理学的な境界とされるKra地峡（e.g. Hall, 1998; Corbet & Hill, 1992; Endo, 2000）を越えて分布していることは大変興味深い。タイ半島部の一部とミャンマー南部はスンダランドとよく似た気候であり，年間を通じて湿潤で，低地においても常緑の森林が広がる地域が多い。これら3種がインドシナにおいて分布しているのは，恐らくそういった気候

や植生が，ひとつの要因ではないかと考えられる。

今後の展望

　熱帯アジアのチョウにおける分類や系統生物地理，またはインベントリーなどの基礎的研究・調査は，ほとんどやり尽くされたように思われているが，まだまだ進んでいるとは言い難い。ここ数十年の間に得られた多くの標本に基づく新たな情報によって，これまでの大まかな概要から，ようやく詳細の解明へと研究が進んできている段階である。とはいえ未だ調査・研究の及ばない地域や分類群は多く，熱帯アジアにおけるチョウ類への興味は尽きない。

　インドシナを含む東南アジア大陸部のフタオチョウ属の斑紋および交尾器形態に基づいた種間の類縁関係は，先に示した表1のようになる。これは，Rothschild & Jordan（1900）の分類体系と概ね一致する結果となっている。先に述べたように，インドシナやヒマラヤ周辺を中心とした東南アジア大陸部のチョウ相は非常に複雑である。スンダランドやウォーレシアなどの島嶼部における分散や種分化，系統生物地理は，それぞれが隔離されているゆえに比較的推定し易いが，大陸部はそれらがモザイク状に関係しあっていると考えられ，大変興味深い。

　現在筆者はインド－オーストラリア地域に分布するフタオチョウ属の全種全亜種を材料に，雌雄交尾器および翅斑紋の形態形質を用いた詳細な形態分類を行っており，これまで混沌としていたインド－オーストラリア地域の本属の分類が明瞭になりつつある。今後その結果を踏まえたタクソンサンプリングに基づいて，DNA情報による系統解析を行えば，本地域におけるフタオチョウ属の進化の歴史を，よりはっきりと推定することが可能であろう。

　最後に日頃から貴重な助言を頂いている九州大学の九州大学の荒谷邦雄教授，阿部芳久教授，北九州市いのちのたび博物館の上田恭一郎博士，東京大学総合研究博物館の矢後勝也博士，（財）進化生物学研究所の青木俊明，山口就平の両氏，そして貴重な標本を検討させていただいたロンドン自然史博物館のBlanca Huertas博士，東京都の西山保典氏をはじめ，多くの方々にこの場を借りて深くお礼申し上げる。

註1（153頁）本章は「昆虫と自然」Vol.43 No.8（2008）pp.13-16を大幅に改変したものである。口絵⑬，図5以外の図1-4，6は新規に差し替えた。

〔引用文献〕

Aduse-Poku K, Vingerhoedt E, Wahlberg N (2009) Out-of-Africa again: A phylogenetic hypothesis of the genus *Charaxes* (Lepidoptera: Nymphalidae) based on five gene regions. *Molecular Phylogenetics and Evolution,* 53: 463-478.

Bingham CT (1905) *The Fauna of British India, including Ceylon and Burma: Butterflies-Vol. I*: x x ii + 511 pp. London.

Corbet GB, Hill JE (1992) *The mammals of the Indomalayan region: A systematic review*: viii + 488 pp., 45 figs., Oxford University Press, Oxford.

Eliot JL (1978) *In* Corbet AS, Pendlebury HM. *The butterflies of the Malay Peninsula (Third Ed.)*: xiv + 578pp., 35 pls. Malayan Nature Society, Kuala Lumpur.

Eliot JL (1992) *In* Corbet AS, Pendlebury HM. *The butterflies of the Malay Peninsula (Fourth Ed.)*: x + 595pp., 69 pls. Malayan Nature Society, Kuala Lumpur.

Endo H, Nishiumi I, Hayashi Y, Rashdi ABM, Nadee N, Nabhitabhata J, Kawamoto Y, Kimura J, Nishida T, Yamada J (2000) Multivariate analysis in skull osteometry of the common tree shrew from both sides of the Isthmus of Kra in Southern Thailand. *The Journal of Veterinary Medical Science,* 62: (4): 375-378.

Evans WH (1932) *The Identification of Indian Butterflies (Second Ed.)*: x + 454 pp. *The Bombay Natural History Society*, Madras.

Hall R (1998) The plate tectonics of Cenozoic SE Asia and the distribution of land and sea. *In* Hall and Holloway (ed.). *Biogeography and Geological Evolution of SE Asia*: 99-131.

Hanafusa H (1994) The New Butterflies from Indonesia and Laos. *Futao,* 16: 16-20.

Henning SF (1989) *The Charaxinae Butterflies of Africa*: viii + 457pp. Aloe Books, Frandosen.

Inayoshi Y (2007) Notes on Some Butterflies from Thailand. *Yadoriga*: 213: 21-25. (In Japanese)

勝山礼一朗 (2006) チャイロフタオチョウ属*Charaxes*について．昆虫と

自然, 41(9): 27-31.
勝山礼一朗 (2007) フタオチョウ亜科はジャノメチョウのなかま. 昆虫と自然, 42(13): 24-29.
Miyazaki S, Saito T, Saito K (2007) Notes on the Butterflies of the Southern Part of Vietnam (6). *Yadoriga*: 214: 35-48. (In Japanese)
Rothschild W, Jordan K (1900) A Monograph of *Charaxes* and the allied prionopterous genera. *Novitates Zoologicae*: 7(3): 282-524.
Tsukada E (1991) *Butterflies of the South East Asian Islands. Part 5, Nymphalidae (II)*: 576 pp. Azumino Butterfulies's Research Institute, Matsumoto. (In Japanese)
Van Someren VGL (1963-1975) Revisional notes on African *Charaxes* (Lepidoptera: Nymphalidae). Part I-X. *Bulletin of the British Museum Natural History(Entomology), London*. 13: 198-242; 15: 181-235; 18: 45-101; 18: 277-316; 23: 75-166; 25: 197-249; 26: 181-226; 27: 215-264; 29: 415-487; 32: 65-136.

(勝山礼一朗)

8 マネシアゲハ属 *Chilasa* の分類学的再検討 (註1)

マネシアゲハ属とは？

　マネシアゲハ属は，チョウ目アゲハチョウ科の1属であり，北は中国南部から南はパプアニューギニアまで，主として熱帯地方に分布している。本属構成種は成虫の外観が，体内に毒をもつマダラチョウ類やある種のツバメガ類に酷似しているという顕著な特徴を備えている。この「他人の空似」的な外観によってマネシアゲハ類は，毒チョウ類の鳥類に対する捕食忌避効果のおこぼれに与かっていることになる。ゆえにマネシアゲハ類はベーツ型擬態の好例とみなされ，そうした言説中ではしばしば採り上げられている。さらに，本属構成種のうち少なくともマダラチョウ類に擬態する種については，飛翔形式や生息環境などについても擬態しているとされている。

　幼生期については，全種についての情報は出揃ってはいないが，おおよその科の特徴としては，クスノキ科植物を食草とし，1齢幼虫の頭部上に特徴的な刺毛配列をもち（Igarashi, 1984），蛹の形状が枝状でその側面に顕著なスリット状構造をもつことなどが挙げられよう（五十嵐・福田, 1997）。

本研究の視座

　前述のような形態的・生態的特徴をもっているにもかかわらず，本属の分類体系は属の設立以来，混乱の一途をたどってきた（Moore, 1903-1905；吉本, 2000）。その原因としては従来，本属の分類が主として翅の斑紋パターンや翅脈の分岐パターンによって行われてきたことが考えられる。こうした表形的形質は本属の場合，擬態というエピジェネティックな淘汰圧によって形成されているゆえに，本来分類体系に反映されるべき系統関係に関する情報を覆してしまっている可能性が否めない。また翅の斑紋については本属構成種の一部には著しい種内多型が認められており，種の定義づけとしての有用性が低いという致命的欠陥がある。実際，マネシアゲハ属においてはいまだに確固とした共有派生形質が定まっておらず，こうした現状はマネシアゲハ属の属としての独立性もしくは単系統性に大きな疑問符を突きつける結果

となっている（Miller, 1987）。

そこで筆者らは，非系統的要因による影響がより少ないと思われるオス・メスの外部生殖器（交尾器）の形態をはじめとする成虫外骨格の形態および核DNA上のEF-1α遺伝子の塩基配列といった，従来とは異なった視点からマネシアゲハ属の分類学的再検討を行った。

分類学的通史

マネシアゲハ属はMoore（1881）によってC. dissimilis（現在のC. clytia）をタイプ種として設立された属である。しかしながら当初は種内の斑紋多型が分類体系構築の障害となり，斑紋による体系化はすぐに頓挫した（Moore, 1903-1905）。その後Talbot（1939）によって翅脈パターンに依拠した定義づけが行われ，その後それに加えて顕著な幼生期の形態形質が本属の特徴として認められてきた。しかしながら，従来提唱されてきた本属の定義は決して単系統性に依拠したものではなく，不完全なものでしかなかった。こうした不完全な分類基準が災いして，最近では，本属構成種に属としての独立性を認めず，アゲハチョウ属Papilioの1亜属とみなす見方が主流となっている（Munroe, 1960; Munroe & Ehrlich, 1960; Collins & Morris, 1985; Bridges, 1988; Miller, 1987; Aubert et al., 1998）。

形態学的考察

既述のように本属の成虫形態は翅の形態形質が重視されてきた経緯があるために，交尾器に関して，比較形態学的アプローチが試みられたことはほとんどなかった。それゆえ，今回筆者らが行った形態観察は新たな系統情報を提供するという点で分類体系に寄与する面が大きいと思われる。

オス交尾器の形態比較の結果，Hancock（1983）ではマネシアゲハ属の亜属とされているフトオアゲハ類も含めて，把握器（valva）内面のハルペ（harpe）が特徴的な弧状となり，その縁に鋸歯状あるいは棚状突起が発達する，といった形質が確認された。この点で本属は，構成種が帰属するとされているアゲハチョウ属Papilioの他種とは区別される。ただし，例外的にC. slateriだけはハルペは鏃（やじり）型となり他とは区別された。

メス交尾器の開口部（ostium bursae）周辺には複雑な形状のクチクラ突起が観察され，これはアゲハチョウ属には観察されない特徴である。これらの突起は交尾の際にオスのaedeagusを固定する機能を担うものと推測される。マネシアゲハ属においてはアゲハチョウ属では未発達なcentral lobeの発達が全種にわたって観察され，さらに程度の差こそあれcentral lobeとlateral lobeの癒合が生じていることが，本属の特徴として観察された。ただし，オス交尾器では本属他種と区別されなかったフトオアゲハ類は，交尾の際にオスのpseuduncusが収納されるポケット状のsclerotized invaginationと呼称される構造が顕著でない点で他種と区別されるなど，Hancock（1983）の主張する本属の範囲に疑問を呈する結果となった。

　こうした形態情報を基に，本属のグルーピングを行った。全体としては，本属は上述のような形態的特徴によって明らかに他属とは区別され，その単系統性はおおむね支持される。しかしながら属の範囲に関してはフトオアゲハ類が除外される点など従来の分類体系と一致しない点も見られた（図1, 2）。

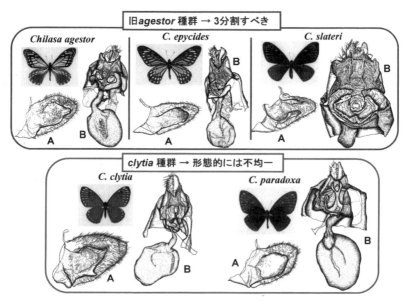

図1　旧 *agestor* 種群および *clytia* 種群
A：オス交尾器（valva），B：メス交尾器（腹側，第7腹板は除去）

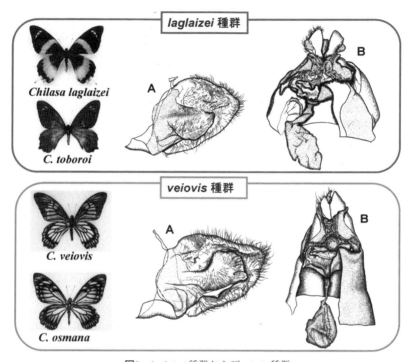

図2 *laglaizei* 種群および *veiovis* 種群
A：オス交尾器（valva），B：メス交尾器（腹側，第7腹板は除去）

分子系統学的考察

　本研究において分子系統学的解析に用いた塩基配列は，ミトコンドリアDNAのND5領域および核DNAのEF-1α領域の2領域である。
　このうちND5遺伝子から推定された領域に関しては既存の分類体系と整合性がなく，それ以前にブーツストラップ値が各ノードでかなり低いために，この領域から推定された系統関係は参照体系としての蓋然性という点で問題があると思われる。これはND5遺伝子の進化速度とこれまで系統情報として重視されてきた翅の形質の進化速度との関連性がかなり薄く，系統関係再構築という目標の元ではND5遺伝子の進化速度が速すぎるのではないかとも思われる。

一方，EF-1α遺伝子領域の塩基配列情報から推定された系統関係では，既存の翅の形質に依拠して構築された分類体系とある程度の整合性があり，これが系統関係を如実に表しているかどうかは別にして実用的側面において前者よりも望ましい分類体系ではないかと思われる。一般に，EF-1α遺伝子から推定された系統樹は属以上の高次分類群の系統関係を明らかにする際に有用であるとされるが，本属においてEF-1αから推定された系統樹は高次だけでなく種間などむしろ低次分類群間においてそのブーツストラップ値が高く，この知見は実用的な分類体系の構築という観点において有用であるだけでなく系統関係の再構築という観点から見ても有用であると思われた（図3）。

分類学的結論

形態学および分子系統学の両面からのアプローチを併用したことによって，これまで指標とする形態形質の種類に左右されてきた属の範囲および種群の構成といったレベルで，より確固とした再検討を行うことができた。

結論からいえば，マネシアゲハ属の範囲はHancock (1983) の主張する範囲からフトオアゲハ類（Hancockは亜属としている）を除いたものであることが明らかになった。こうして確定された本属の範疇には従来4種群（*agestor* gp., *clytia* gp., *veiovis* gp., *laglaizei* gp.）が認められてきたが，単系統性に基づく分類という立場を厳守した場合，少なくとも *agestor* 種群は完全に側系統的であるため各構成種が1種ごとに1種群を成して3種群に分裂する。また，*clytia* 種群は，形態的にはまとまりがない反面，分子系統的には単系統群となるなど再検討の余地がある。その他の2種群（*veiovis* gp., *laglaizei* gp.）は両者とも形態面でも分子面でもよくまとまっており，従来のグルーピングが強く支持された（図1，2）。

展望

前述のように，これまで擬態というエピジェネティックな現象に振り回されて混乱してきたマネシアゲハ属の分類は一応の解決が得られたと思うが，マネシアゲハ属がアゲハチョウ科の中でどのような系統的位置を占めている

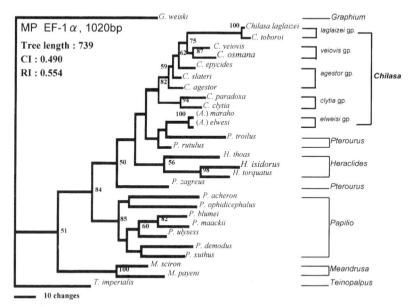

図3 マネシアゲハ属およびその近縁属の分子系統樹（EF-1α, 1020bp, 最節約樹）（森中ほか, 未発表）

のか, という点に関しては未解決である。

五十嵐（1976）やHancock（1983）がマネシアゲハ属との近縁性を指摘している南米産のベニモンクロアゲハ属*Heraclides*やアフリカ産の*P. zalmoxis*, *P. anthimachus*, そして本研究で別属としてマネシアゲハ属から分離したフトオアゲハ属*Agehana*といった諸属（あるいは種）がマネシアゲハ属とどういった関係にあるのか精査する必要がある。こうした諸属との関係を明らかにすることによって, Hancock（1979）が主張している, マネシアゲハ属が南米に起源しゴンドワナ大陸形成時に南極経由で東南アジアまで分布を広げた, という仮説が初めて検証可能となる。

Hancockがマネシアゲハ属と南米のベニモンクロアゲハ属との関連性の根拠として挙げているのは, 翅脈パターンの類似性ではあるが, マネシアゲハ属がマダラチョウ類に擬態するように, ベニモンクロアゲハ属も有毒なマエモンジャコウアゲハ属*Parides*に擬態しているといわれている。仮にHancock

の仮説が正しいとすれば，ゴンドワナ大陸時の南米に起源する一群のアゲハチョウ類は総じて"擬態するチョウ"として進化したことになり，非常に興味深い一致点である。付言すれば，両者の間にはこうした成虫の形質のみならず，蛹の期間は枯れ枝にカモフラージュしているという点でも共通している（阿江，1966）。

　形態学的にもマネシアゲハ属の構成種はアゲハチョウ属などではほとんど消失してしまっている，anepisternumと呼称される中胸外骨格部位が顕著に認められる。この部位は江本（1988）では祖先的状態とされており，仮にこの部位が飛翔行動に関与しているならば，アゲハチョウ属とはかなり異なった飛翔機構を有することが予想される（図4）。

　マネシアゲハ属は明確な共有派生形質が示されていないために，便宜的にアゲハチョウ属に含められるケースが多いが，上記のような観点から見ればマネシアゲハ属はアゲハチョウ属とは一線を画した生態および形態形質を有しており，両者の関連性は従来考えられてきたよりもかなり薄い可能性がある。

　また，マネシアゲハ属には一部の種は分布が局地的で未だに生活史の解明がなされていない種も散見されるが，Igarashi（1984）が示すように幼生期の形質は本属の系統関係の解明にとって不可欠である。昨今の熱帯地域での調査の進展に伴って徐々に未解明種の数は減少しつつあるものの，さらなる

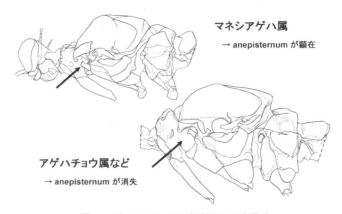

図4　マネシアゲハ属の特徴的な中胸構造

成果が期待されるところである(五十嵐・福田,1997; Yamamoto, et al., 2000; Müller, 2001)。

これらの問題点を軸にマネシアゲハ属の進化の道筋を探ることで,アゲハチョウ科全体の中での本属の位置が自ら明らかになってくるであろう。

註1 (164頁) 本章は「昆虫と自然」Vol.38 No.10 (2003) pp.27-31を再録し,一部を改変したものである。

〔引用文献〕

阿江茂 (1966) 世界のアゲハチョウ (5) 北米のアゲハチョウ. 昆虫と自然, (8): 2-6.

Aubert J, Legal L, Descimon H, Michel F (1998) Molecular phylogeny of swallowtail butterflies of the tribe Papilionini (Papilionidae, Lepidoptera). *Mol. Phylogenet. Evol,* 12: 156-167.

Bridges CA (1988) *Catalogue of Papilionidae & Pieridae (Lepidoptera, Rhoparocera).* 721p. Urbana, III, Carles. A. Bridges.

Collins NS, Morris MG (1985) *Threatened swallowtail butterflies of the world.* IUCN, Gland and Cambridge.

江本純 (1988) 構造と機能の関連からみた中胸形質の特異性と進化. 蝶類学最近の進歩; *Spec. Bull. Lep.Soc. Jap.,* (6): 101-122.

Hancock DL (1979) The systematic position of Papilio anactus MacLeay (Lepidoptera: Papilionidae). *Australian Ent.* Mag., 6: 49-53.

Hancock DL (1983) Classification of the Papilionidae: A phylogenetic approach. *Smithersia,* 2: 1-48.

五十嵐邁 (1976) Chilasaとは何か?—それは南米にもいる. やどりが, 87/88: 3-16.

五十嵐邁 (1979) 世界のアゲハチョウ. Text: 218pp., Plates: [16pp.], 223, 32, 102pls. 講談社, 東京.

Igarashi S (1984) The classification of the Papilionidae mainly based on the morphology of their immature stages. *Tyo To Ga,* 34: 41-96.

五十嵐邁・福田晴夫 (1997) アジア産蝶類生活史図鑑. Vol. 1. 東海大学出版会, 東京.

Miller JS (1987) Phylogenetic studies in the Papilionidae (Lepidoptera: Papilionidae). *Bull. Am. Mus. Nat. Hist.,* 186: 365-512.

Moore F (1881) ? *Lep. Ceylon.,* 1(4): 153

Moore F (1903-1905) *Lepidoptera Indica*. Vol. VI. Rhopalocera. Family Papilionidae. Sub-Family Papilioninae (continued). pp 73-108, pl 496-514. Lovell Reeve & Co., Limited. London.

Müller CJ (2001) Notes on the life history of *Chilasa moerneri moerneri* (Aurivillius) (Lepidoptera: Papilionidae). *Australian Entomologist*, 28 (1): 27-31.

Munroe E (1960) The classification of the Papilionidae. *Can. Entomolo.* Suppl., 17: 1-51.

Munroe E, Ehrlich PR (1960) Harmonization of concepts of higher classification of the Papilionidae. *J. Lept. Soc.*, 14: 169-175.

Talbot G (1939) *The fauna of British India, including Ceylon and Burma (Butterflies) 1*. xxix, 600pp., 3pls, Taylor and Francis, London.

Yamamoto T, Yata O, Itioka T (2000) Description of the early stages of *Chilasa paradoxa* (Zinken, 1931) from Northern Borneo (Lepidoptera: Papilionidae). *Ent. Sci.*, 3(4): 627-633.

吉本浩 (2000) ラグライゼアゲハのこと. *Butterflies*, 25: 40-47.

(馬田英典・矢田 脩・森中定治)

Ⅳ. 地理的変異と種分化・ボルバキア, ピエリシン

1 東アジアにおけるキチョウの地理的変異と種分化

キチョウの分類

　キチョウ*Eurema hecabe*とはチョウ目シロチョウ科モンキチョウ亜科に属する小型で黄色のチョウである。東洋熱帯を中心に広範囲に生息し，その分布域は，北は中国大陸北部，南はオーストラリア大陸，東は南太平洋の島々，西はアフリカ大陸の，亜熱帯域や温帯域にも及ぶ。本種を最初に記載したのはリンネであり，中国大陸の広東において採集された1個体をもとにした(Linnaeus, 1758)。本種は翅の色彩パターンに変異があるだけでなく，季節的変化（夏型・秋型，雨季型・乾季型）が生じるために，それ以後，本州からは亜種*mandarina*（de l'Orza, 1867），台湾からは亜種*hobsoni*（Butler, 1880）などをはじめとして数多く変異個体が亜種として記載された（白水, 1960）。しかし，Yata（1989, 1995）はキチョウ属*Eurema*の分類を再検討し，日本の温帯域から亜熱帯域を経て東南アジア大陸部の熱帯域に分布するキチョウ個体群は，翅表面の黒色帯および裏面の褐色斑紋パターンの変異が緯度に応じて連続的な変化を示すことを指摘し，これらを異なる亜種の複合とは認めず，クラインとして一つの亜種ssp. *hecabe*に統合した（図1）。

　日本では，キチョウは本州北部から南西諸島にいたる各地に普通に分布しているが，最北の青森では個体数は少ない。生活サイクルは多化性であり，成虫で越冬する。成虫は発生する季節により翅の色彩パターン（季節型）を異にし，夏に発生する個体は前翅表の黒帯が幅広く発達し（夏型），一方秋に発生する個体は黒帯が痕跡的となるか，消失する（秋型）。

　筆者らは亜熱帯域を含む日本列島に分布するキチョウの季節型決定に関与する光周反応や寄主利用などの地理的変異を研究する過程において，本種は地理的クラインを示す単一の種ではなく，二つの異なる種，すなわち*E. hecabe*「キチョウ（ミナミキチョウ）」と*E. mandarina*「キタキチョウ」に分けられるという結論に達した。本章ではその過程を詳細に紹介する。本章が，チョウの多様性とその進化を論じるための一助となれば幸いである。

1 東アジアにおけるキチョウの地理的変異と種分化 175

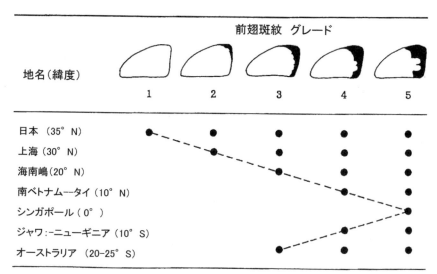

図1 キチョウの斑紋の地理的クライン
点線は各地の個体群のうちのもっとも極端な乾季型をつないである。(Yata, 1989より改変)

キチョウの季節型変異と光周反応

　一般に，キチョウを含めてチョウ類の季節型決定は主として幼虫や蛹期の日長や温度により制御され，その刺激は神経内分泌系を介して翅原基の色素合成系遺伝子の発現を左右する（加藤・遠藤，2005）。

(1) 本州と石垣島の個体群の比較

　筆者ら（Kato & Sano, 1987；Kato & Handa, 1992）は温帯と亜熱帯という異なる気候帯に生息するキチョウ，すなわち本州（東京三鷹）と南西諸島石垣島において季節的変化を野外にて調査して比較したところ両者の斑紋変化は明らかにことなっていた（口絵⑧，図2）。これらの違いが環境のみによるのではないことを示すために，同一の日長や温度などの環境条件下で飼育した。その結果，両者の反応性は明らかに異なり，野外での斑紋などの違いが環境によるものではなく，内因的であることが明らかとなった。特に，短日日長に対する反応が本州産と石垣島産では異なり，本州産では前翅表での黒帯がほとんど消失するが，石垣島産ではそれは消失することなく細い帯と

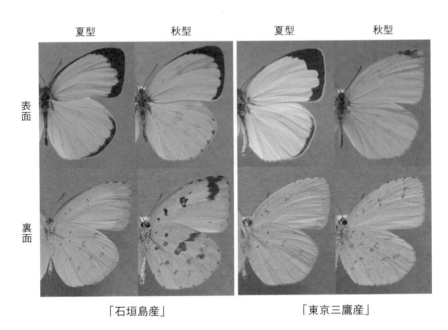

図2　石垣島産および東京三鷹産キチョウの季節型変異

して残る。一方，翅裏面の褐色斑の出現は翅表の黒帯出現とは大きく異なっており別種の様相を呈している。石垣島産では褐色斑が大きく明瞭に出現したが，本州産では痕跡的であった。また，短日効果は本州産ではメスが高く，石垣島産ではオスが高かった。このような光周反応の違いはそれぞれの個体群の生息地に気候に適応して進化したものと推察される。ちなみに，越冬状況とも関連し，本州では冬はほぼ完全に活動を停止し休眠に入るが，石垣島でも冬期は活動が低下するが，気温が高ければ産卵もみられる。完全な休眠状態とはいいがたく，いわゆる「日和見休眠」状態といえる。

(2) 沖縄島におけるキチョウ2型の同所的分布

キチョウの地理的変異をさらに明らかにするために，石垣島と本州の中間に位置する沖縄島（沖縄本島）に生息しているのは，どちらの型であるのか。亜熱帯性か，それとも温帯性であるのか。それとも両グループが生息しているのか。もし後者だとしたら島の北部には温帯型，南部には亜熱帯型というように

すみ分けているのか，それとも両者が混生しているのか。数年間にわたる野外調査の結果，両者が生息しそれらは同所的に分布していること，さらに飼育実験により両型の光周反応は翅の裏表ともそれぞれ独自の反応性を示した（加藤，1999a；Kato，2000a）。すなわち，野外で採集した複数メスから採卵し，その子孫を個別的に短日日長下飼育したところ，羽化してきた亜熱帯グループの秋型個体と温帯グループの秋型個体は別々のメス親に由来していた。さらに，これらのグループの間には，前翅縁に生える短い毛の列（縁毛）の色彩がはっきりと異なり，縁毛が全体的に黄色な「黄色型」とそれが全体的に褐色または一部に黄色が混ざる「褐色型」とした（図3）。ちなみに，前者が温帯性グループであり，後者が亜熱帯性グループに対応していた。

これらの形態形質を基礎として，縁毛色と季節型反応をスコア化して複数の母蝶（「褐色型」と「黄色型」）の分岐図を作成したところ，これらの個体は縁毛色に基づいた異なるクラスターを形成した。このことは沖縄島に生息するキチョウ2型は異なるグループに属することが示唆される。しかも両型は同所的にも分布しているので，亜種とはいえない。それぞれの型は異なる種である可能性が浮上してきた。また，これら二つの型ではオスの翅表の紫外線反射が異なることが示された（松野，1999）が，その後筆者はオスのみならず，メスの翅表にも紫外線反射パターンにも差異があることが判明した。

タイプ標本との比較から，石垣島や沖縄島に生息する「褐色型」キチョウは縁毛色などの特徴においてリンネにより記載されたキチョウと極めて類似しており，種hecabeに属するものと思われる。中国広東産のキチョウ

「褐色型」　　　「黄色型」

図3　沖縄島産キチョウにおける前翅縁毛色

の季節型変異や利用寄主については不明であるが、近隣の香港産のキチョウも「褐色型」であり、秋型（冬型）個体の前翅表面の黒帯幅は南西諸島産の「褐色型」と同様に消失していない。一方、沖縄島を含む日本列島に生息する「黄色型」のキチョウを、*E. mandarina*「キタキチョウ」とみなした（加藤、1999b；加藤・矢田、2004；白水、2006）。

寄主植物利用の分化

　植物食のチョウでは、その分布や進化を考慮する上で寄主植物との関係やそれへの適応は極めて重要である（本田、2005）。キチョウ類に関しては、主としてハギ類やネムなどのマメ科植物がよく知られているが、地域によりヒメクマヤナギやリュウキュウクロウメモドキなどのクロウメモドキ科などの種も利用することが報告されている（Yata, 1995）。

　石垣島に生息するキチョウの食草は本州産とは異なり、ハマセンナやアメリカツノクサネムなどの亜熱帯性マメ科であることが野外調査から明らかとなった。当初は石垣島産のキチョウも、本州産キチョウの食餌植物であるメドハギで飼育できると思っていたが、これは大きな間違いであった。飼育実験においても、石垣島産の幼虫はハギ類などをほとんど摂食せず摂食しても成長が芳しくなく生存率はきわめて低かった（Kato *et al.*, 1992；図4）。石垣島産キチョウは、本州産とは明らかに異なる食性を示すことが判明した。一方、本州産のキチョウはハマセンナをほとんど摂食せず、1齢期ですべて死亡した。またアメリカツノクサネムでの飼育でも生存率は極めて低くなった。しかし、幼虫や蛹の形態に関しては両者の間で相違は認められなかった。

　同様なことは沖縄島産キチョウについても当てはまる。すなわち、沖縄島においてハマセンナやアメリカツノクサネムから採集・飼育した幼虫から生じた成虫は、すべて「褐色型」であり、一方メドハギの他に、ヒメクマヤナギやリュウキュウクロウメモドキなどのクロウメモドキ科から採集した幼虫由来の成虫はすべて「黄色型」であった。このことは孵化幼虫の飼育実験でも確かめられ、異なる型が利用している植物では生存率がきわめて低くなった。キチョウの食餌植物としてはさまざまなマメ科植物が報告されており、幼虫は多食性であるが、どの植物でも食べるということでもない。産卵植物

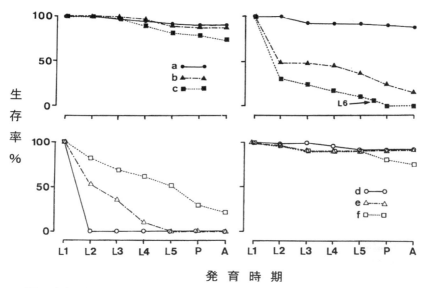

図4 東京三鷹産(左列)と石垣島産(右列)キチョウの各種食草上での生存率
上段:東京産食草(a:ネム,b:メドハギ,c:ヤマハギ),下段:石垣島産食草(d:ハマセンナ,e:アメリカツノクサネム,f:モクセンナ),L:幼虫(数字は齢数),P:蛹,A:成虫(Kato et al., 1992より改変)

に関しても,幼虫が摂食する植物とはかならず1:1対応ではないが,産卵選択の分化が関与している(加藤,1999a;Kato, 2000b)。

筆者ら(加藤ほか,2013)は最近,石垣島のキチョウがモンキチョウ *Colias erate* の食草であるクローバーを利用していることを見出した。実験的にも調べたところ,その適応性は本来の食草種ほどではなかったが,寄主拡大の途上にあるのかもしれない。寄主植物の拡大や転換はキチョウ類の分布や分化を考えるには重要なキーとなろう。

南西諸島ならびに台湾・フィリピンのキチョウ

筆者らが石垣島ならびに沖縄島で見出したキチョウ2型に関する事実は他の地域でも当てはまるのであろうか。両島以外の南西諸島ならびに台湾やフ

ィリピンでのキチョウについて敷衍する。

(1) 南西諸島のキチョウ

筆者らの野外調査によって，九州から南西諸島の島嶼には「黄色型」と「褐色型」が分布し，しかもその分布はクラインというよりはモザイク状であることが明らかとなった（加藤・矢田，2005；図5）。さらに，前述した沖縄島以外にも，多くの島嶼において同所的分布が確認された。

また，各島におけるキチョウの寄主植物種についても，縁毛色や季節型と密接に関係していることが確認された。すなわち，メドハギの他に，ヒメクマヤナギなどのクロウメモドキ科から採取した幼虫からは「黄色型」が羽化し，ハマセンナやアメリカツノクサネムなどの亜熱帯性マメ科植物から採取した幼虫からは「褐色型」が生じた。また興味深いことに，沖永良部島や与論島には亜熱帯性気候であるにも関わらず，「黄色型」しか生息が確認されず，これは「褐色型」の主要な寄主であるハマセンナがほとんど分布してい

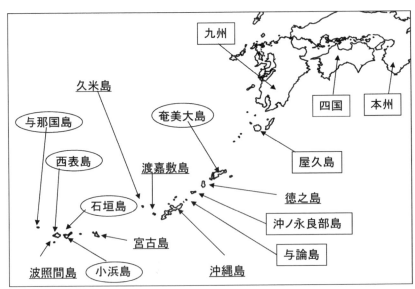

図5　西南日本におけるキチョウ2型の分布
□：「黄色型」のみ分布，○：「褐色型」のみ分布，___：2型が分布

ないためであると推測される。一方，奄美大島には「褐色型」のみしか生息しないというのも，亜熱帯域に生息する「黄色型」が好んで利用するヒメクマヤナギなどのクロウメモドキ科の種があまりみられないことと関係あるかもしれない。

　筆者らが，南西諸島において調査した限りでは，2型により利用されている主な植物種は次のようであった。すなわち，「黄色型」のみが利用している食草種としてはマメ科のメドハギの他に，ヒメクマヤナギ，リュウキュウクロウメモドキ，クロイゲなどのクロウメモドキ科である。一方，「褐色型」のみが利用している植物種は，ハマセンナ，アメリカツノクサネム，ナンテンカズラ，ヤハズソウ，モクセンナ，そしてクサネム（これは本州では「黄色型」の食草として利用されている）などである。

(2) 台湾およびフィリピンのキチョウ

　台湾のキチョウは従来から明瞭な黄色の縁毛色をもつことが知られていた（Butler, 1880；白水, 1960）が，筆者らも野外調査においてこのような個体を確認したのみならず，前翅縁毛が褐色の個体も多数採集した。それゆえ，台湾においても両型のキチョウの生息が明らかとなった。また，台湾におけるキチョウの寄主植物として，マメ科，クロウメモドキ科，トウダイグサ科に属する種が多数報告されている（内田，1991）が，縁毛色型と関連して食性が分化しているかどうかという問題にはこれまでほどんど注意が払われていなかった。

　数回にわたる野外調査の結果，台湾産キチョウにおいても「黄色型」と「褐色型」が存在しており，季節型変異も日本産と同様であることを明らかにした（Kato et al., 2008）。さらに，飼育実験の結果も日本産の場合と同様の光周反応を示したが，いずれの型においても台湾産では秋型化（冬型化）の程度は日長よりもむしろ温度の影響が強かった。特に裏面の褐色斑は冷温のみの刺激によっても誘導された。図6は台湾産キチョウ2型の季節型と紫外線反射パターンの差異を示す。紫外線反射パターンについては，後翅における反射領域の差異に注目されたい。

　興味深いことに，台湾では日本列島とは対照的にキチョウ2型の分布は緯度ではなく，むしろ標高と関係していることが明らかとなった。すなわち，

「黄色型」の分布は標高700〜1,500mの比較的高い山地に限られており、それに対して「褐色型」は山地だけでなく、平野部に集中していた。したがって、山地では2型が同所的に生息していることが多い。これらの分布域を決めている主な要因は、それぞれが利用する寄主植物の分布と密接に関係しているようである。すなわち、「黄色型」の野外での利用食草は主として、タイワンクロウメモドキやメドハギであり、これらの分布は主に山地に限られ、「褐色型」のそれは、アメリカツノクサネムやキンケイジュなどであり、特にアメリカツノクサネムは平野部の空き地や河川敷のあちこち繁茂している。

図6 台湾産キチョウにおける2型オスの可視光写真（上）と紫外線写真（下）

さらに、それぞれの食餌植物上での成虫の産卵や幼虫の摂食・生存を調べたところ、異なる型が利用する食餌植物に対してはほとんど産卵せず、幼虫の死亡率は低かった。従来、台湾のキチョウはButler（1880）により *hobsoni* の亜種名が与えられているが、台湾産も異なる2種を含むことは確実である。

台湾の南に位置するフィリピンのキチョウは「褐色型」に属し「黄色型」ではないが、まれに「黄色型」も採集されている。寄主植物の一つとしては、エダウチクサネムなどのマメ科、オオシマコバンノキなどのトウダイクサ科が知られている（北村、1999）。不思議なことに南西列島では「褐色型」の主要食草であるハマセンナはフィリピンではキチョウでは利用されておら

ず，これを利用しているのは近縁種のエサキキチョウ*E. alita*である。また，南半球に位置するオーストラリアのキチョウは「褐色型」であり，その食草はコバンノキの仲間である。このようにキチョウの分化は食草適応と深い関係にあることは極めて興味深い問題である。

生殖隔離

　一般的に，生殖隔離には交尾前隔離と交尾後隔離が存在する。前者は配偶行動や繁殖時期の変異により交尾が不可能となるもので，後者には交尾できたとしてもその後の接合子の発育不全やF_1の不妊化，さらには雑種崩壊などが含まれる。キチョウの2型は互いに交尾するのであろうか，それとも性的隔離があり交尾しないのであろうか。さらに，交尾した場合その子孫の生存率はどうであろうか。

（1）交尾前隔離

　まず，沖縄島産の2型，石垣島産「褐色型」，それに本州産「黄色型」の間において交尾の有無をテストをした（Kato, 2000c）。実験に用いたのは羽化後1週間の未交尾メスである。沖縄島において同所的に生息する「褐色型」と「黄色型」の個体群の間ではオス・メスを入れ替えても交尾は起こらなかった。すなわち，オスは異なる型のメスに対しては求愛行動を示すが，メスは受け入れなかった。しかし，沖縄島個体群は異所的分布を示す個体群（石垣島および本州）との関係は複雑であった。すなわち，「褐色型」メスはいずれの個体群のオスに対しても拒否反応を示した（同じ「褐色型」オスに対しても）。これとは対照的に，「黄色型」メスはいずれの個体群のオスに対しても拒否せずにこれを受け入れ交尾が成立した。同一型でも異所的に分布する個体群との間には配偶行動のレベルで分化が起こっていると思われる。

　次に，同所的に生息する2型の間で性的隔離実験を詳しく行った（Kobayashi *et al.*, 2001）。その結果，メスの受け入れ行動は羽化してからの日齢により異なり，「褐色型」メスはいずれの日齢でも「黄色型」オスを100％拒否した。しかし，「黄色型」メスは日齢が経過すると「黄色型」オスをすべて拒否するが，羽化直後では「黄色型」オスのアプローチを受け入れ交尾する個体が半数近くみられた（図7）。

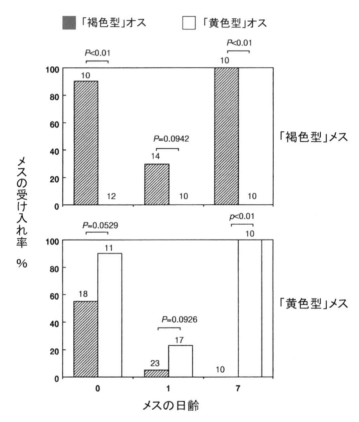

図7　キチョウ2型のメスによる同型または異型オスの受け入れ頻度
（Kobayashi *et al*., 2001より改変）

　それゆえ，両型の間には交尾前隔離が分化していることは明らかであり，この関係は同所的個体群では成立しやすいという場所異存性もみられた。また，「褐色型」メスの方が「黄色型」メスよりも相手のオスを日齢に関わらず厳密に識別していることから，古い種の方が新しい種よりも雌雄識別が厳密であるという仮説（Kaneshiro, 1976）がキチョウの場合にも当てはまるといえる。

(2) 交尾後隔離

では，交尾後隔離についてはどうであろうか。筆者らは沖縄島産のキチョウ2型を用いて，実験した。その結果，やはり交尾後隔離機構も存在することが明らかとなった（廣木・加藤，2006）。両者を交配させて産卵させそのF_1の性質を調べた。まず，「黄色型」をメスとして「褐色型」をオスとした場合，メスの卵巣はほどんど成熟しなかった。これに対して，「褐色型」をメスとして「黄色型」をオスとした場合（この場合，自然には交尾しにくいので，ハンドペアリングを行った），卵巣は未交尾でも同型同士交配の場合の2倍ほどに発育し多数の成熟卵が作られていた（図8）。これはメスのアラタ体サイズ（幼若ホルモンの合成サイト）と関連しており，前者ではアラタ体は小さく，後者の組み合わせではアラタ体は大きく肥大していた。これは前者では幼若ホルモンの合成/分泌が阻害され，後者ではそれらが過促進されていたといえる。

しかし，F_1メスの卵巣が過剰に肥大したとしてもそれだけでは交配は起こりうるのではないかと推測されるが，いずれの組み合わせのF_1メスでもその活動性やそのリズムが異常となった。すなわち，「黄色型」をメスとした場合には，F_1メスはほとんど活動せず，その逆の組み合わせではメスの行動は異常なほど活発化し，飼育容器内ではむしろ「暴れている」といっても過言ではない。それゆえ，キチョウ2型

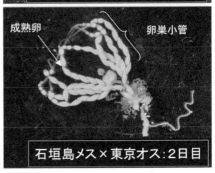

図8　キチョウ2型の交雑によるF_1メスの卵巣発育

石垣島産：「褐色型」，東京産：「黄色型」，図中の数字は羽化後の日数を示す。(廣木・加藤，2006より改変)

の間には交尾前のみならず交尾後隔離の機構が存在することが示唆された。生殖隔離の有無を別種か同種かの基準にしたとしても，キチョウの2型はそれぞれ異なる種に属するといえる。

共生微生物ボルバキアとの関係

　筆者らは南西諸島各地のキチョウ個体群を採集・飼育して実験に供してきたが，その過程で大変不思議な現象に出くわした。それは，野外にて採集したメスがメスばかりを産んだり，または異なる地域のキチョウを交雑させたところ，メスが産んだ卵がまったく孵化しないということであった。実験を重ねた結果，そのいずれの場合もボルバキア（*Wolbachia*）という細胞内共生細菌が原因であることが明らかとなったのである。また，以下に述べるようにこの細菌への感染はキチョウの系統関係にも影響するので，ボルバキアについて概説するとともにキチョウとの関係を述べる。

　ボルバキアとは真性細菌に属し，寄主生物の細胞質内に共生し母から子へと細胞質を介して伝わり，最終的に寄主の繁殖を操作している微生物のことである。寄主範囲は多くの節足動物，主として昆虫類であるが，フィラリアに共生するボルバキアは寄主と互利共生関係にある。繁殖操作には，細胞質不和合，メス化，単為生殖誘導，オス殺しの4種が知られており，細胞質不和合以外は性比異常を引き起こす（廣木・加藤，2001；廣木，2005；成田，2011など）。チョウ目に関係するボルバキアはメス化とオス殺し，それに細胞質不和合である。ボルバキアの検出はボルバキアに特異的な遺伝子をプライマーとして感染有無のチェックによる。これまでキチョウへの感染が知られているのはメス化と細胞質不和合を引き起こすボルバキアであり，いずれも筆者らの発見による。

（1）遺伝的オスのメス化

　これまでにリュウキュウムラサキ*Hypolimnas bolina*やアフリカ産ホソチョウ*Acraea encedon*などのチョウ目昆虫においてよく知られている性比異常はオス殺しボルバキアによる感染が原因である。この場合は感染個体がオスであった場合は孵化前後でオスが死亡し，メスのみが生き残り次世代を担う。

　一方，メス化の場合は遺伝的にはオスであるにも関わらず感染によりメス

として産まれてくる。もちろん感染により生じたメスは，遺伝的にはオスであり正常なオスとは表現的にまったく区別できないが，卵巣も普通に発達しメスとしての機能は正常である。筆者らは1990年代後半に沖縄本島でのキチョウ類の採集や飼育を開始したが，沖縄島本部半島で採集したメスの子孫のなかにメスしか産まれてこない系統がいることに気づいた。一般に，チョウを飼育するとオスよりもメスの方が生き残る割合が高くなるので，これもそのようなことではないかと気にもとめなかった。ところが，ちょうどその頃ボルバキアによる性比異常が注目されはじめ，われわれもこの感染を疑ってみることとした。1997年，再度沖縄本島本部半島に出かけてメスの「黄色型」キチョウを採集し，その子孫を系統ごとに飼育し成虫の性比をチェックした。するとどうであろう，14メス中3メスの子孫はメスばかりで，オスは産まれてこなかった。やはり予想は当たっており，単なる偶然ではなかった。得られた3メスを正常オスと交配させてもやはりメスしか産まれなかった。ちなみに同所で採集した「褐色型」キチョウのメスから産まれた子孫はほぼ雌雄同数で，ほぼ1：1の性比を示した。ボルバキアはタンパク質合成阻害剤テトラサイクリンなどの抗生物質処理により除去できるので，母蝶のメスに抗生物質を溶かした砂糖水を与えておきその子孫を調べたところ，オス個体が出現するようになった。メス化を起こすボルバキア遺伝子をPCR法を用いてプライマーを作成しその存在を検出したところ，予想どおり性比異常を系統を示すメスにはそれが検出されたが，正常性比を示す「黄色型」や抗生物質処理をした「黄色型」メスからは検出されなかった。さらに，細胞学的レベルでの証拠も加えて論文とすることができた（Hiroki *et al.*, 2002）。細胞学的証拠とはどういうことかというと，チョウ目の性決定は性染色体の組み合わせと関係しており，オスの染色体はZZ，メスはZWとなる。このうちメスのW染色体は細胞核内においてヘテロクロマチン化し，粒状化を呈しておりシッフ試薬などで粒状に染色されて可視化される。この方法によりメス化した個体の細胞にはこのクロマチンが観察されず，真性（遺伝的）メスであればみられるヘテロクロマチン顆粒がみられなかった（図9）。ボルバキア感染はその頃，遺伝子で検出するのが普通であったが，このような細胞学的な証拠は珍しく，投稿先の雑誌のレフェリーからも高く評価された。現在でも，チョウ目でメス化ボルバキアがみつかっているのは「黄色型」キチョウのみで

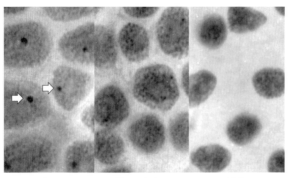

図9 メス化ボルバキアに感染ならびに非感染個体の卵巣細胞核の顕微鏡写真
矢印は性クロマチンを示す（Hiroki et al., 2002より改変）

正常メス　　雌化したオス　　正常オス

あったが，最近石垣島で筆者らが採集した「褐色型」キチョウでも発見されるに至った（Narita et al., 2011）。いずれにしても，メス化ボルバキアの存在はきわめて稀であり，さらにメス化の分子機構はほとんど解明されておらず今後の重要課題である。

（2）細胞質不和合

　性比異常を引き起こす細菌はボルバキア以外でも知られているが，細胞質不和合を引き起こす細菌はボルバキアしか知られていない。細胞質不和合とは父方に感染したボルバキアが原因となって子となる卵の発生が停止してしまう現象である。そのような発生停止はメスが感染していてもおこらず，またオス・メスともに感染している場合にも発生停止は起こらない。このように寄主の繁殖操作をするボルバキアを細胞質不和合性ボルバキア（CIボルバキア）という。石垣島産キチョウの研究をはじめた1990年代の初頭，石垣島個体群と本州（三鷹産）個体群が前述したように形態や食性などあまりにも異なっているので，雑種第一代ができるのかどうか両者の交雑実験を行ってみた。その結果，石垣島産をメスにすると産んだ卵はほとんどすべて孵化して，成虫に発生した。しかし，本州産をメスにすると結果が異なり，孵化はまったく起こらなかった。当時，この原因は遺伝的なものもあり得るのかとはっきり結論は出せなかった。しかし，その後ボルバキアの感染がこのような非対称の不和合を起こすことが知られるようになったことから，以前行ったこの交雑結果を見直してみる価値があると考えられ，2000年代初頭に石垣

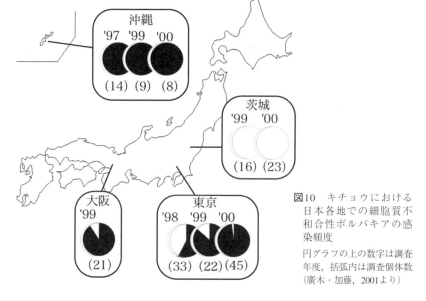

図10 キチョウにおける日本各地での細胞質不和合性ボルバキアの感染頻度
円グラフの上の数字は調査年度，括弧内は調査個体数
(廣木・加藤，2001より)

島個体群と本州（三鷹産）個体群の交雑を再度行ってみた。その結果は，以前とはまったく異なり，いずれの個体群のキチョウをメスとしても，それらのメスが産んだ卵は孵化してきて，成虫となった。このほぼ10年の間に何らかの変化があったのだ。原因がCIボルバキアの感染であるとすると説明がつく。すなわち，1990年代はじめには石垣島個体群はすでにCIボルバキアに感染していたが，本州（三鷹）個体群は悲感染であった。その後，感染が本州（三鷹）個体群にも拡大したとすると，細胞質不和合はおこらなくなるはずである。このような仮説を検証するために，ボルバキアの感染頻度を経時的ならびに地域的に調査したところ，まさにそうであった（Hiroki et al., 2005）。残念ながら1990年代初期の感染頻度は調べることができないが，本州（三鷹）個体群では数年の間に感染頻度が上昇していた（図10）。また，日本列島南部の個体群の感染率は高く，北方に行くにつれて感染頻度は低かった。これらのことはCIボルバキアの感染が日本列島に沿って北上していることを意味する。これらのことから，ボルバキア研究にとってもキチョウは大変魅力的な材料昆虫といえる。

分子系統解析

これまで述べたように，両型の間に形態的，生理的，行動的な差異が生じているとすると，その基礎として分子レベルにおいても差異が生じていると予想される。ここでは，タンパク質分子ならびにDNA分子によるキチョウの系統解析について述べる。

(1) アロザイムによる解析

解析には，本州（東京）（「黄色型」），九州（福岡）（「黄色型」），沖縄島（「黄色型」と「褐色型」），そして石垣島（「褐色型」）の5個体群を用いた。使用酵素はエステラーゼ，グルコース6リン酸脱水素酵素，ロイシンアミノペプチダーゼなど10酵素である（野村・加藤，1996）。図11はエステラーゼ泳動像における三鷹と石垣島個体群のバンドパターンの明瞭な違いを示す。最終的に，これらの酵素について得られた電気泳動結果を総合して遺伝的距離を求め，それに基づいて系統関係を示した。その結果，沖縄島「黄色型」は本州や九州のものと遺伝的に近い距離に位置し，一方沖縄島「褐色型」は石垣島個体群と比較的近い遺伝的距離にあった。それにもさらに遠い位置にあるのが石垣島個体群となった。すなわち，形態的，生理的，行動的形質の特徴とアロザイムの特徴は深い関係を示し，酵素分子レベルでの分化が裏付けらることとなった。

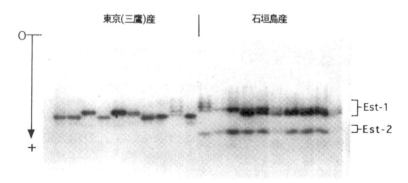

図11　2地域のキチョウ個体におけるエステラーゼ電気泳動像
東京三鷹産：「黄色型」，石垣島産：「褐色型」，各バンドは1個体を示す（野村・加藤，1996より）

(2) DNA分子による解析

分子レベルでの系統解析は時代とともに，タンパク質分子からDNA分子を利用する方向へとシフトしてきた。使用する個体数が少なくて済み，さらにはPCRによるDNAクローニングなどさまざまな手法の格段の進歩によるためである。筆者らも各地のキチョウ個体群からのDNA分子を分析して，系統関係を調査することに着手した。まずは日本列島に生息する二つの型（「褐色型」と「黄色型」）のキチョウ（メス）を，27地点（図12）より採集し62個体からDNAを抽出して実験に用いた（Narita et al., 2006）。使用した遺伝子は核由来のものとしてTpi遺伝子とEF1α遺伝子，ミトコンドリア由来のものとしてはND5遺伝子と16SrRNA遺伝子，合計4種類である。解析の結果，核遺伝子の系統関係は形態的，生理的ならびに生態的に区別した「褐色型」と「黄色型」に対応しており（図12），予想どおり形態的・生理的・生態的分化は遺伝的な分化に基づいていた。

ところがミトコンドリア遺伝子の系統関係は核遺伝子の系統とも一致していないばかりか，形態的や生理的特徴からみた「褐色型」

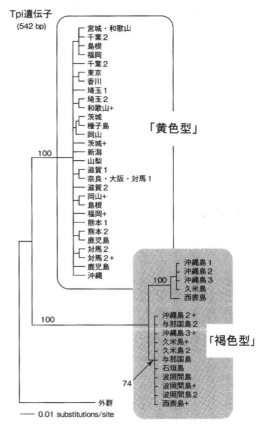

図12 核遺伝子Tpiによるキチョウ2型の分子系統図
分枝上の数字：ブートストラップ値，外群：タイワンキチョウ（成田，2011より改変）

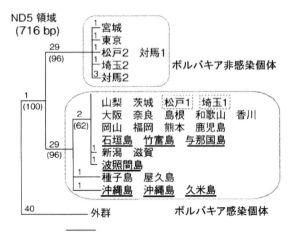

図13 ミトコンドリア遺伝子ND5によるキチョウ2型の分子系統図
無印:「黄色型」,下線:「褐色型」,分枝上の数字:置換塩基数,括弧内数字:ブートストラップ値,外群:タイワンキチョウ(成田,2011より改変)

と「黄色型」の関係ともまったく一致していなかった(図13)。これは一体どういうことなのであろうか。この不一致は,前述したボルバキアという共生微生物の感染と関係していることが判明した。ボルバキアはミトコンドリアと同様に細胞質内に存在するので,両者の遺伝子も行動をともにすることとなる。特に,CIボルバキアの感染を介して「褐色型」のミトコンドリア遺伝子が「黄色型」の集団へと侵入(遺伝子浸透)し,その結果両型のミトコンドリア遺伝子が一致してきたものと推測される。ただし,両型の間で交雑がまったく起こらなければこのようなことはないはずであるが,交配実験でも示したように両型の間の生殖隔離がかならずしも完全ではないためと思われる。

一方,東アジアに広く分布するキチョウ2型のDNA遺伝子による系統解析を行った(Narita et al., 2007)。使用した個体は東アジア18地点から採取したキチョウ50個体である。内訳は日本産の「黄色型」5個体と,中国,香港,韓国,マレーシア,タイ,ハイナン島,ベトナム)など東アジア各地の「褐色型」45個体である。ここで用いた遺伝子は,ND5・COI・COIIIなどのミトコンドリア遺伝子である。解析の結果,「黄色型」と「褐色型」はきれいに2グループに分岐していた。特に,「褐色型」は形態的には変異が大きいが,遺伝的な変異は少ないという。またボルバキア感染も調査したが,ボルバキ

ア感染がキチョウの系統関係に影響を与えているという結果はなかった。この点は日本国内での場合と異なっていた。広い領域での調査であったので，おそらく両型個体の接触や交雑などが起こっていなかったためなのではないだろうか推測される。ちなみに，台湾のキチョウ2型については，核遺伝子Tpiによる系統解析を行ったが，予想どおり遺伝子レベルではっきりとした分化がみられた（成田ほか，未発表）。

今後の方向

キチョウ属のなかでもキチョウは異なる気候帯に分布を広げ，大陸だけでなく多くの島嶼に生息する。その多様性と進化を明らかにしていくためには，ここで述べたような観点からの幅広い研究が望まれよう。ちなみに，名義タイプ標本は，ロンドン自然史博物館に所蔵されていたが，現在はスウェーデン・ウプラサ大学に保管されている。

謝辞
　最後に，執筆にあたり援助いただいた，廣木眞達博士および成田聡子博士にお礼申し上げる。

〔引用文献〕

Butler AG (1880) On a second collection of Lepidoptera made in Formosana by H. E. Hobson, Esq. *Proceding of Zoological Society of London*, 1880: 666-691.

de l'Orza P (1869) *Les lepodppteres japonais: A la grande exposition internationale de 1867*: 49pp.

本田計一 (2005) 食性と寄主選択，チョウの生物学（本田計一・加藤義臣編）：255-301，東京大学出版会，東京．

廣木眞達 (2005) 共生微生物との関係，チョウの生物学（本田計一・加藤義臣編）：524-540，東京大学出版会，東京．

廣木眞達・加藤義臣 (2001) Wolbachiaによる生殖操作．昆虫と自然，36(14): 29-33.

廣木眞達・加藤義臣 (2006) 「キチョウ」2種の間に存在する生殖隔離機構．昆虫と自然，41(5): 9-12.

Hiroki M, Ishii Y, Kato Y (2005) Variation in the prevalence of cytoplasmic incompatibility-inducing Wolbachia in the butterfly *Eurema hecabe* across the Japanese archipelago. *Evolutionary Ecology Research*, 7: 931-942.

Hiroki M, Kato Y, Kamito T (2002) Feminization of genetic males by a symbiotic bacterium in a butterfly, *Eurema hecabe* (Lepidoptera: Pieridae). *Naturwissenschaften*, 89: 167-170.

Kaneshiro KY (1976) Ethological isolation and phylogeny in the planitibia subgroup Hawaiian *Drosophila*. *Evolution*, 30: 740-745.

加藤義臣 (1999a) 沖縄島産キチョウの縁毛色，季節型変異および寄主植物利用．蝶と蛾，50: 111-121.

加藤義臣 (1999b) キチョウの地理的変異と種分化．昆虫と自然，34(3): 5-9.

Kato Y (2000a) Overlapping distribution of two groups of the butterfly *Eurema hecabe* differing in the expression of seasonal morphs on Okinawa-jima Island. *Zoological Science*, 17: 539-547.

Kato Y (2000b) Host-plant adaptation in two sympatric types of the butterfly *Eurema hecabe* (L.) (Lepidoptera: Pieridae). *Entomological Science*, 3: 459-463.

Kato Y (2000c) Does mating occur among populations of two types in the butterfly *Eurema hecabe* (L.) (Lepidoptera, Pieridae)? *Transaction of Lepidopterological Society of Japan*, 52: 63-66.

加藤義臣・遠藤克彦 (2005) 季節適応，チョウの生物学（本田計一・加藤義臣編）：371-419，東京大学出版会，東京．

Kato Y, Handa H (1992) Seasonal polyphenism in a subtropical population of *Eurema hecabe* (Lepidoptera, Pieridae). *Japanese Journal of Entomology*, 60: 305-318.

加藤義臣・橋本沙織・廣木眞達 (2013) 石垣島産キチョウ（ミナミキチョウ）によるシロツメクサの利用．蝶と蛾，64．43-49．

Kato Y, Hiroki M, Handa H (1992) Interpopulation variation in adaptation of *Eurema hecabe* (Lepidoptera, Pieridae) to host plant. *Japanese Journal of Entomology*, 60: 749-759.

Kato Y, Sano M (1987) Role of photoperiod and temperature in seasonal morph determination of the butterfly *Eurema hecabe*. *Physiological Entomology*, 13: 417-423.

加藤義臣・矢田脩 (2005) 西南日本および台湾におけるキチョウ2型の地理的分布とその分類学的位置．蝶と蛾，56: 171-183.

Kato Y, Yata O, Hsu, Y-F (2008) Differences in seasonal morph response and host plant use between two types of the butterfly "*Eurema hecabe*" in Taiwan.*Report on Insect INventry Project in tropical Asia* (TAIIV): 345-349.

北村實 (1999) バナハウ山南西斜面の蝶類 (2) シロチョウ科・シジミチョウ科の一部. *Butterflies*, 23: 4-19.

Kobayashi A, Hiroki M, Kato Y (2001) Sexual isolation between two sympatric types of the butterfly *Eurema hecabe*. *Journal of Insect Behavior*, 14: 353-362.

Linnaeus C (1758) *Systema Naturae* (10th ed.). Stockholm.

野村昌史・加藤義臣 (1996) アロザイムによるキチョウの種内変異の解析. 昆虫と自然, 20(10): 15-18.

松野宏 (1999) 紫外線で見たキチョウの2型. 月刊むし, 338: 13-15.

成田聡子 (2011) 共生細菌の世界. 東海大学出版会, 神奈川.

Narita S, Kageyama D, Hiroki M, Sanpei T, Hashimoto S, Kamito T, Kato Y (2011) Wolbachia-induced feminisation newly found in *Eurema hecabe*, a sibling species of *Eurema mandarina* (Lepidoptera: Pieridae). *Ecological Entomology*, 36: 309-317.

Narita S, Nomura M, Kato Y (2007) Molecular phylogeography of two sibling species of *Eurema* butterflies. *Genetica*, 131: 241-253.

Narita S, Nomura M, Kato Y, Fukatsu T (2006) Genetic structure of sibling butterfly species affected by Wolbachia infection sweep: evolutionary and biogeographical implications. *Molecular Ecology*, 15: 1095-1108.

白水隆 (1960) 原色台湾蝶類大図鑑. 保育社, 大阪.

白水隆 (2006) 日本産蝶類標準図鑑. 学研, 東京.

内田春夫 (1991) 常夏の島フォルモサは招く. 静岡 (自費出版).

Yata O (1989) A revision of the Old World species of the genus *Eurema* Hübner (Lepidoptera, Pieridae) I. phylogeny and zoogeography of the subgenus *Terias* Swainson and description of the subgenus *Eurema* Hübner. *Bulletin of Kitakyushu Museum of Natural History*, 9: 1-103.

Yata O (1995) A revision of the Old World species of the genus *Eurema* Hübner (Lepidoptera, Pieridae) V. Description of the *Eurema* group (part). *Bulletin of Kitakyushu Museum of Natural History*, 14: 1-54.

(加藤義臣)

2 内部共生細菌ボルバキアとともに進化した東アジアのキチョウ

日本に生息するキチョウ2種

筆者が卒論の研究材料にした昆虫は，キタキチョウ*Eurema mandarina*（図1）とキチョウ*E. hecabe*である。このとても近縁な2種のチョウは，筆者が卒論研究を行っていた当時は別種であるとされていたわけではなく，同種の中の別系統であるとされていた。しかし，この2系統のチョウの形態的特徴，分布域，生態的特徴ははっきりと異なることが示されており（図2），筆者の仕事は分子レベルでも異なっていることをはっきりとさせることだった。キタキチョウは，その名のとおり，日本の北の方に分布しており，北は東北の岩手県から南は沖縄本島までである。一方，キチョウは沖縄島以南にしか存在していない。この2種では，生殖隔離[注1]も起きており，キタキチョウのメスはキチョウのオスと交配すると次世代が正常に発育しない。しかも，チョウのもっている酵素レベルでもこの2種は分化

図1 近所の草原でみつけたキタキチョウ
キチョウは南西諸島にしか存在しない。白黒写真では2種を判別するのは難しい。

学名：*E. mandarina*
和名：キタキチョウ
食性：メドハギ
休眠：あり
生息域：本州・沖縄島

～外見的特徴～
体サイズ：小さい
上翅の縁毛色：黄色
（写真の〇で囲んだ部位）

斑紋不明瞭

学名：*E. hecabe*
和名：キチョウ
食性：ハマセンナ
休眠：なし
生息域：南西諸島・沖縄島

～外見的特徴～
体サイズ：大きい
上翅の縁毛色：茶色
（写真の〇で囲んだ部位）

斑紋明瞭

図2 キタキチョウ（左）とキチョウ（右）の違い

していることが示されていた．当時，同種とされていた2系統のチョウを分子レベルでもはっきりと異なると示すことによって，2系統が完全に別種であるという確証が必要とされていた．

2系統の日本産キチョウは進化的に異なるか

そこで，まず全国各地から集められた2系統のキチョウのDNAを抽出した（図3）．そして，それらのキチョウにおけるミトコンドリアDNA（ND5領域と16SrDNA領域）の塩基配列を決定し，分子レベルでの分化の程度を比較しようとした．予想では，ミトコンドリアDNAにおいても，もちろんキタキキチョウとキチョウは完全に分化していると思っていたが，結果はその予想に反するものであった．

図3 実験に用いたキタキチョウとキチョウの採集地点
記号の大きさは数を相対的に表している．

予想外の結果

　分子系統樹というものは，DNAの塩基配列の違いから分子レベルにおける近縁関係を推定して表すもので，枝の近くに位置するもの同士は分子レベルでは近縁であるとされ，遠くの枝に位置するもの同士は遠縁であると推定される(註2)。では，得られたキチョウ2系統の分子系統樹はどうなっていたのだろうか（図4ab）。大きな2つのグループを形成していることは，ND5,16Sどちらの領域においても同様である。しかし，そのグループは，キタキチョウとキチョウで分かれてはいない。一つのグループには，キタキチョウのみがグループとして固まって存在しているが（図4のグループ1），もう一方のグループには，キタキチョウとキチョウが仲良く存在している（グループ2）。通常，同じ場所で採集したチョウ同士というのは兄弟姉妹である可能性が高く遺伝的に近縁な個体である場合が多い。しかし，この分子系統解析に用い

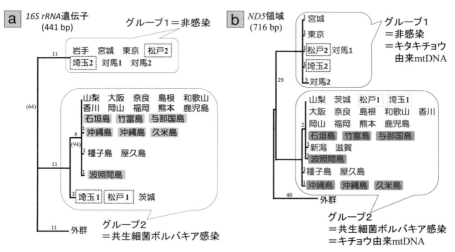

図4　キタキチョウとキチョウの分子系統樹
　a：ミトコンドリアDNAの16SrRNA領域を用いたキタキチョウとキチョウ（灰色）の分子系統樹。枝の近い位置関係にある個体同士は近縁，遠い位置関係にある個体同士は遠縁である。枝の上の数字は塩基置換数，枝の下のカッコ内の数字はブートストラップ値（系統の確からしさを検証した値。最高値は100である）。b：ミトコンドリアDNAのND5領域を用いたキタキチョウとキチョウ（灰色）の分子系統樹。

た同じ日・同じ場所で採集した松戸産個体（松戸1と松戸2）と埼玉産個体（埼玉1と埼玉2）は（図2，4の点線で囲んである個体），各々別のグループに含まれている。

この際には，キチョウ2系統において分子レベルで何が起きているのか予想も立てられず，この不可解な結果を前に，もんもんとした。

不可解な系統関係の原因

結果の解釈に悩まされていたとき，ある論文の中で，「昆虫の細胞内に共生する細菌が，宿主昆虫の種分化や進化に影響を与える可能性がある」という文章をみつけた。そこで，系統樹作成に用いた個体すべてにおいて，共生細菌の有無を確認した結果，共生細菌は一部の個体では存在していた。その共生細菌は，宿主に生殖操作を引き起こすことがあるボルバキア（Wolbachia）という細胞内共生細菌である[註3]。

そのボルバキアの感染状態とミトコンドリアの分子系統関係を照らし合わせると，キチョウ2系統の分子系統関係は，細菌ボルバキアに感染している個体と，していない個体のグループに分かれていたのである（図4ab）。不可解に配置されているように見えた分子系統関係の原因はボルバキアの感染にあるということがはっきりしたからである。

ボルバキアは何をしていたか？

キチョウ2系統でみつかった共生細菌ボルバキアは昆虫では頻繁に感染がみつかる細胞内共生細菌である。ボルバキア系統の同定方法はいくつかの遺伝子の塩基配列決定によって行われる。キチョウ2系統に感染が確認されたボルバキアは，細胞質不和合を引き起こすボルバキアであった。細胞質不和合は，感染メスは感染・非感染どちらのオスとも子どもを残せるが，非感染メスは非感染オスとしか子どもを残せない。つまり，非感染個体は，世代を追うごとに孤立していき，生殖的・遺伝的な隔離が集団内で引き起こされうる。

キチョウ2系統は生態学的な違いから遺伝的にも進化的にも分化しているのは確かである。形態的特徴や，生態的形質，遺伝的な隔離形質はミトコン

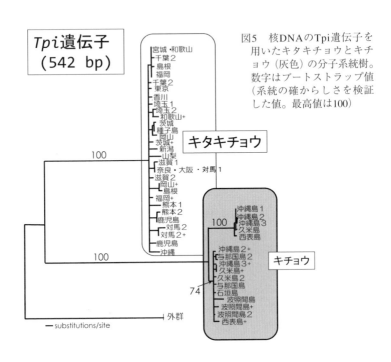

図5 核DNAのTpi遺伝子を用いたキタキチョウとキチョウ（灰色）の分子系統樹。数字はブートストラップ値（系統の確からしさを検証した値。最高値は100）

ドリアDNAではなく核DNAにコードされている。通常，核DNAとミトコンドリアDNAは同じ個体に存在するため，同じような進化を遂げていくわけだが，今回のようにミトコンドリアDNAの存在する細胞質に遺伝的な隔離をもたらすような共生細菌が存在している場合は特別な力が働く場合がある。

そこで，キチョウ2系統は遺伝的・進化的に分化しているが，ボルバキアと一緒に遺伝していくミトコンドリアDNAだけがおかしなことになっているということを証明するために，同じ個体の核DNAがどうなっているのか調べておく必要があった。核DNAの解析結果は，キチョウ2系統は，はっきりと2系統に分化していることを示していた（図5）。

核DNAの解析によって，キタキチョウとキチョウは別種であるといってよいほど分化していることが明らかになり，数年後には2系統ではなく別種であるとされることになった。

ではなぜ別種であるキチョウとキタキチョウのミトコンドリアDNAは混乱してしまったのであろうか。ミトコンドリアDNAに関しては別種同士が同じタイプのミトコンドリアをもっていることを示した。ミトコンドリアDNAと核DNAの関係が一致せず，あべこべになる現象は異種間での交雑による遺伝子の交換，つまり「遺伝子浸透」の結果として起こる場合がある。遺伝子浸透は，植物，動物などさまざまな生物で時折みられる現象である（成田・野村，2006）。

もう一度，キチョウ2種のミトコンドリアDNAの分子系樹をよくみると，何から何へ遺伝子が浸透したか予想できるだろうか（図2，4b）。グループ1にはキタキチョウしか含まれない。そして，キチョウはすべて下のグループ2に含まれている。このことから，グループ1のミトコンドリアは，キタキチョウ由来のもので，グループ2のミトコンドリアはキチョウ由来であると考えられる。奇妙なミトコンドリアをもっているのは，キチョウ由来であるミトコンドリアをもっているグループ2に含まれているキタキチョウである。つまり，グループ2に含まれるキタキチョウのミトコンドリアは別種であるキチョウのものであり，これらの個体のミトコンドリアDNAはキチョウから遺伝子浸透したといえる（図6）。

この現象も，図を見ながらだと少し理解しやすいかもしれないので，図を

【結果1】
核DNAはキタキチョウとキチョウで分かれる

【結果2】
mtDNAはボルバキア感染の有無で分かれる

図6　2種のキチョウにおける核DNAとミトコンドリアDNAの系統関係のまとめ

見ながら文章を読んでいただきたい（図7）。キチョウのメスが，キタキチョウの集団に迷い込む。この場合，迷い込んできたキチョウのメスはキチョウの核DNAとミトコンドリアDNAをもっている（二重丸の外側がミトコンドリアDNA，内側の丸が核DNAを表す）。このキチョウメスは周りにいるキタキチョウのオスと交配して子どもを残す。そうすると，その雑種の子は，母親と父親から半分ずつ核DNAを受け継ぐが，ミトコンドリアDNAは100％母親由来のものをもっている。また，その雑種の子が子を産む場合，周りにはキタキチョウのオスしかいないので，キタキチョウのオスと交配する。すると，その次世

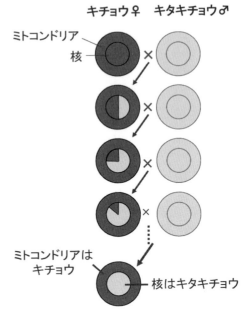

図7　キチョウからキタキチョウへのミトコンドリアDNAのみの遺伝子浸透

代の子の核DNAは，キチョウ由来の核がさらに半分になっているが，ミトコンドリアDNAは，完全にキチョウのものである。こうして，何世代か雑種がキタキチョウと交配していくと，核はキタキチョウのものをもち，ミトコンドリアDNAはキチョウのものをもつという核とミトコンドリアの由来があべこべになっている個体が出現するのである。

　ちなみに，この2種では生殖隔離が起きているため，キチョウのメスはキタキチョウのオスと交配して雑種の子どもを残せるが，キタキチョウのメスはキチョウのオスとは子どもを残せないため，キタキチョウからキチョウという逆方向の遺伝子浸透は起こり得ない。

　この2種のキチョウがどのくらい前から別々に進化してきたかはミトコンドリアDNAの塩基置換している率から推測することができるが，今回の得

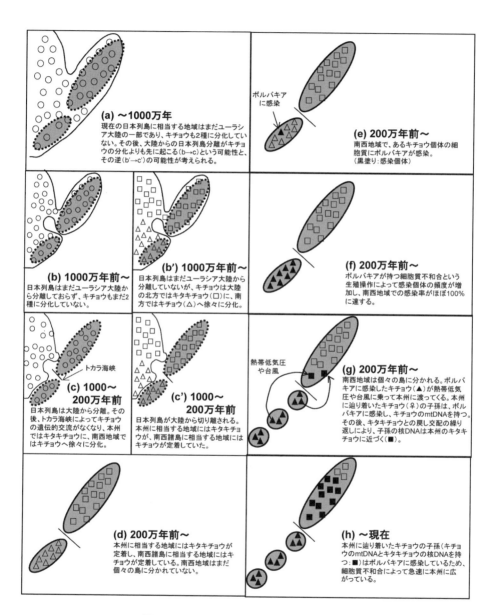

図8　日本におけるキチョウ2種の進化モデル

られたデータから計算した結果，キチョウ2種はおよそ200万年前に徐々に別種に分化していったと推定された。200万年前というと日本列島が本州と南西諸島にトカラ海峡によって分断されていった年代と重なる。これらの，手掛かりから「ミトコンドリアの遺伝子浸透」と「感染ボルバキアの効果＝細胞質不和合」，「日本列島の分断と繋がりの地史」，「2種のキチョウの分化した時期」などを総合的に考えると，2種のキチョウの辿ってきた進化が見えてきたのである。日本が本州と南西諸島に分断される地史には2通り説があるため，分断までの経緯は2通り示したいと思う（図8a〜c）。図にはその詳細を書いているので，ここでは簡潔に説明したいと思う。

　まず，キチョウは南西諸島と日本列島の分断により，別種に分化をはじめる（図8bc）。南西諸島のキチョウには細菌ボルバキアが感染し，蔓延する（図8ef）。分化を進んだところで，キチョウメスが本州に移入しキタキチョウオスと交配し雑種を残し，ミトコンドリアDNAのみがキチョウのものをもった個体が出現（図2，8g）。しかも，それらの個体は細胞質不和合を引き起こすボルバキアに感染しているため，日本にどんどんと広がっていき，現在もその勢力は拡大中である（図8h）。

　この研究から，共生細菌が宿主に引き起こす細胞質不和合という操作によって，遺伝的にあべこべになっているような個体をいっきに広がらせるような進化的な圧力をもつことが明らかになった（Narita *et al.*, 2006；成田，2011）。

東アジア全域のキチョウとその共生細菌の関係

　前述の研究で日本産キチョウではボルバキア感染によってミトコンドリアDNAの進化が歪められていることがわかったが，日本以外に生息するキチョウではどのようなことが起きているのだろうかという疑問が湧き上がった。

　キチョウは，その分布域が非常に広大で，日本の東北地方が分布の北限にあたり，台湾，フィリピン，ボルネオ，セレベス，スマトラ，ジャワ，ニューギニア，オーストラリア，朝鮮半島から中国大陸，アフリカ大陸にまで分布しており，地理的変異が大きいうえに，地理的変異よりも季節的変異が大きい場合もあり，分類学的に非常に難しい種群であるとみなされている。そ

② 内部共生細菌ボルバキアとともに進化した東アジアのキチョウ

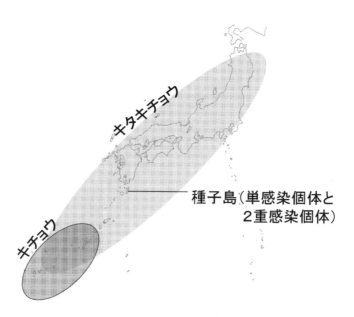

種子島（単感染個体と2重感染個体）

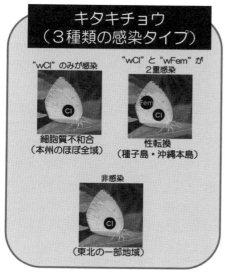

図9　2種のチョウの分布域とボルバキア感染タイプ別の生息域のまとめ

して，当然のことながら，海外のキチョウにおける共生細菌の感染の有無なども未解明である。

そこで，分子系統学的手法を用いて，東アジアのキチョウ（日本，中国，香港，韓国，マレーシア，タイ，ハイナン島，ベトナム産）の系統関係とそれに与えるボルバキア感染の影響を明らかにしようとした。

日本産キチョウからは，細胞質不和合を引き起こす単一系統のボルバキア（wCI系統）に感染している個体と2系統のボルバキア（wCI系統とwFem系統）に重複感染して遺伝的オスのメス化

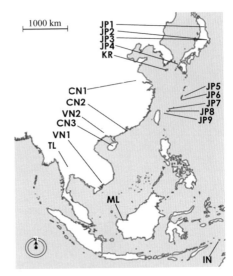

図10　東アジア18地点で採集したキチョウ

が引き起こされている個体がみつかっている（図9）。また，前述で述べたようにwCIに感染したキチョウのミトコンドリアのハプロタイプが，ボルバキアのもつ細胞質不和合の効果によって，全国に広まっていることもわかっている。

そこで，東アジア18地点（図10）で採集したキチョウ2型のミトコンドリアDNA（ND5・COI・COIII）による分子系統解析の結果，温帯型キチョウ（Y-type）と褐色型キチョウ（B-type）は，産地に関わらず明確に2型に分岐していることがわかった。

また，ボルバキアwCI系統やwFem系統に感染しているB-type個体は各採集地からみつかったが，ボルバキア感染の有無が褐色型キチョウ個体群内の系統関係に影響を与えている証拠は得られなかった（図11）。B-typeが形態学的に変異が大きいにも関わらず，遺伝学的には変異が少ないという興味深い結果が得られた（Narita et al., 2007）。

これらのキチョウに感染しているボルバキアwCI系統やwFem系統は配列は日本産キチョウに感染いているボルバキアと同一であったが，宿主の遺伝

[2] 内部共生細菌ボルバキアとともに進化した東アジアのキチョウ　207

図11　東アジアのキチョウの分子系統図
白丸：ボルバキア非感染個体，灰色丸：ボルバキアwCI単感染，黒丸：ボルバキアwCIとwFemの重複感染

的背景が異なる場合，宿主にもたらす生殖操作が変化する場合がある．つまり，東アジアのキチョウに感染しているボルバキアwCI系統やwFem系統が海外の宿主キチョウにどのような影響を与えているかはそれらのキチョウを飼育実験をしない限り明らかにすることができない．海外で採集したサンプルを生きたまま日本に持ち込むことは難しいため，いまだにその疑問は解消されていないのが残念なところである．

　　註1（196頁）生殖隔離とは？：広義には二つの個体群の間での生殖がほとんど行えない状況すべてを指す．狭義には複数の生物個体群が同じ場所に生息していても互いの間で交雑が起きないようになる仕組みのことである．生殖的隔離が存在することは，その両者を異なった種とみなす重要な証拠と考えられる．

　　註2（198頁）ミトコンドリアDNAと系統推定：分子レベルで2系統に分化が進んでいることを示すために，DNAの塩基配列を明らかにし，その塩基配列の違いによって分化のレベルを測る方法がある．DNAには，細胞内の核に含まれる核DNAと細胞内の細胞質の部分に存在するミトコンドリアDNAの2種類ある．この2種類のDNAは，細胞内で存在する場所が異なるだけでなく，遺伝する方法も異なる．核DNAは父親と母親の両方から半分ずつ引き継がれるが，ミトコンドリアDNAは，母親のもっていたミトコンドリアをそっくりそのままもらうのである（図12）．核DNAには生物の体を生かすために重要なタンパクなどを合成している遺伝子が多くコードされており，その

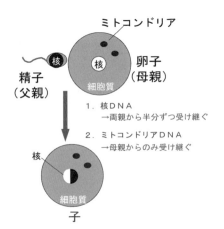

図12　ミトコンドリアDNAと核DNAの遺伝の仕方の違い
　子の核DNAは父親と母親の両方から受け継ぐが，ミトコンドリアDNAは卵子にしか入っていないため母親のものをそのまま受け継ぐ．

ような重要な遺伝子の配列がどんどんと変化（置換）していってしまったのでは生体維持に不都合が出てしまう。そのため，核遺伝子の進化速度はかなり緩やかであることが知られている。一方，ミトコンドリアDNAは，進化の研究をするのに有効ないくつかの特徴をもっている。ミトコンドリアDNAは核DNAにくらべて塩基置換の起こる速度が五倍から十倍速いことが挙げられる。また，父系および母系の入りまじった核DNAと違い，実験手法が簡便になり，系統関係推定するのにミトコンドリアDNAが適しているとされている。

註3（199頁）内部共生細菌ボルバキア：昆虫は世界に90万種ほどおり，動物全体の70％以上，生物全体の50％を占めている。このように他の動物群にくらべて桁外れに数の多い昆虫の約30％の種に存在し，自分がすみかとする個体だけが数を増やせるように生殖を操る微生物が「ボルバキア」である。ボルバキアは，昆虫細胞の細胞質に存在している細菌であり，卵からしか子どもに伝わらず精子からは伝わらない。この点を逆手にとってボルバキアはさまざまな方法で宿主昆虫の生殖を操作することにより繁栄してきた。ボルバキアは伝播効率を上げるため，「単為生殖」，「オスからメスへの性転換」，「オス殺し（宿主の息子殺し）」，「細胞質不和合（図13）」など感染個体

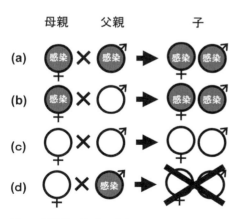

図13　細胞質不和合の仕組み
　感染メスは感染オス・非感染オスどちらと交尾しても子どもを残すことができる。しかし，非感染メスは感染オスと交尾をするとその子どもが死ぬ。

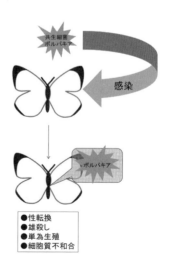

図14　共生細菌ボルバキアの感染によって引き起こされる宿主に対するさまざまな生殖操作

の生殖を操り，集団内で感染率が効果的に高まるように宿主に働きかける（Hurst et al., 2003；成田，2011；図14）。ボルバキアは垂直伝播する内部共生細菌の中でもっとも広く繁栄しており，宿主に対する生殖操作の種類も多様であるとされている。このように，ボルバキアは自分の都合のいいように巧妙な方法で昆虫を操っているのである。

〔引用文献〕

Hurst GDD, Jiggins FM, Majerus MEN (2003) Inherited microorganisms that selectively kill male hosts: the hidden players of insect evolution? In *Insect Symbiosis* (eds. Bourtzis K and Miller TA). CRC Press, Boca Raton.

成田聡子 (2011) 共生細菌の世界－したたかで巧みな宿主操作－．東海大学出版，神奈川．

成田聡子・野村昌史 (2006) 共生微生物ボルバキアの感染と分子系統解析．昆虫と自然，41(5): 13-16.

Narita S, Nomura M, Kato Y, Fukatsu T (2006) Genetic structure of sibling butterfly species affected by *Wolbachia* infection sweep: evolutionary and biogeographical implications. *Molecular Ecology,* 15: 1095-1108.

Narita S, Nomura M, Kato Y, Yata O, Kageyama D (2007) Molecular evolution of *Eurema* butterflies infected with the endosymbiotic bacteria Wolbachia in East Asia. *Genetica*, 131: 241-253.

（成田聡子）

③ トガリシロチョウ属 *Appias* における
ピエリシン様活性の分布[註1]

「ピエリシン」とは？

　ピエリシン (Pierisin) は, 1996 年に国立がんセンター名誉総長の杉村隆博士らの研究グループによってモンシロチョウ *Pieris rapae* から発見された。これは, がん細胞に対して細胞障害 (cytotoxicity) 活性および DNA ADP - リボシル化 (ADP-ribosylation) 活性を示す分子量約 98kDa のタンパク質の総称であり, ADP リボシル化酵素 (ADP-ribosyltransferase) 群に含まれる。現在まで, モンシロチョウ由来のピエリシン - 1 とオオモンシロチョウ *P. brassicae* 由来のピエリシン - 2 の 2 種類が同定されているが, 発見当初はモンシロチョウ属 *Pieris* に固有であったことから, その属名に因んで命名された。このタンパク質はがん細胞に対してアポトーシス (apoptosis)[註2]を誘導することから, 従来とは異なるタイプの抗がん剤としての効果が期待されている。本章では, 国立がんセンターがん予防基礎研究プロジェクトとわれわれ九州大学比較社会文化研究院との共同研究による論文 (Matsumoto *et al.*, 2008) とそれに関わる論文をレビューしながら, トガリシロチョウ属 *Appias* において発見されたピエリシン様活性に関する興味深い結果を紹介したい。

がん細胞と DNA ADP - リボシル化

　近年, がん研究において特に注目されているのが, ADP - リボシル化である。これは, ニコチンアミドアデニンジヌクレオチド (NAD) の ADP リボース部分をタンパク質の特定の場所に転移させる酵素反応のことであり, 全ての真核生物および複数の原核生物に存在する。ADP - リボシル化には, 細菌の毒素合成に関与し, 転移される ADP リボシル基が 1 残基であるモノ (ADP - リボシル) 化があり, コレラ毒素による下痢の発症などが代表的な例である。これに対し, 複数の残基が転移されるポリ (ADP - リボシル) 化は, DNA の修復・複製や遺伝子発現に関与する。一般的に ADP - リボシル化はタンパク質を標的とするのに対し, ピエリシンおよび貝類由来の CARP-1 によるモノ (ADP - リボシル) 化はがん細胞の DNA を標的として行われることが最

近の研究によって明らかになった（Takamura-Enya et al., 2001; Nakano et al., 2006）。

ピエリシンに関する研究史

　これまでのピエリシンに関する研究については，すでにいくつかの杉村隆博士らによる和文のレビューがあるが，現在では入手しがたい可能性があるので，簡単に紹介したいと思う。

　最初に述べたように，がん細胞に対して細胞障害活性を示すタンパク質ピエリシンは1996年に発見された（Koyama et al., 1996）。20種のさまざまなチョウ目昆虫の成虫および蛹から得た抽出物の細胞障害活性について検証し，モンシロチョウ属 Pieris 3種のみにこの活性が存在することを示した。モンシロチョウ蛹の抽出物でヒト胃がん細胞株TMK-1を in vitro で処理した結果，数時間後に細胞が断片化し，アポトーシスが誘導された。また，幼虫，蛹，成虫のうち，蛹でもっとも高い細胞障害活性を示すことがわかった。

　その後，モンシロチョウ由来であるピエリシン-1の精製・単離が行われ（Watanabe et al., 1998），さらにクローニングによって cDNA の塩基配列が決定され，in vitro でのその発現に成功した（Watanabe et al., 1999）。これらの研究の結果，ピエリシン-1は850のアミノ酸配列からなる推定分子量98,081 Da のタンパク質であることが明らかになった。さらに興味深いことに，ピエリシンと高い相同性を有する配列が複数の原核生物に存在することから，ピエリシンは原核生物からモンシロチョウの祖先への水平伝播に由来すると推定されている。

　オオモンシロチョウ由来のピエリシン-2についても同様に塩基配列が決定され，モンシロチョウ由来のピエリシン-1とはアミノ酸レベルで91%の相同性があることがわかった（Matsushima-Hibiya et al., 2003）。表1には，がん細胞株各種に対するピエリシン-1および2の半数致死濃度（IC_{50}）を示したが，特定のがん細胞に対して極めて低濃度で致死効果があることがわかる。

　一方，Watanabe et al.（2004）は，モンシロチョウの各発育段階における mRNA の発現を調べることによって，ピエリシンの生物学的意義についての解明を試みた。その結果，ピエリシン-1の mRNA の発現はモンシロチョ

表1 シロチョウ科成虫20種からの粗抽出物におけるピエリシン様活性の分布（Matsumoto et al., 2008を改変）

和名	学名	ヒト子宮頸がん細胞における半数致死濃度* (ng/ml)	DNA ADP-リボシル化活性 (pg/μg)	Western blot	PCR
モンシロチョウ	Pieris rapae	691(428-812)	22.88	+	+
タイワンモンシロチョウ	Pieris canidia	53(36-165)	263.71	+	+
ヤマトスジグロシロチョウ	Pieris napi	109(29-134)	14.47	+	+
スジグロシロチョウ	Pieris melete	649(129-4380)	37.01	+	+
オオモンシロチョウ	Pieris brassicae	123(43-147)	113.26	+	+
チョウセンシロチョウ	Pontia daplidice	450(409-908)	44.92	+	+
カルミモンシロチョウ	Talbotia naganum	10000(5100-10100)	19.21	+	+
	Aporia gigantea	34(31-340)	419.1	+	+
エゾシロチョウ	Aporia crataegi	77(38-146)	29.35	+	+
ミヤマシロチョウ	Aporia hippia	78(11-159)	31.46	+	+
アカネシロチョウ	Delias pasithoe	19300(14600-23200)	95.36	+	+
ベニシロチョウ	Appias nero	39300(7000-45200)	2.55	+	+
ナミエシロチョウ	Appias paulina	38400(30000-40600)	3.45	+	+
タイワンシロチョウ	Appias lyncida	−	−	−	−
クロテンシロチョウ	Leptosia nina	−	−	−	−
ツマキチョウ	Anthocharis scolymus	−	−	−	−
キチョウ	Eurema hecabe	−	−	−	−
ウスキシロチョウ	Catopsilia pomona	−	−	−	−
キシタウスキシロチョウ	Catopsilia scylla	−	−	−	−
モンキチョウ	Colias erate	−	−	−	−

*中央値（最小値−最大値）

ウ終齢幼虫でもっとも高く，タンパク質合成は終齢幼虫，前蛹，および蛹で高いことが明らかになった．また，ピエリシン-1は，終齢幼虫，前蛹，および蛹の脂肪体内に多く含まれており，蛹化に関与している可能性が高いことを示唆した．強い細胞障害性を示すピエリシンが外敵からの防衛に役立っている可能性についても言及した．

シロチョウ科の系統関係とピエリシン様活性の分布

ところで，ピエリシンは，モンシロチョウ属に固有の物質なのであろうか？
この疑問に答えるために，モンシロチョウ属の含まれるシロチョウ科チョウ類20種における細胞障害活性およびDNA ADP-リボシル化活性の分布が調べられた（Matsumoto et al., 2008）．従来の方法に加え，ADP-リボシル化酵素に特異的なバンドを検出するWestern blot法やPCR法を用いた結果，モンシロチョウ属のほか，チョウセンシロチョウ属Pontia，カルミモンシロチョウ属Talbotiaを含むモンシロチョウ亜族Pierinaに加え，ミヤマシロチョウ属Aporia，カザリシロチョウ属Deliasを含むミヤマシロチョウ亜族Aporiina，および一部のトガリシロチョウ属Appiasを含むトガリシロチョウ亜族Appiadinaにも，ピエリシン-1および2と同様の活性が認められた．

トガリシロチョウ属では，ナミエシロチョウ *A. paulina* およびベニシロチョウ *A. nero* には活性が見られたが，タイワンシロチョウ *A. lyncida* には活性が存在しなかった。

　主として成虫形態に基づくシロチョウ科の高次分類群間の系統仮説は複数あるが，現在もっとも一般的な分類体系は，モンシロチョウ亜科 Pierinae，モンキチョウ亜科 Coliadinae，トンボシロチョウ亜科 Dismorphiinae，およびマルバネシロチョウ亜科 Pseudopontiinae の4亜科に分類し，前二者および後二者がそれぞれ姉妹群となる Ehrlich（1958）の体系である。また，分子に基づくシロチョウ科の系統関係は Braby et al.（2006）によって，核（EF-1α および wingless）およびミトコンドリア（CO1 および 28S rRNA）遺伝子塩基配列に基づいて推定された。一部のクレードにおける信頼性は低いものの，高次分類群間の系統関係については Ehrlich（1958）の体系を支持した。

　この20種にツマベニチョウ *Hebomoia glaucippe*（Koyama et al., 1996）とヒメシロチョウ *Leptidea amurensis*（杉村ほか，2002）のデータを加えた合計22種からなる系統樹を，主に Braby et al.（2006）のデータを用いて作成し，MacClade を用いてピエリシン様活性の祖先形質状態の最節約復元を行った（図1a）。その結果，ピエリシン様活性はモンシロチョウ族 Pierini において一度獲得された後，タイワンシロチョウで消失した仮説と，（モンシロチョウ亜族＋ミヤマシロチョウ亜族）とトガリシロチョウ属 *Catophaga* 亜属（ナミエシロチョウ＋ベニシロチョウ）で平行的に獲得された仮説の二通りが考えられた。同様に蛹の形態について最節約復元を行うと，タイプⅠ（全体的に滑らかで翅部が腹方に突出するもの）から，タイプⅡ（腹面が扁平で頭部に鋭い突起を持つもの）への形質状態の進化がモンシロチョウ族において一度生じたことになる（図1b）。細胞障害活性は終齢幼虫および蛹において高く，ピエリシンと蛹の形態との間に何らかの関係があるのかもしれない。

シロチョウ科の系統関係と寄主植物

　シロチョウ科の寄主植物の中でも，モンシロチョウ族のそれには毒性の強いものが多い。たとえば，モンシロチョウ亜科の多くの種が利用している広義のアブラナ科（旧フウチョウソウ科を含む）には，抗がん，抗菌作用のあるイソチオシアン酸アリル（カラシ油配糖体）が含まれている。また，ミヤ

[3] トガリシロチョウ属 *Appias* におけるピエリシン様活性の分布

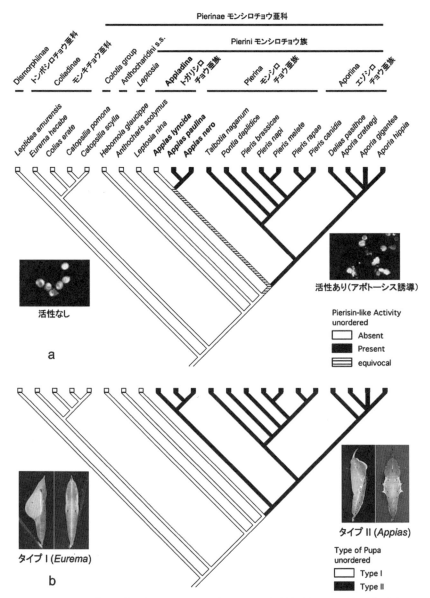

図1 シロチョウ科22種の系統樹におけるピエリシン様活性 (a) および蛹形態 (b) の祖先形質状態の最節約復元

系統樹は主に Braby *et al.*（2006）のデータを用いて作成した。細胞の写真は Koyama *et al.*（1996），蛹の写真は五十嵐・福田（1998-2000）より引用した。

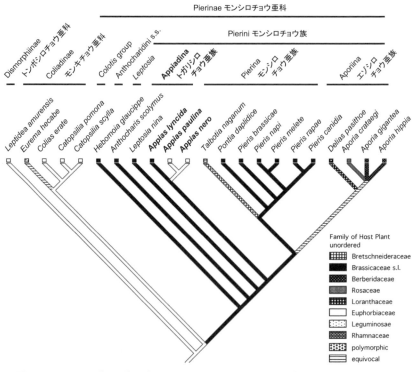

図2 シロチョウ科22種の系統樹における主要な寄主植物（科）の祖先形質状態の最節約復元
APG II植物分類体系に従い，フウチョウソウ科をアブラナ科（広義）に含めている。

マシロチョウ亜族の主な寄主植物であるメギ科は各種アルカロイドを含み，それらには抗アレルギー・抗炎症・がん転移抑制などの効果がある。カザリシロチョウ属の主な寄主植物であるヤドリギ科は古くから漢方薬として利用され，その主成分であるヤドリギレクチンには抗がん作用を含め，細胞障害活性がある。

シロチョウ科22種の系統樹における寄主植物（科）の祖先形質状態の最節約復元を行った結果，マメ科からアブラナ科への寄主転換がモンシロチョウ族において一度生じたことが示されたとともに，トガリシロチョウ属において興味深い結果が明らかになった（図2）。すなわち，タイワンシロチョウは主にアブラナ科フウチョウソウ類を寄主にしているのに対し，

Catophaga 亜属は二次的にこれらも利用するが，主要な寄主植物はトウダイグサ科である．最節約復元が示すように，*Catophaga* 亜属においてアブラナ科フウチョウソウ類からトウダイグサ科への寄主転換が生じたとすれば，ピエリシン様活性が（モンシロチョウ亜族＋ミヤマシロチョウ亜族）と *Catophaga* 亜属で平行的に獲得された仮説も十分あり得るのではないかと考えられる．現在ピエリシンと寄主植物の毒性との関係は明らかになっていないが，トウダイグサ科にも細胞障害性を持つリシンやレクチンなどが含まれており，何らかの関係があるように思えてならない．

結び

トガリシロチョウ亜族はトガリシロチョウ属のほか，*Aoa* 属，*Saletara* 属などで構成される．また，トガリシロチョウ属は約40種で構成され，7種群あるいは5亜属に分類されているが，それらのうち2種群についてしかピエリシン様活性は調査されていない．今後は，ピエリシンの生物学的意義について考察をおこなうためにも，特にトガリシロチョウ属の系統関係を明らかにするとともに，ピエリシン様活性の分布についてさらに解明する必要があると考えられる．

謝辞

ピエリシン研究の研究に関していつも暖かくご指導いただいている国立がんセンター研究所所長の若林敬二先生，ならびに先生の研究グループのメンバーで最近出版された論文（Matsumoto *et al.*, 2008）の執筆者の方々，とくにお世話になった中野さん，松本さんに深く御礼申し上げる．

註1（211頁）本章は「昆虫と自然」Vol.44, No.10（2009）pp.20-23を再録し，一部を改変したものである．

註2（211頁）火傷など外傷による細胞死はネクローシス（necrosis, 壊死）という．これに対し，アポトーシスはプログラム細胞死とも呼ばれ，細胞膜や細胞小器官などは正常な形態を保ちつつも，核内のクロマチンが凝集し，細胞全体が萎縮かつ断片化してアポトーシス小体を形成して細胞死にいたる．手足等の肢芽発生や，節足動物の変態などの過程で普通に見られる現象である．

〔引用文献〕

Braby MF, Viar R, Pierce NE (2006) *Zoological Journal of the Linnean Society*, 147: 239-275.

Ehrlich PR (1958) The comparative morphology, phylogeny and higher classification of the butterflies (Lepidoptera: Papilionidae). *The University of Kansas Science Bulletin*, 39: 305-370.

五十嵐邁・福田晴夫 (1998-2000) アジア産蝶類生活史図鑑（Ⅰ・Ⅱ）. 東海大学出版会，東京.

Koyama K, Wakabayashi K, Masutani M, Koiwai K, Watanabe M, Yamazaki S, Kono T, Miki K, Sugimura T (1996) *Jpn J Cancer Res*, 87: 1259-1262.

Matsumoto Y, Nakano T, Yamamoto M, Matsushima-Hibiya Y, Odagiri K, Yata O, Koyama K, Sugimura T, Wakabayashi K (2008) Distribution of cytotoxic and DNA ADP-ribosylating activity in crude extracts from butterflies among the family Pieridae. *Proc. Nat. Acad. Sci*, 105(7): 2516-2520.

Matsushima-Hibiya Y, Watanabe M, Hidari K I, Miyamoto D, Suzuki Y, Kasama T, Kanazawa T, Koyama K, Sugimura T, Wakabayashi K (2003) *J Biol Chem*, 278: 9972-9978.

Nakano T, Matsushima-Hibiya Y, Yamamoto M, Enomoto S, Matsumoto Y, Totsuka Y, Watanabe M, Sugimura T, Wakabayashi K (2006) Purification and molecular cloning of a DNA ADP-ribosylating protein, CARP-1, from the edible clam Meretrix lamarckii. *Proc Natl Acad Sci USA*, 103: 13652-13657.

杉村隆・小山恒太郎・渡辺雅彦・日比谷優子・金澤卓・高村岳樹・若林啓二 (2002) がんの研究からチョウのDNAへ—モンシロチョウの仲間にある細胞を殺すペプチドヒエリシンとその遺伝子の謎. 蝶類DNA研究会ニュースレター，(9): 1-8.

Takamura-Enya T, Watanabe M, Totsuka Y, Kanazawa T, Matsushima-Hibiya Y, Koyama K, Sugimura T, Wakabayashi K (2001) *Proc Natl Acad Sci USA*, 98: 12414-12419.

Watanabe M, Kono T, Koyama K, Sugimura T, Wakabayashi K (1998) *Jpn J Cancer Res*, 89: 556-561.

Watanabe M, Kono T, Matsushima-Hibiya Y, Kanazawa T, Nishisaka N, Kishimoto T, Koyama K, Sugimura T, Wakabayashi K (1999) *Proc Natl Acad Sci USA*, 96: 10608-10613.

Watanabe M, Nakano T, Shiotani B, Matsushima-Hibiya Y, Kiuchi M, Yukuhiro F, Kanazawa T, Koyama K, Sugimura T, Wakabayashi K (2004) *Comp Biochem Physiol A Mol Integr Physiol*, 139: 125-131.

（小田切顕一）

V．インベントリー調査とネットワークなど

1 サバ州タビンのチョウ相 (註1)

　ボルネオ島は生物多様性の点においてホットスポットとして，世界でもっとも注目を集める地域のひとつであり，チョウ類相も際立って富んでいる。サバ州のチョウ類の多様性は，主に高標高の山岳地を含む，キナバル地域等で詳細な調査が行われてきており，わが国の研究者も多大な貢献をなしてきた（関康夫，高波雄介，丸山清，大塚一寿；大塚，1988）。他方，低標高地においては，原生の熱帯多雨林などが保持されている森林地帯においても，未調査地域が多数残されており，早急な調査が必要とされている。

　日本（北海道から沖縄県までの全都道府県）には，237種のチョウが土着する。ボルネオ島には日本の4倍に近い936種のチョウの生息が知られているが，サバ州のチョウ相調査は，主に東南アジアの最高峰キナバル山を中心とする高標高の地域で行われてきた。今回取り上げたサバ州タビン地域の低地熱帯多雨林のチョウ相は比較的近年まで知られていなかったが，現在317種のチョウの生息が確認されている。

　筆者の所属する兵庫県立人と自然の博物館は，1997年にマレーシア国立サバ大学と国際学術交流協定を締結し，協定実現の一環としてサバ州内各地での各種生物相のインベントリー調査等に協力してきた。本章ではサバ州内に残された未開の原生林地帯のひとつである，タビン野生生物保護区を中心に，サバ大学熱帯生物学研究所と共同で行ってきた，チョウ類相調査の結果の一部を紹介する。

タビン野生生物保護区

　タビン野生生物保護区は，東マレーシア北ボルネオの東端に位置する（図1）マレーシア国立の保護区である。ボルネオ島は熱帯原生林に覆われていたが，近年急速に，森林伐採が広範囲に進められている。原生林が伐採された後は，以前はゴムの，現在は主にアブラヤシ林のプランテーションに取って代わられており，自然林の再生は困難な状況である。

　しかし，時により，伐採後放置された林分に良好な二次林が発達している

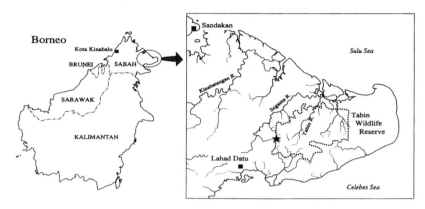

図1　タビン野生生物保護区の位置

状況も見られることもあり，そのようなところはチョウ類の採集や観察に，好適な環境となっているところもある．しかし，基本的には，このような自然改変が進められた結果，そこにすむ各種生物が生息場所を失い，生存の危機に直面している状況も普通に見られる．大型の動物ではスマトラサイ，アジアゾウ，オランウータンをはじめとする各種霊長類などが絶滅の危機に瀕しつつあることはよく知られた事実である．

他方，昆虫類に関しては耳目を集めることは少なく，ボルネオ島に生息する大型昆虫の分布の実体すら知られたものはごく少ない．ここでは，比較的に調査の進んでいるチョウ類相を紹介してみたい．

タビン野生生物保護区のチョウ相

サバ州のチョウ相調査は，東南アジアの最高峰キナバル山を中心とする高標高の地域で行われることが多かった．他方，低標高の地域でのチョウ相調査は，比較的に置き去りにされてきた嫌いがある．ところが次に示す様に，北ボルネオの東部に残された，低地熱帯多雨林地域（タビン野生生物保護区中心）での生物相調査が近年，数次にわたって実施され，北ボルネオの低地のチョウ相も次第に明らかにされてきた．

- Fatima（1989）：タビン野生生物保護区内のアブラヤシ林。26種。
- Fairus *et al.*（1999）：タビン野生生物保護区（コアエリア中心，主に原生林）。242種。
- Nakanishi *et al.*（2001）：タビン野生生物保護区（Headquarter中心，二次林中心・一部原生林）。136種。
- Fairus *et al.*（2003）：タビン野生生物保護区。それまでに公表された記録の整理統合，310種。
- Nakanishi *et al.*（2005）：タビン野生生物保護区（セガマ河下流域）。新たに記録される7種を含む55種。

　タビンは北ボルネオ東南部の，デント半島の中心に位置し，サバ野生生物局の管轄におかれた生物保護区（約1,225km^2）である（図1）。この地を中心とする地域のチョウ類相調査は，Fatima（1989）に始まる。この調査はアブラヤシ林内という特殊な環境で行われたため，極端に貧弱なチョウ相が示された。1999年以後は，サバ大学熱帯生物学研究所が中心となったインベントリー調査が行われてきた。筆者らはこれに兵庫県立人と自然の博物館から随時参加し，昆虫相や植物相解明に協力してきた。チョウ類では2003年にそれまでの調査の全体をまとめた結果，310種が数え上げられた。2005年には，2003年に実施されたSegama河下流域での調査で新たにタビン地域から7種の未記録のチョウを見出したので記録した。その結果タビン地域から総計317種のチョウが記録された。これは，キナバル（625種），ベラロング（325種）に次ぐボルネオ第3位の多種産地の記録となる。
　ただし，セセリチョウ科とシジミチョウ科の調査が未だ不十分であるため，この2科の未記録種が多数見つかる可能性が十分あり，ベラロングを追い越すことは確実と思われる。

タビン野生生物保護区のチョウ類

　タビンには，チョウの全科で，140属，317種が記録されたが，それらは表1に示すとおりである。
　タビン地域には，ボルネオ全体のチョウと比べて属で53.4％，種で33.9％が生息している。アゲハチョウ科，シロチョウ科，タテハチョウ科（マダラ

表1　タビン野生生物保護区のチョウ類の分類

	全ボルネオ産チョウ類		タビン産チョウ類		全ボルネオ産チョウ類に対するタビン産チョウの割合	
	属数	種数	属数	種数	属数	種数
アゲハチョウ科	9	44	7	27	77.8	61.4
シロチョウ科	14	42	13	30	92.8	71.4
タテハチョウ科	75	242	60	137	80.0	56.6
シジミチョウ科	104	394	32	79	30.8	20.1
セセリチョウ科	60	214	28	44	46.7	20.6
総計	262	936	140	317	53.4	33.9

チョウ，ジャノメチョウ，ワモンチョウ，タテハチョウを含む）の3科は種レベル，属レベルのいずれでも大変高い値が示されている。すなわち，相当調査精度が高く，これらの3科ではこれ以上未記録の属，種が見出される可能性は低いと思われる。

これに比べシジミチョウ科とセセリチョウ科は種数，属数とも発見されたチョウは少ない。これはこの二つの科のチョウの種・属数が少ないと言うことではなく，体が小さく，動きが早いという特徴のため，他の3科に比べて捕らえられることが少ないという事を反映していると考えられる。

ボルネオのチョウ類の分布パターン

ボルネオのチョウ類をもっとも精力的に調査した大塚一寿は，936種を記録し，それらの分布に14のパターンを見出し，各パターンにそれらの種を当てはめた（大塚，1996）。

大塚のまとめた分布パターンと，各パターンに属する種は次の全ボルネオに分布するチョウに示した通りである。タビンに分布するチョウの種数を併記した（表2）。

シジミチョウ科とセセリチョウ科を除くチョウ194種をこの分布パターン

にあてはめて，タビンのチョウ相の特徴を拾い出してみよう。
① タビンのチョウ相の第一の特徴は，全ボルネオ産チョウ類に比して，約3分の1のチョウが分布していることである。すなわち低地熱帯のチョウ類の多様性が如実に示されている。
② テングチョウ科を除く全9科でボルネオ固有種が見られる。ボルネオ全体のチョウ類の10％（94種）が特産種であるが，タビンに産する特産種はシロチョウ科の*Ixias undatus*，マダラチョウ科の*Euploea crameri*，ジャノメチョウ科の*Mycalesis kina*と*Mycalesis amoena*の3科4種にすぎない。ボルネオ島全体のチョウの種多様性の高さが，多数の特産種を擁するという顕著な特徴に裏打ちされているが，タビンの種多様性の高さは，固有種の存在

表2　ボルネオのチョウ類の分布パターン

	全ボルネオに分布するチョウと分布パターン（大塚，1996）		タビンに分布するチョウと分布パターン
1. 超オリエンタル　パターン　主な分布は，ユーラシア大陸の東南，東南アジア島嶼，ニューギニアからオーストラリアなど。	61種	6.9％	19種
2. 汎オリエンタル　パターン	125種	13.4％	32種
3. オリエンタル　パターン	107種	11.6％	25種
4. 赤道　パターン	21種	2.4％	7種
5. ワレーシア　パターン	6種	0.6％	1種
6. フィリピン　パターン	14種	1.4％	1種
7. スンダランド　パターン	150種	16％	48種
8. スンダ フィリピン　パターン	66種	7.1％	10種
9. スンダ ワレーシア　パターン	18種	2.0％	4種
10. ネオ マラヤ　パターン	170種	18.3％	26種
11. パラ マラヤ　パターン	15種	1.6％	3種
12. マラヤ　パターン	58種	5.9％	4種
13. エンデミック　パターン	94種	10.0％	4種
14. その他，上記パターンのいずれにも当てはまらない。	6種	0.6％	

以外の別の要因を見出す必要がある。
③タビン産チョウ317種のうち，シジミチョウ科とセセリチョウ科は調査不十分であり，今後集中的にシジミチョウ科とセセリチョウ科の2科を調査する必要があり，これらが明らかになった時点でボルネオ島の低標高地のチョウ相の特徴を改めて検討したいものである。

註1（220頁）本章は「昆虫と自然」Vol.41 No.1（2006）pp.15-18.を再録し，一部を改変したものである。

〔引用文献〕

Fairus M *et al*. (2000) Updates and Revisional Notes on the Butterflies of Tabin Wildlife Reserve. *Tabin Limestone Scientific Expeditionn 2000*. University Malaysia Sabah Kota Kinabalu.

Fairus MJ, Nakanishi A, Mohamed M, Titol PM, Yagi T, Saigusa T, Nordin W (1999) The Butterflies (Lepidoptera: Rhopalocera) of Tabin Wildlife Reserve, Sabah, Malaysia. In Maryati M, Bernard H, Sofian AB, Matsunaga R (eds). *Lower Segama Scientific Expedition, Kota Kinabalu*: Univ. Malaysia Sabah, pp. 5-15.

Fatima A (1989) A survey of butterflies of Tabin Wildlife Reserve, Sabah. *Sabah Museum Monograph* 3 (1989): 104-108.

Nakanishi A, Saigusa T, Hashimoto Y, Mohamed M, Jalil MF (2001) The Butterflies (Lepidoptera: Rhopalocera) of Tabin Wildlife Reserve, Sabah, Malaysia, II. *Nature and Human Activities*, 6: 67-73.

Nakanishi A, Yago M, Maryati M, (2005/2006) List of Butterflies collected in Lower Segama Region. In Maryati M, Bernard H, Sofian AB, Matsunaga R (eds). *Lower Segama Scientific Expedition, Kota Kinabalu*: Univ. Malaysia Sabah, pp. 5-15.

大塚一寿 (1988) ボルネオの蝶. 第1巻. 164pp.+80pls., 飛鳥建設, 東京.

大塚一寿 (1991) Bornean Butterflies Examined Through Distribution. (分布からみたボルネオの蝶). 学校法人井之頭学園研究紀要, (12), 1996.

大塚一寿 (1996) Bornean Butterflies Examined Through Distibution "分布からみたボルネオの蝶" 藤村女子中学・高等学校研究紀要第12号: 21-52, 20図版

（中西明徳・Mariatti Mohamed）

2 ボルネオにおける森林劣化に伴うチョウ類多様性の変化

　東南アジアの熱帯雨林地帯の中心部に位置するボルネオ島にはきわめて多様な種類のチョウが生息している。ボルネオのチョウ類多様性は，他の生物群の多様性と同様に，残存する熱帯雨林によって支えられていると考えられている。しかし，近年，人為的撹乱による森林の減少・劣化がボルネオの熱帯雨林にもおよび，チョウの多様性を減少させているのではないかと懸念されている。そうした動向に対して，ボルネオにおいては10年ほど前から，森林の減少・劣化がチョウの多様性におよぼす影響を明らかにしようとする研究がいくつか行われてきた。本章では，それらの研究を紹介し，チョウ類多様性の保全にとって熱帯雨林の保全がどのような意味をもつのか，この問題に関連して今後どのような研究がなされるべきなのかについて議論する。

ボルネオ産チョウ類の種多様性

　ボルネオ島からは，930種を超えるチョウが記録されている（大塚，1988；関ほか，1991）。日本において生息が確認されているチョウは迷蝶を除くとほぼ300種程度になる（白水，2006）ので，ボルネオには日本の約3倍の種類のチョウが生息していることになる。日本の国土が亜寒帯から亜熱帯まで幅広い気候帯にまたがって散らばるたくさんの島々から成り立っていることを考えると，ボルネオ島の面積が日本の国土面積の約2倍であることを割り引いても，この「3倍」という数字はきわめて大きい。他の多くの生物群と同様，チョウ類も熱帯には温帯よりはるかに多くの種類が生息していると考えられる。

　ボルネオのほぼ全域が熱帯雨林気候に属しているものの，標高をはじめとする地勢的特性は島内の地域によって異なっており，それらの違いは気候条件の地域間変異（蔵治・市栄，2006；五名・蔵治，2006）をもたらしているだろう。また，地史的な背景も島内の地域で多少は異なっていると考えられる。こうした，地域による環境条件や歴史的条件の違いが，地域間のチョウ類相の違いをもたらし，その結果として，ボルネオ全体でのチョウ類の多様

性が高くなっている可能性も考えられる。しかし，ごく狭い範囲の場所で行われたいくつかのチョウ類を対象としたインベントリー研究の成果をみると，チョウの行動圏に相当するような"狭い"面積の範囲においても，ボルネオの熱帯雨林域では温帯域をはじめとする他の地域に比べてはるかにたくさんの種類のチョウが生息していることがわかる。たとえば，Häuser et al. (1997) によればキナバル国立公園で記録されているチョウは625種にのぼる。約700km^{2}というやや広めの面積があり，4,000mに達するキナバル山の斜面に沿った植生の垂直変異が種数の多さに大きく貢献していると考えられるが，そうしたことを考慮しても，狭い地域に見られるチョウの種数としてはきわめて多い。さらに，ボルネオ内のもっと狭い面積範囲の熱帯雨林でなされた三つの研究は，ごく"狭い"空間においても，熱帯雨林地域では温帯域に比べてはるかに多様なチョウ類が生息していることを示している。ブルネイのバトゥ・アポイ保護林，サラワクのムル国立公園，筆者らが調査地をおくサラワクのランビル国立公園の各地で行われたインベントリー研究によって，それぞれ342種（Orr & Häuser, 1996），276種（Holloway, 1984），347種（Itioka et al., 2009）のチョウの生息が確認されている（ランビルにおいては，その後の筆者らの調査で370種以上のチョウ類の生息が確認されている；口絵⑭BC）。これら三つの研究はいずれもキナバル山での研究よりずっと狭い範囲で行われ（ランビルの調査地点は熱帯低地林地帯に成立する原生林とその周辺の二次林に限られており，調査対象面積はせいぜい1km^{2}程度である；口絵⑭A，図1），調査地内では標高差も小さ

図1 サラワク州ランビル国立公園の原生林における調査

中央付近にみえる矢印で示した物体はクレーンにつるされた観察用ゴンドラ（樹冠部に生活する昆虫の調査中）。

く気候条件の変異もきわめて小さいと考えられる。このように，ボルネオでは，原生状態で保たれた熱帯雨林（以下，この状態の熱帯雨林を原生熱帯雨林と呼ぶ）の"狭い"空間のなかに，きわめて種多様性の高いチョウ類群集が成立していると考えられる。

チョウの多様性を支える原生林

　地球上に現存する全生物種の50～80％の種が熱帯雨林に生息しており，その大部分が昆虫類を中心とする節足動物によって占められていると推定されている（Wilson, 1992）。熱帯雨林のなかでも，ボルネオ・スマトラ・ジャワ・マレー半島などを含む東南アジア熱帯の中心部の標高500m以下の低地に分布する，熱帯低地林と区分される森林は，世界中の熱帯雨林のなかでももっとも背の高い林冠をもち，もっとも多様な樹種を擁すると言われている（Whitmore, 1998）。筆者らが調査拠点をおく，サラワクのランビル国立公園は，人為的な活動による撹乱・劣化の程度がごく小さい原生熱帯低地林によって大部分を覆われており，植物の種多様性がきわめて高いことが報告されている（Ashton, 2005）。先に述べたバトゥ・アポイやムルにも熱帯低地林が広がっている。熱帯低地林では，多様性に富んだ植物相が多くのチョウ種の幼虫の寄主植物を供給し，また，背の高い林冠が内部に複雑な林冠構造を発達させて多様なチョウ種の成虫の採餌・捕食回避場所を提供するであろう（図2）。原生熱帯雨林が広がる場所では，このようなしくみによっ

図2　エビアシシジミ属のチョウの幼虫はアブラムシやカイガラムシなどのカメムシ目昆虫を餌としていることが知られている
　アシナガキアリが随伴するアブラムシの集団に接近するエビアシシジミ*Allotinus* sp.の成虫（ランビル・ヒルズ国立公園にて，2006年9月2日）。

てチョウ類の高い多様性が保たれていると考えられる。

環境変動に対する指標としてのチョウ類

　チョウ類のみならず，熱帯域以外で適応放散や種分化が進んだ生物群を除けば，ほとんどの生物群において，種の多様性は原生熱帯雨林で格段に高くなっている。しかし，原生熱帯雨林の存在が生物多様性の維持にどの程度寄与しているのか，原生熱帯林の面積・空間分布と生物多様性の関係はどうなっているのか，あるいは，原生熱帯雨林に対する人為的な改変の程度に応じて多様性がどれほど低下するのかを的確に知ることはとても難しい。なぜなら，熱帯では生物多様性が高すぎるからである。熱帯雨林の喪失・劣化が多様性に与える効果を明確に把握するためには，原生熱帯雨林と人為的撹乱を受けて原生林ではなくなった森林あるいは別の植生域との間で，それぞれの場所で同じ方法で無作為に採集された生物のサンプルの多様性を比較するという方法が普通採用される。あまりに複雑で多様な全生物群集から，一部を取り出して比較するという方法である。しかし，熱帯雨林域の調査においては，サンプルであっても多様性がきわめて高くなってしまうことが多く，その処理に膨大な労力を要することがしばしばである。熱帯雨林域，特に原生熱帯雨林に生息する生物には未記載種も多数占められており，同定が困難な分類群も多い。このように，熱帯雨林地域においては，統計的に意味のある量の調査サンプルを限られた時間内に採取し，そのサンプルを同定することに多大な時間を要するので，正確な生物多様性調査を行うことがとても困難になってしまうのである（Lawton et al., 1998）。また，原生熱帯雨林では，個体密度の極端に少ない種類が大多数を占めていることが多いため，調査対象面積や調査時間などの調査努力が不足していると，原生熱帯雨林の種数が過少に評価され，劣化した森林や二次林との差が検出されにくくなってしまうおそれもある。そこで，調査と同定が比較的容易な分類群に対象を絞ることで調査効率を上げ，調査努力を増やす方法がとられる。そして，その分類群を生物全体の代表（指標）と見なし，環境変化に対する生物群集全体の反応を指標分類群が示す反応から推定するという方法がしばしば用いられる（Cleary, 2004）。

　チョウ類は，日中に飛翔活動するものが多く，同定が比較的容易であり

（特にボルネオでは大塚（1988）と関ほか（1991）によってボルネオのチョウ類の同定は特に容易になっている），簡単な野外調査法によってある程度定量的なデータを集めることができるので，森林の劣化に対する生物多様性の変化を推定するための指標分類群として調査対象となることが多い。ボルネオでは，ここ10年ほどの間に，チョウ類をはじめとするいくつかの昆虫類を指標分類群として，森林劣化が生物多様性に与える影響を明らかにしようとする研究が多数行われてきた。以下に，それらのうち，チョウを対象としてなされた研究を紹介する。

エルニーニョによる乾燥がもたらすチョウ類群集の変動

　年中安定した高温多湿・多雨という気象条件が熱帯雨林を育む。特に，東南アジアの熱帯雨林地帯は，海洋の割合が大きいので，多湿・多雨状態がよく保たれている。しかし，太平洋地域の全体の気象を大きく変えるエルニーニョ現象（ENSO）が発生すると，ボルネオ島の大部分では，降雨量が減少して乾燥が顕著になる。この現象は数年に一度，不定期に発生するが，1997年から1998年にかけて発生したものは，数十年に一度の確率でしか発生しないといわれるほど強烈な乾燥を東南アジア一帯にもたらし，枯死する樹木の数，山火事の発生数・延焼面積を著しく増加させ，樹木の生理状態の変化を通じて植食性昆虫の量にまで影響を与えた（Nakagawa et al., 2000; Itioka & Yamauti, 2004; Kishimoto-Yamada & Itioka, 2008）。

　この1997年の「大乾燥」によってボルネオのチョウ類群集も大きな影響を受けたことが数々の研究によって明らかにされている（Cleary & Genner, 2004; Cleary & Mooers, 2006; Charrette et al., 2006）。局所的な生息地に着目すると，大乾燥は種数の一時的な激減をもたらし，いくつかの種は数年間にわたって姿を消した。乾燥時に山火事が発生した場合は，チョウの多様性の減少がより深刻なものになった。チョウ種が局所的に消滅した直接の原因は，森林内に生息しているそれらのチョウ種の寄主植物の存在量が大乾燥によって著しく減少したことにあると推定されている（Cleary et al., 2006）。乾燥があたえる影響の程度は，チョウ種間で異なっているらしい。分布域の狭い種，ボルネオ固有種，狭食性種は，それぞれ，広域分布種，ボルネオ以外にも分布域をもつ種，広食性種に比べて乾燥の影響をより強く受け，乾燥終了後の

局所個体群の回復も遅いことが示されている。また，残存林での調査から，隣接する"広い"保護林からの距離が短いほど，局所個体群がより速やかに復活する傾向も示された。同じような傾向は，エルニーニョによる撹乱のほか，山火事や他の人為的な撹乱が発生した場合にも認められている（Cleary & Genner, 2006; Hirowatari et al., 2007）。

択伐によるチョウ類多様性の変化

原生熱帯雨林がもつ豊かな生物多様性を大幅に損なうことなく，影響を最小限にして，森林の利用・開発を進めるための方策がいくつか考えられている。その一つが，択伐あるいは影響低減伐採法（Reduced impact logging, 略してRIL）による森林管理および木材採取の方法である（Putz et al., 2008）。これらの方法では，森林全体の空間構造や種構成をできる限り変更することなく長期的に保全し，特に採算性の高い樹種を中心とする一部の樹木だけを伐り出して利益をあげることを目標としている。特にRILでは，森林生態系や生物群集の多様性への悪影響を可能な限り減らしつつ，持続的な木材生産がなされるように，伐採後の木材の搬出法や，伐採対象とする樹種・樹木サイズの選定についても十分な考慮が払われ，一部の樹木個体だけが計画的に伐採される。しかし，どのようなRILであれば，生物多様性がどの程度保たれるのかについて，野外で定量的，実証的に検証されなければ意味がない。これまでに考案されてきた生物多様性の保全効果を意識した森林管理法が実際にどれほど生物多様性に悪影響を与えているのかについて明らかにするために，チョウ類群集の多様性を，択伐林（RILによるものを含む）と原生林との間で比較しようとする試みが，東南アジアの各国，特にボルネオを中心にしてなされてきた（Koh, 2007）。

これまでになされた調査の結果をまとめてみると，択伐・RILがチョウ類多様性に与える影響は単純ではないことがわかる。というのは，択伐林で有意に種多様性が減少したという報告がある（Hill et al., 1995; Dumbrell & Hill, 2005; Hamer et al., 2005）一方で，有意な差が出ていなかったり明確な違いが示されていなかったりする結果もあり（Beck & Schulze, 2000; Hamer et al., 2003），場合によっては，択伐林の方が多様性が増大する結果も得られている（Willott et al., 2000; Cleary, 2003）からである。このような結果のばらつ

きは，調査場所の環境特性，伐採の強度，調査方法，調査対象となったチョウの分類群の範囲，空間スケール，調査を行った時期などの違いによってもたらされているようである（Basset *et al.*, 1998; Dumbrell & Hill, 2005; Hamer *et al.*, 2005; Koh, 2007）。具体的には，谷沿いか尾根筋かといった調査プロットの局所環境の違い，地上部のみの調査か林冠部も考慮した調査なのかの違い，雨の多い時期なのか乾燥気味の時期なのかという違いなどが結果の如何に強い影響を与えていると推定されている。どのようなチョウ種が択伐の影響を受けやすいのかに着目すると，ENSOが与える影響と同様に，分布域が狭い種は広域分布種よりも，また，狭食性種は広食性種よりも，択伐の影響をより強く受けやすい傾向が認められた。

　ある程度の基準があるとはいえ，「択伐」には場所によって伐採強度にかなりの違いがあり，その違いがチョウ類群集への影響の強さを変えていることも考えられる。また，チョウ類が指標種として好ましいか否かという当然考慮しなければならない問題（Barlow *et al.*, 2007; Fleishman & Murphy, 2009; Sodhi *et al.*, 2009）もあり，択伐による生物多様性の影響をチョウ類の多様性変化だけで推量することに無理があるのかも知れない。

　乾期のある熱帯や温帯では，ある程度撹乱が入った森林の方が原生林よりもチョウの種多様性が増えるという報告が多数見られる。そのような現象を生む背景には，そうした地域では森林への撹乱に適応した種（たとえば草原に適応した種）のチョウ類群集に占める割合が熱帯雨林地域においてより大きいことがあるのかもしれない。温帯あるいは乾期のある熱帯域では，低温や乾燥といった撹乱への適応が生存のためには必要で，そうした適応を示す，特に乾燥耐性が強くなったチョウ種は原生林の喪失・劣化に対する耐性が高くなっていることが推測される。逆に，原生熱帯雨林への依存度がより高いチョウ種は，乾燥をはじめとする撹乱に対してより脆弱であることが予想され，択伐による負の影響もより強調されやすくなっていると考えられる。ここで注意すべきは，チョウ類の多様性の調査によく用いられているトランセクト観察法（Walpole & Sheldon, 1999）では，比較的見通しのよいところを飛翔する傾向の強いチョウ（これらはどちらかというと森林への依存度が低いチョウが多い）が観測されやすいことである。地表近くでの光条件や林冠の閉鎖度などの微小環境が調査場所間で異なっており，その違いに関連して

観測されやすいチョウ種に偏りがあると，択伐の影響をうまく検出できなくなる可能性がある。これが，結果のばらつきの原因かも知れない。末尾で述べるように，調査方法の改善に向けても，今後の研究が必要である。

森林の断片化によるチョウ類多様性の変化

　ボルネオでは，原生熱帯雨林の断片化によるチョウ類の多様性の低下についても研究されている。Benedick et al.（2006）は，断片化の程度が異なる10地点の原生林に生息するチョウ類群集を調査し，断片化した原生林に生息するチョウの種数は，林分サイズが小さいほど，また，断片化していない原生林からの距離が大きくなるほど，少なくなることを示した。この結果は，"島の生物地理学の理論"（MacArthur & Wilson, 1967）から導かれる予測に合致していた。また，断片化の影響を受けることによって局所個体群の絶滅が起こりやすいチョウ種は，食草幅が狭く，ボルネオ島内にしか分布域をもたない種類であった。前述の通り，この傾向は，乾燥や択伐の影響を受けた場合にも認められる傾向であった。一方，断片化した森林に出現するチョウの種類構成は調査地点間で大きく異なっていた。このことから，個々の断片化した森林の多様性は減少しても，景観（landscape）といった広い空間のなかにより多くの断片化した森林を保存することで，景観レベルでのチョウの多様性をある程度維持することができる可能性が示唆された。ボルネオの先住民が長年にわたって営んできた伝統的な土地利用では，焼畑による耕作地と焼畑休閑地のなかに，原生林に近い状態が保たれた小規模な森林を残存させていることが一般的である（市川，2008；市川・祖田，2013）。このような残存林は，断片化した原生熱帯林として，チョウ類多様性の保持に一定程度貢献していると推定される。しかし，まとまった面積の原生熱帯雨林が支えるチョウ類多様性に匹敵するチョウ類多様性を維持するために，景観のなかでどの程度の面積・数の残存林がどのような配置で残される必要があるのかという問題についてはほとんど研究が進んでいない。残存林が果たす景観レベルでのチョウ類多様性維持効果を詳細に解明するには，メタ個体群・メタ群集理論を応用した実証的研究が必要である。

今後の課題

　ボルネオは，東南アジア熱帯の他の地域に比べて森林開発（伐採）の歴史が比較的浅いため，原生熱帯雨林が他の地域よりは残っており，森林劣化が生物多様性に及ぼす影響を実証的に研究するのに適した地域であると言える。実際ここ10年ほどの間に，チョウを含む昆虫を中心とした動物を指標として，原生熱帯雨林の減少・劣化が生物多様性にあたえる影響を定量的に解明しようとする多数の研究がボルネオにおいて行われてきた。ここで紹介したように，チョウ類を用いた研究からもさまざまな知見がもたらされた。

　しかし，まだまだわからないことが山積している。どの地域の，どれだけの面積の原生熱帯雨林が失われたら，どれだけの生物種が消えていくのか。択伐の程度（期間や量，対象樹種とサイズなど）とチョウ類の多様性の減少程度の関係はどうなっているのか。原生熱帯雨林の孤立化がどのようにチョウ類の多様性に影響を与えるのか。数年から数十年の間隔で発生する強い乾燥気象の影響が，森林劣化の影響と複合した場合にどのような影響がもたらされるのか。原生熱帯雨林，とくに原生熱帯低地林が多様なチョウ類群集を支えるうえで大きな役割を果たしていることは間違いないようだが，現時点では，これらの重要な問題に対して定量的で確実な答えを出すことはできない。

　もっと基本的な情報さえほとんど蓄積されていない。まとまった調査が進んだ国立公園や特別保護区は別にして，研究者が入っていない区域でのチョウのインベントリーはほとんど進んでいない。現在，それぞれの種類がどんな分布域をもっていて，どの程度の量が生存しているのか。希少種・固有種が生息していたり，特に多様な種類が集中して生息する"ホットスポット"と呼ばれるような，保全すべき地域がどこなのか。こうした問題を検討するための基礎情報はきわめて乏しい。特定の種に目を向けても，地域ごとの形態・生活史・生態の変異もほとんど調べられていない。地域の変異を細かく見ていくと，隠蔽種もたくさん含まれているに違いない。もちろん，食草選択，天敵や相利共生者などとの生物間相互作用についても，ごく一部の種類を除いてほとんど調べられていない。

　調査方法についての改善も必要である。ここで紹介した研究の多くは，チ

ョウ類の成虫の飛翔を観測する方法によって得られたデータにもとづいて議論が展開されているが，こうした方法にはさまざまな問題点がある。前述のように，大部分が昼行性であるチョウ類の成虫は，飛翔力が強く幼虫が育った場所から遠く離れた場所まで分散する能力をもっている。また，多くのチョウ種の成虫は陽射しがあまりさしこまない原生林より少々人為的撹乱の入った明るい場所を好むという行動特性をもっている。したがって，原生熱帯雨林にしか生息しない植物を寄主として利用し成長するものの，羽化後は原生林を離れて多くの時間を過ごすチョウ種のいることが十分に考えられる。もし，このようなチョウ種が多く含まれる地域において，微小環境の影響を制御せずに，また，さまざまな空間スケールにおける原生熱帯雨林の分布状況を考慮せずに，成虫を対象とした調査方法を漠然と採用していると，原生熱帯雨林がチョウ類の多様性維持に果たす効果を正しく評価できなくなるおそれがある。チョウ類の行動特性を考慮し，微小環境による観測データの歪みを意識し，また原生熱帯雨林からの距離の効果を同時に評価することで，成虫を対象とした従来の調査方法を，チョウ類の多様性変化を観測する手法として活用することができるであろう。

〔引用文献〕

Ashton P (2005) Lambir's forest: The world's most diverse known tree assemblage? In: Roubik DW et al. (eds) *Pollination Ecology and the Rain Forest*: 191-216, Springer, New York.

Barlow J, Gardner TA, Araujo IS, Avila-Pires TC, Bonaldo AB, Costa JE, Esposito MC, Ferreira LV, Hawes J, Hernandez MM, Hoogmoed MS, Leite RN, Lo-Man-Hung NF, Malcolm JR, Martins MB, Mestre LAM, Miranda-Santos R, Nunes-Gutjahr AL, Overal WL, Parry L, Peters SL, Ribeiro-Junior MA, da Silva MNF, Motta CD, Peres CA (2007) Quantifying the biodiversity value of tropical primary, secondary, and plantation forests. *Proceedings of the National Academy of Sciences of the United States of America*, 104: 18555-18560.

Basset Y, Novotny V, Miller SE, Springate ND (1998) Assessing the impact of forest disturbance on tropical invertebrates: some comments. *Journal of Applied Ecology*, 35: 461-466.

Beck J, Schulze CH (2000) Diversity of fruit-feeding butterflies (Nymphalidae) along a gradient of tropical rainforest succession in Borneo with some remarks on the problem of "pseudoreplicates". *Transactions of the Lepidopterological Society of Japan*, 51: 89-98.

Benedick S, Hill JK, Mustaffa N, Chey VK, Maryati M, Searle JB, Schilthuizen M, Hamer KC (2006) Impacts of rain forest fragmentation on butterflies in northern Borneo: species richness, turnover and the value of small fragments. *Journal of Applied Ecology*, 43: 967-977.

Charrette NA, Cleary DFR, Mooers AØ (2006) Range-restricted, specialist Bornean butterflies are less likely to recover from enso-induced disturbance. *Ecology*, 87: 2330-2337.

Cleary DFR (2003) An examination of scale of assessment, logging and ENSO-induced fires on butterfly diversity in Borneo. *Oecologia*, 135: 313-321.

Cleary DFR (2004) Assessing the use of butterflies as indicators of logging in Borneo at three taxonomic levels. *Journal of Economic Entomology*, 97: 429-435.

Cleary DFR, Genner MJ (2004) Changes in rain forest butterfly diversity following major ENSO-induced fires in Borneo. *Global Ecology and Biogeography*, 13: 129-140.

Cleary DFR, Genner MJ (2006) Diversity patterns of Bornean butterfly assemblages. *Biodiversity and Conservation*, 15: 517-538.

Cleary DFR, Mooers AØ (2006) Burning and logging differentially affect endemic vs. widely distributed butterfly species in Borneo. *Diversity and Distributions*, 12: 409-416.

Cleary DFR, Priadjati A, Suryokusumo BK, Menken SBJ (2006) Butterfly, seedling, sapling and tree diversity and composition in a fire-affected Bornean rainforest. *Austral Ecology*, 31: 46-57.

Dumbrell AJ, Hill JK (2005) Impacts of selective logging on canopy and ground assemblages of tropical forest butterflies: Implications for sampling. *Biological Conservation*, 125: 123-131.

Fleishman E, Murphy DD (2009) A realistic assessment of the indicator potential of butterflies and other charismatic taxonomic groups. *Conservation Biology*, 23: 1109-1116.

五名美江・蔵治光一郎 (2006) マレーシア・サラワク州における降水量季節変動の空間分布. 水文・水資源学会誌, 19: 128-138.

Hamer KC, Hill JK, Benedick S, Mustaffa N, Sherratt TN, Maryati M, Chey VK (2003) Ecology of butterflies in natural and selectively logged forests of northern Borneo: the importance of habitat heterogeneity. *Journal of Applied Ecology*, 40: 150-162.

Hamer KC, Hill JK, Mustaffa N, Benedick S, Sherratt TN, Chey VK, Maryati

M (2005) Temporal variation in abundance and diversity of butterflies in Bornean rain forests: opposite impacts of logging recorded in different seasons. *Journal of Tropical Ecology*, 21: 417-425.

Häuser CL, Schulze CH, Fiedler K (1997) The butterfly species (Insecta : Lepidoptera : Rhopalocera) of Kinabalu Park, Sabah. *Raffles Bulletin of Zoology*, 45: 281-304.

Hill JK, Hamer KC, Lace LA, Banham WMT (1995) Effects of selective logging on tropical forest butterflies on Buru, Indonesia. *Journal of Applied Ecology*, 32: 754-760.

Hirowatari T, Makihara H, Sugiarto (2007) Effects of fires on butterfly assemblages in lowland dipterocarp forest in East Kalimantan. *Entomological Science*, 10: 113-127.

Holloway JD (1984) Notes on the butterflies of the Genung Mulu National Park. Part II. *Sarawak Museum Journal*, 30 Specical Issue 2: 89-131.

市川昌広 (2008) うつろいゆくサラワクの森の100年：多様な資源利用の単純化．東南アジアの森に何が起こっているか：熱帯雨林とモンスーン林からの報告（秋道智彌・市川昌広編）：45-64，人文書院，京都．

市川昌広・祖田亮次 (2013) ボルネオの里と先住民の知．ボルネオの＜里＞の環境学：変貌する熱帯林と先住民の知（市川昌広ほか 編）：1-24，昭和堂，京都．

Itioka T, Yamamoto T, Tzuchiya T, Okubo T, Yago M, Seki Y, Ohshima Y, Katsuyama R, Chiba H, Yata O (2009) Butterflies collected in and around Lambir Hills National Park, Sarawak, Malaysia in Borneo. *Contributions from the Biological Laboratory Kyoto University*, 30: 25-68.

Itioka T, Yamauti M (2004) Severe drought, leafing phenology, leaf damage and lepidopteran abundance in the canopy of a Bornean aseasonal tropical rain forest. *Journal of Tropical Ecology*, 20: 479-482.

Kishimoto-Yamada K, Itioka T (2008) Consequences of a severe drought associated with an El Niño-Southern Oscillation on a light-attracted leaf-beetle (Coleoptera, Chrysomelidae) assemblage in Borneo. *Journal of Tropical Ecology*, 24: 229-233.

Koh LP (2007) Impacts of land use change on South-east Asian forest butterflies: a review. *Journal of Applied Ecology*, 44: 703-713.

蔵治光一郎・市栄智明 (2006) 北ボルネオにおける一般気象の季節変動．水文・水資源学会誌，19: 95-107．

Lawton JH, Bignell DE, Bolton B, Bloemers GF, Eggleton P, Hammond PM, Hodda M, Holt RD, Larsen TB, Mawdsley NA, Stork NE, Srivastava DS,

Watt AD (1998) Biodiversity inventories, indicator taxa and effects of habitat modification in tropical forest. *Nature*, 391: 72-76.

MacArthur RH, Wilson EO (1967) *The Theory of Island Biogeography*. Princeton University Press, Princeton.

Nakagawa M, Tanaka K, Nakashizuka T, Okubo T, Kato T, Maeda T, Sato K, Miguchi H, Nagamasu H, Ogino K, Teo S, Hamid AA, Seng LH (2000) Impact of severe drought associated with the 1997-1998 El Niño in a tropical forest in Sarawak. *Journal of Tropical Ecology*, 16: 355-367.

Orr AG, Häuser CL (1996) Kuala Belalong, Brunei: a hotspot of old world butterfly diversity. *Tropical Lepidoptera*, 7: 1-12.

大塚一壽 (1988) ボルネオの蝶, 第1巻. 飛島建設, 東京.

Putz FE, Sist P, Fredericksen T, Dykstra D (2008) Reduced-impact logging: challenges and opportunities. *Forest Ecology and Management*, 256: 1427-1433.

関康夫・高波雄介・丸山清 (1991) ボルネオの蝶, 第2巻. 飛島建設, 東京.

白水隆 (2006) 日本産蝶類標準図鑑. 学習研究社, 東京.

Sodhi NS, Lee TM, Koh LP, Brook BW (2009) A meta-analysis of the impact of anthropogenic forest disturbance on Southeast Asia's biotas. *Biotropica*, 41: 103-109.

Walpole MJ, Sheldon IR (1999) Sampling butterflies in tropical rainforest: an evaluation of a transect walk method. *Biological Conservation*, 87: 85-91.

Whitmore TC (1998) *An Introduction to Tropical Rain Forests. Second Edition*. Oxford University Press, Oxford.

Willott SJ, Lim DC, Compton SG, Sutton SL (2000) Effects of selective logging on the butterflies of a Bornean rainforest. *Conservation Biology*, 14: 1055-1065.

Wilson EO (1992) *The Diversity of Life*. The Belknap Press of Harvard University Press, Cambridge.

（市岡孝朗）

3 日本におけるチョウ目コレクション画像データベースの構築

画像データベースへの道のり

　日本では，これまで熱帯アジアを含むさまざまな国や地域の研究者と連携したさまざまな昆虫学の研究プロジェクトが行われてきた。その成果として，充実した昆虫標本コレクションが各地の博物館や大学に保存されている。チョウ目もその例外ではなく，学術研究に用いた標本や，個人から寄贈された標本などにより，全体として非常に大きなコレクションが存在する。これらのコレクションは，分類学をはじめとする日本の昆虫学の発展に寄与してきた。多くの新種が記載され，場合によってはそれらの標本や知見をもとにした図鑑や解説書も刊行されている。

　こうした膨大なコレクションの標本1個体ごとの情報，とりわけ写真など画像を含む情報は，その種の個体変異や分布域を把握する情報源として非常に有用である。しかし，これまでは，印刷物という制限のため，標本の個体情報（種名・採集地点・採集者・写真など）は，その一部が論文や図鑑などの形で公開されているにすぎなかった。その理由として，紙面には限界があり，個体変異を数多く掲載する印刷物の作成は難しいこと，掲載情報が膨大だと必要な情報が埋もれてしまい探し出すのが大変なことが挙げられる。

　このような課題は，昨今の情報技術の発展により解消されつつある。特に，データベースやインターネットなどの技術は，膨大なデータを保存するだけでなく，世界レベルで共有し利用することまでも可能にした（神保，2008）。現在では，このような技術を背景に，膨大な生物多様性に関する情報の探索，管理，解析，解釈を目的とした分野である「生物多様性情報学」が成立している（Soberón & Peterson, 2004；神保，2012）。実際，この分野の国際プロジェクトである「地球規模生物多様性情報機構（Global Biodiversity Information Facility: GBIF）」は世界規模で標本情報をはじめとする生物多様性情報を共有するための情報基盤構築を目的として2001年に発足しており，現在までに世界各地から集約された4億4千万件（2014年6月現在）の標本や観察情報がGBIFポータル[注1]から自由に参照できるようになっている。日本では，国

立科学博物館，国立遺伝学研究所，東京大学大学院総合文化研究科が活動母体となるGBIF日本ノード（JBIF）によって，国内の博物館・大学など研究機関の標本情報を中心とした分布情報を収集しており（菅原，2007），現在までに，430万件以上の情報が発信されている[注2]。このように生物多様性情報学の成果として，種に関する情報やその情報公開基盤は実用段階に達しており，さまざまな生物多様性情報が研究や多様性保全を中心に利用されるようになってきている。

　チョウ目はチョウを中心に非常にポピュラーなグループである。そのため，研究者，愛好者だけでなく，自然観察会や市民参加型の観察プロジェクト，保全政策関係者まで，さまざまな人が関心を持っているほか，国際的な生物多様性観測プロジェクトであるGEO BON[注3]においても，陸域の多様性モニタリングの対象候補とされている（GEO BON, 2010）。そのため，このようなニーズに応え，質の高いデータの集約と公開，さまざまな形での活用が期待されてきている。しかし，前述したようにチョウ目の標本コレクション自体は充実しているが，その情報の電子化と公開は，一部が論文や収蔵品目録などの印刷物で公開されているだけで，データベースとして集約・公開されているものは非常に少なかった。そのため，膨大な標本情報を活用できないのが従来の状況であった。これらの情報を，データベース化し，GBIFのような世界的な生物多様性情報の情報基盤を用いて公開することで，標本情報の活用が一気に進むと考えられる。

　このような背景をもとに，日本を中心としたアジア地域の重要なチョウ目のコレクション情報を電子化し，標本画像とともにデータベース化するプロジェクト（通称「LepImages」：チョウ目「Lepidoptera」と画像「image」を組み合わせた造語）を立ち上げた（神保ほか，2009）。本章では，本プロジェクトの概要，データの活用方法，そしてプロジェクトの今後について，一般的な生物多様性データベースの話にも触れつつ紹介したい。

LepImagesの概要

　LepImagesは，科学技術振興機構（JST）による生物多様性データベース構築課題の一つであり，日本国内に保管されている標本の写真とラベル情報をデータベース化しインターネット経由で公開することで，日本のチョウ目コ

レクションの情報を広く利用可能にすることを目的としたものである。本プロジェクトでは，情報提供機関として，農業環境技術研究所農業環境インベントリーセンター，大阪府立大学大学院生命環境科学研究科，兵庫県立人と自然の博物館，北九州市立自然史・歴史博物館，九州大学大学院比較社会文化研究院が参加しており，これらの機関からの情報の集約と公開はGBIF日本ノードの東京大学大学院総合文化研究科が担当した。

　本プロジェクトで収集された情報は，標本情報（標本番号，種名，採集地点，採集者，採集日，タイプ標本など）および，標本画像（表面，裏面），ラベル画像である。標本情報および画像は，各機関でデータ入力および撮影した上で，標本情報はエクセルファイルないしデータベースに保存された。標本画像とラベル画像は，標本番号に枝番をつけたファイル名にして標本情報と対応させた。標本情報の入力，標本およびラベル画像の撮影は，2006年度から2010年度にかけておこなわれ，約5万点の標本情報を電子化することができた。全ての情報は，東京大学総合文化研究科に集約され，標本情報は分布・種名情報の国際的な標準形式であるダーウィン・コア形式 (Wieczorek *et al*., 2012)[註4] への変換とデータのクリーニングを行った。

　収集されたデータは，以下のような方法ですでに公開されているか，もしくは公開を予定している。一つ目は，LepImagesプロジェクトの画像データベースをウェブページ上に構築しての公開である。現在システム構築と公開準備が進められており，各標本の写真，ラベルの情報を含む収集された全ての情報について，機関別，分類群別での閲覧と検索が可能になる予定である（図1，2）。二つ目は，GBIFポータルを通じた公開である。現在，他のGBIF日本ノードによる発信データと同様に，ダーウィン・コア形式へ変換したデータを，国立遺伝学研究所のサーバーを通じてGBIF本部へ送り公開している。これらのデータはGBIFポータル[註5]から検索することができる。ただし，収録されているのは英語での項目のみであり，和名をはじめ日本語の情報は検索できない。三つ目は，各機関のデータベースから発信するもので，たとえば大阪府立大学のデータは，同大学のバーチャルミュージアムである大阪府立大学ハーモニー博物館[註6]から公開されている。これらの関係を図3に示す。

　本プロジェクトの特徴として，それぞれの機関での重要コレクション，および著名な研究者などのコレクションが多く含まれることが挙げられる。たとえ

Ⅴ．インベントリー調査とネットワークなど

図1　LepImagesデータベースのトップページイメージ

図2　LepImagesデータベースの各種標本閲覧ページのイメージ

ば，大阪府立大学の小蛾類コレクション，九州大学のシロチョウコレクションや，チョウ類における柴谷篤弘氏，伊達常雄氏，ガ類の杉繁郎氏，森内茂氏のコレクションなどが挙げられる。そのため，全体として網羅性は高く，例えば，日本産のチョウ類はその全種・全亜種の情報が含まれている。さらに，同定精度などデータの信頼性も高い。このように，LepImegesプロジェクトで収集された情報は，ニーズはあるもののこれまで広く利用できなかったものを多く含む高品質なデータセットであり，有用性は非常に高いと言える。

収集された情報の活用

標本情報を電子化し，データベースとして公開するのは，データ公開の第一歩に過ぎない。これらのデータがさまざまな形で活用されていくことによって，本当の意味での公開をしたことになると筆者は考える。

まず考えられる利用方法は，標本画像を利用した同定であろう。網羅的に掲載されているグループについては，図鑑をはるかに上回る地理変異や個体変異を見られるので，図鑑による同定の補助として有用である。LepImagesの場合は，その画像データを使うことで，高価な図鑑を持っていない人でも，チョウ目のさまざまなグループを絵合わせである程度同定することが可能に

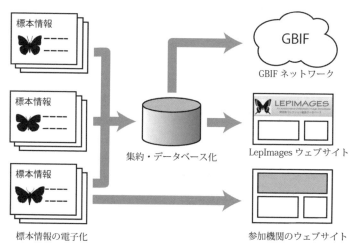

図3　LepImegesデータベース構築の枠組み

なる。LepImageで作成したデータには図鑑のような解説はないが，画像と採集地点情報などを合わせて参照することで精度を，他の画像データベースと組み合わせることで網羅性を，それぞれある程度は高められるだろう。さらに，チョウ類を中心に熱帯アジアを含む海外産の情報も含まれるので，日本だけでなくこれらの地域のチョウ目相を知ることができる。このように，公開した情報は，チョウ目の研究者，多様性保全の関係者，あるいは愛好者など，幅広い分野の方が利用できるものになっていると考える。

さらに，LepImagesという独立したデータベースだけでなく，他のウェブサイトで公開されている各チョウ目に関する写真や解説を組み合わせて，いわゆるオンライン図鑑を作ることもできる。例えば，このような利用法は，生物多様性情報学および情報技術の進展にともない技術的に作成，運用が可能となった。そのもっとも有名な例が「生命の百科事典」という名のつけられたEncyclopedia of Life [注7] である（Wilson, 2003）。日本でも，標本情報と地図表示のシステムを組み合わせて，よりわかりやすい表示方法で情報を公開する手法については大澤ほか（2011）が詳しく述べており，オサムシ科を対象にした標本情報閲覧システム [注8] を公開している。LepImagesは，同様のオンライン図鑑を作成するための素材として有用である。以上の関係を図4に示す。

今後の課題と展望

これから先，データが利用されていくためには，標本情報の追加・更新や，利用方法の変更に対応した公開方法の変更など，データやシステムを改善していく必要がある。それだけでなく，熱帯アジアの昆虫インベントリープロジェクト（Tropical Asian Insect Inventory Project: TAIIV）をはじめとした，関連ネットワーク参加者をはじめとする研究者や，他のデータベースの関係者などとの連携も必要になってくる。この節ではこれらの課題を軸に，LepImagesの今後について考えていきたい。

一般に，標本データベースを構築する際に，情報の追加や更新で重要なのは，さまざまな関連情報と組み合わせる際にキーとなる項目の整備である。具体的な項目として，種名情報と地理情報が挙げられる。種名情報は，生物学的な情報の多くがその対象生物を種名で記述しているので，さまざまな生物情報を整理するのに重要である（Patterson et al., 2010）。地理情報とは，個

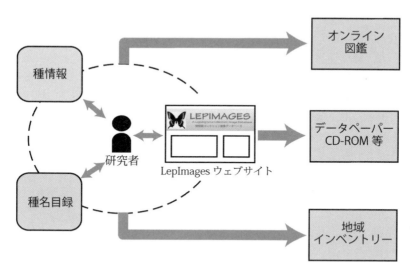

図4　LepImagesと他のプロジェクトとの連携

体を採集もしくは観察した地点に関する情報である。特に重要なのは緯度経度情報で，この情報が整備されることで，実際の分布範囲がわかるのみならず，他の生物の分布情報，気温や標高などの物理的情報などと組み合わせて，潜在的な分布域の推定をはじめさまざまな解析を行うことができる。

　種名情報のもつ問題点として，同じ種にしばしば複数の綴りが用いられることがある。具体的には，属の省略形や種の著者の省略など表記揺れが大きい場合，分類学的研究の進展状況や研究者の意見の相違によって種名が異なっている場合がある。どちらの場合も，ある種名で検索をかけても，必要な情報が検索できないことになる（Patterson *et al.*, 2010）。これを解消するには，公式な種名リストをもとにデータベース内の学名表記を統一することに加え，オリジナルと修正された分類体系や学名を両方とも保存し検索できるようなシステムが必要である。LepImageで用いているシステムでは，入力時の種名と最新の種名の両方を保存できるようにしており，公開されている種名リストを利用した最新の種名の併記を計画している。日本産チョウ目の種名リストとしては，チョウ類では日本産蝶類和名学名便覧[註9]が，ガ類では日本産蛾類総目録[註10]（神保，2010）が利用できる。海外，特に東南アジア

においては，地域のチョウ目種名目録の作成自体を進めることが必要であり，TAIIVのネットワークと連携することも可能かもしれない。

一方，地理情報で重要な緯度経度情報については，LepImagesで収集された標本情報にはほとんど含まれていない。これは，標本のラベルに緯度経度の情報が記載されていないことが多いためである。この問題解決に利用できる技術として，地名情報から緯度経度情報を得る手法であるジオコーディングが挙げられる。この手法はさまざまな場所で活用されており，生物多様性分野でも，採集ラベルに記されている地名から緯度経度を推定するツールが増えてきている。一例としてサイエンスミュージアムネットの地名辞書[註11]が挙げられる。ラベルが指し示す範囲が広すぎて地点として特定できない場合には，指し示しうる範囲を精度情報として入力すれば良い。逆に言えば，データを解析に利用できるようにするには，緯度経度情報のほかに，半径何km以内といった座標の精度情報があることが望ましい。また，地名についても，市町村合併などによりうまく検索できないケースもあるので，必要に応じて新旧の地名や，表記揺れの関係性のすり合わせも必要であろう。

もう一つの大きな課題が，公開方法である。一つ目は，どの時点での情報を公開するのかという問題である。一般に，データベースは常に更新されていくため，ある情報が再度見に行くと更新されて見つからない，あるいはなくなっていることがあり得る。そのため，ある時点で情報を固定して公開することも必要であろう。例えば，日本産アリ類画像データベース[註12]のように，CD-ROMの形での出版が考えられる（アリ類データベース作成グループ，2008）。二つ目は，どのように公開すれば評価されるかという問題である。データベース自体は研究分野に有用な情報をもたらす一方，業績として評価されにくかった。最近では，データベースをデータの質などで査読し論文化する「データペーパー」という仕組みができつつあり，生物多様性分野でも注目が集まっている（Chavan & Penev, 2011）。前述のCD-ROMのような形での出版も，出版物として業績に挙げやすい。LepImagesプロジェクトにおいても，このような発表形態を今後考える必要がある。

さらに，データベースの公開方法で考慮しないといけないのが，権利関係である。データベースに掲載される写真などには著作権があり，多くの場合は許諾がないと二次的な利用は禁止されている。しかし，利用する側からは，

もっと自由度を高くすべきだという意見も少なくない。特に，オンライン図鑑のようにさまざまなデータベースの情報の横断的利用が一般化しつつある現在では，自由に参照できることがデータベースの利用回数を増やし価値を高めるという考えが広がっている。実際，海外では，アメリカの大規模標本情報電子化プロジェクトiDigBio[註13]のように，ウェブ上での利用方法を考慮して，非営利目的なら画像を自由に利用できる緩やかなライセンス[註14]の採用が増えている。LepImagesも，他のデータベースにはない一次情報を多く含むのでさまざまな利用ニーズもあると考えられるが，利用には各標本所蔵機関の許可が必要である。公開のあり方については，一研究プロジェクトの中で結論が出せる範疇を超えているが，より緩やかなライセンスが一部でも利用できるようになることを期待したい。

　最後に，外部との連携やネットワークについて述べたい。本プロジェクトの成果は，研究者，行政から愛好者まで広く利用される可能性があるが，中でも重要な潜在的ユーザーがTAIIVネットワークの参加者である。今回電子化された中にも熱帯アジアの標本が多く含まれており，二次利用の許可を取ることで，これらの情報を利用したガイドブック等を作成することもできるだろう。また，各地からのフィードバックにより，内容の改善も行うことができる。最終的には，LepImagesのような標本情報の公開システムを用いてTAIIVの成果を電子化することで，LepImagesとの連携を容易にし，全体としてチョウ目のコンテンツをより充実させることができる。また，国内ではアジア・太平洋地域産昆虫類のタイプ標本および種情報データベースAIIC[註15]，国外ではGBIF台湾ノードのBiota Taiwanica[註16]などさまざまな有用リソースがあるが，現在の所は独立しており連携した横断検索・閲覧システムは存在しない。一方で，現在，GBIFではアジア地域でさまざまな情報を共有しようという動きができつつある。今後は，これらの関係者とも協議しつつ，情報をまとめて閲覧・利用できるような枠組みを構築していきたい。

謝辞

　LepImagesプロジェクトは，プロジェクトの代表である上田恭一郎氏（北九州市立自然史・歴史博物館）のほか，吉松慎一（農業環境技術研究所農業環境インベントリーセンター），伊藤元己（東京大学大学院総合文化研究科），

広渡俊哉（大阪府立大学大学院生命環境科学研究科，現九州大学大学院農学研究院），中西明徳・橋本佳明（兵庫県立人と自然の博物館），矢田脩・阿部芳久（九州大学大学院比較社会文化研究院）の各氏と，多くのアルバイト・非常勤の方々，アドバイザリー委員の方々など，多くの方々が関わって行われたプロジェクトである．また，このプロジェクトは，科学技術振興機構（JST），文部科学省ナショナルバイオリソースプロジェクト（NBRP），および地球規模生物多様性情報機構（GBIF）日本ノードの支援で行われた．筆者が東京大学にて本プロジェクトに参加していた際には，伊藤元己教授，倉島治氏，宇津木望氏をはじめとする東京大学大学院総合文化研究科の伊藤元己研究室のメンバーに大変お世話になり，今回も草稿に対し多くの貴重な意見をいただいた．ここに厚く御礼申し上げる．

註1（239頁）GBIFポータル．http://www.gbif.org/
註2（240頁）JBIFパンフレット（2014年1月版）．
　http://www.gbif.jp/v2/pdf/GBIFpanf.pdf
註3（240頁）GEO BON（Biodiversity Observation Network）．
　http://www.earthobservations.org/
註4（241頁）Darwin Core. http://rs.tdwg.org/dwc/
註5（241頁）註1に同じ
註6（241頁）大阪府立大学ハーモニー博物館．
　http://www.museum.osakafu-u.ac.jp/
註7（244頁）Encyclopedia of Life. http://www.eol.org/
註8（244頁）農業環境技術研究所農業環境インベントリーセンター昆虫標本館　オサムシ科昆虫標本情報閲覧システム．
　http://habucollection.dc.affrc.go.jp/
註9（245頁）日本産蝶類和名学名便覧．http://binran.lepimages.jp/
註10（245頁）List-MJ：日本産蛾類総目録．http://listmj.mothprog.com/
註11（246頁）サイエンスミュージアムネット　自然誌研究のための地名辞書．http://info.hitohaku.jp/loc/top.html
註12（246頁）日本産アリ類画像データベース．http://ant.edb.miyakyo-u.ac.jp/J/index.html
註13（247頁）Integrated Digitized Biocollections（iDigBio）．
　http://www.idigbio.org/
註14（247頁）参考：Creative Commons. http://creativecommons.org/

註15（247頁）アジア・大平洋地域産昆虫類のタイプ標本および種情報データベース（AIIC）. http://aiic.jp/
註16（247頁）Biota Taiwanica. http://taibif.org.tw/BiotaTaiwanicaAlt/

〔引用文献〕

アリ類データベース作成グループ2008 (2008) 日本産アリ類画像データベース2008. アリ類データベース作成グループ，仙台.
Chavan V, Penev L (2011) The data paper: a mechanism to incentivize data publishing in biodiversity science. *BMC Bioinformatics*, 12(Suppl 15): S2.
GEO BON (2010) GEO BON Detailed Implementation Plan. http://www.earthobservations.org/documents/cop/bi_geobon/ geobon_detailed_imp_plan.pdf
神保宇嗣 (2008) 昆虫学と情報革命：その背景・現状・将来. 昆虫と自然，42(11): 2-3.
神保宇嗣 (2010) ウェブサイトMothProgおよび日本産蛾類総目録List-MJの構築とその活動. 昆蟲（ニューシリーズ），13: 13-16.
神保宇嗣 (2012) 生物多様性情報プロジェクト. 進化学事典（日本進化学会10周年記念発行物編集委員会編）：878-880，共立出版，東京.
神保宇嗣・伊藤元己・広渡俊哉・中西明徳・矢田脩・吉松慎一 (2009) 日本におけるチョウ目コレクション画像データベースの構築. 昆虫と自然，44(13): 18.
大澤剛士・栗原隆・中谷至伸・吉松慎一 (2011) 生物多様性情報の整備と活用方法Web技術を用いた昆虫標本情報閲覧システムの開発を例に. 保全生態学研究，16: 231-241.
Patterson DJ, Cooper J, Kirk PM, Pyle RL, Remsen DP (2010) Names are key to the big new biology. *Trends in Ecology and Evolution*, 25: 686-691.
Soberón J, Peterson AT (2004) Biodiversity informatics: managing and applying primary biodiversity data. *Philosophical Transactions of the Royal Society of London. Series B: Biological sciences*, 359: 689-698.
菅原秀明 (2007) 地球規模生物多様性情報機構（GBIF）とその活動. 遺伝，62(4): 48-54.
Wieczorek J, Bloom D, Guralnick R, Blum S, Döring M, Giovanni R, Robertson T, Vieglais D (2012) Darwin Core: An Evolving Community-Developed Biodiversity Data Standard. *PLoS ONE*, 7(1): e29715.
Wilson EO (2003) The encyclopedia of life. *Trends in Ecology and Evolution*, 18(2): 77-80.

（神保宇嗣）

④ "幻の大蝶" ブータンシボリアゲハの謎に迫る(註1)

ブータンシボリアゲハとは

　"幻の蝶"といえば，チョウの愛好家や研究者は何を思い浮かべるだろうか。インドのオナシカラスアゲハ *Papilio elephenor*，南米のコウテイモンキチョウ *Colias ponteni*，中米のアオヒオドシチョウ *Nymphalis cyanomelas* などはまず上位にくるだろう。しかし，つい最近までは，おそらくこれらの大珍種を抑えて堂々と筆頭に挙げられるアジアのアゲハチョウがいた。"ヒマラヤの貴婦人"とも称される極稀種ブータンシボリアゲハ *Bhutanitis ludlowi* である（口絵⑨）。その大型かつ美麗，妖艶な翅の形や模様から"幻の蝶"としての威容は別格で，長年，研究者や愛好者の垂涎の的として君臨し続けていた。
　ブータンシボリアゲハはアゲハチョウ科シボリアゲハ属 *Bhutanitis* の一種で，他の同属種にシボリアゲハ *B. lidderdalii*，シナシボリアゲハ *B. thaidina*，ウンナンシボリアゲハ *B. mansfieldi* の3種が知られる。1933年と1934年の8月に英国のプラントハンター(註2)であった Frank Ludlow（1885～1972年）と George Sherriff（1898～1967年）によって本種はブータン東部のタシヤンツェ渓谷で発見された。その後，Alfred G. Gabriel により英国誌 "The Entomologist" において「シボリアゲハ属の一新種」のタイトルで発表された（Gabriel, 1942）。この時の3オス・2メスの標本が大英自然史博物館に残されているのみで，これまで数多の猛者がこのチョウの再発見を求めてヒマラヤ山麓の奥地に挑んでいたが，その影さえ追うことができずに敗れ去っていた(註3)。
　ところが，2009年夏にブータンシボリアゲハらしき個体が現地の森林生物保護官によって目撃，撮影されたという情報が，国内外の一部の研究者や愛好家の中で広まってきたのである。

再発見と調査までの道のり

　ブータン中部のブムタンにあるウゲン・ワンチュク保全環境研究所（UWICE）の森林生物保護官 Karma Wangdi 氏が，2009年7月にチョウ類調査でブータンを訪れたイタリアのチョウ類研究家 Gian Cristoforo Bozano 氏ら

と共同で調査を行った。その際に Karma 氏は本種の情報を得ることとなり，同年 8 月にタシヤンツェのトブランを職務で訪れ，2 頭のブータンシボリアゲハの撮影することに成功したのである。この再発見の情報がイタリアをはじめとするヨーロッパ各地の研究者や愛好家に知られ，やがて 2010 年末に日本にも伝わることとなった。

　この情報を基に，以前からブータン王立政府との親交のあった進化生物学研究所の淡輪俊理事長を介して，筆者を含めた幾人かの関係者がブータン王立政府農林省にブータンシボリアゲハの調査を嘆願した。ブータンは生物多様性保全を大きく掲げた世界有数の環境立国であり，外国人がこのような調査許可を得るのは大変難しい。ブータン政府との半年間の交渉を重ね，さらに 2011 年 8 月 1 日から現地を訪れて農林省内でプレゼンテーションを行った結果，ブータン政府との共同学術調査隊を結成することで，ついに調査の特別許可が発行されたのである。

　共同調査隊の隊長は，これまで多くのアジア産チョウ類の生活史を解明してきた日本蝶類学会理事の原田基弘氏である。その他の日本側調査隊メンバーは，日本蝶類学会名誉会長だった故五十嵐邁博士の奥方・五十嵐昌子氏，進化生物学研究所の青木俊明主任研究員と山口就平主任研究員，昆虫写真家の渡辺康之氏であり，この中で筆者は若年にもかかわらず，副隊長という立場で参加した。これに NHK スタッフの斎藤基樹記者，内山拓ディレクター，森山慶貴カメラマンが加わり，日本側メンバーは計 9 人となった。ブータン政府農林省の調査隊メンバーは，最初の本種の撮影者である Karma Wangdi 氏，人類-野生生物対策部門長の Sonam Wangdi 氏などの計 5 名であった。さらに現地ガイドや運転手，コックなどを合わせて総計 30 名ほどでブータン東部を目指すこととなった。

　調査許可が交付されたすぐ翌日の 8 月 4 日，われわれ調査隊は首都ティンプーを東方へ向かって車で出発した。数百 m の熱帯域から 4,000m 前後の亜高山帯域までの標高を上下させながら，途中で調査も重ねて車で通行可能な終着地タシヤンツェの町に到着した。2009 年に撮影されたタシヤンツェ渓谷上流部のトブランまでは，この町から 2 日間の登山となる。道中では多数のヤマビルや悪天候に襲われながら，ようやく目的地に辿り着いたのは 8 月 11 日の夕方であった。

"幻の大蝶"が出現！

　開張約12cmにもなる大きなアゲハチョウがこれまで再発見されなかったのには，それなりの理由があるはずである。よほど高い空間や人目に届かない原生林を飛翔するか，もともと発生する個体数が少ないか，非常に狭い範囲にしか生息していないか，あるいはこれらの複合要因か，などが考えられるであろう。成虫だけでなく幼生期の生態や形態も興味が湧くところである。これらの実態を確認すべく，翌8月12日からわれわれ調査隊は本種の捕獲および生態解明に乗り出した（図1）。

　8月12日，昨夜から続く雨も上がって青空が広がる朝の出発準備中，突如，山口隊員が「シボリが飛んでいる！」と叫んだ。一同が外に飛び出し，あるいは空を見上げて，グリフィスガシの梢に消えていくチョウを目で追った。その後，調査隊の全員が浮き立つ気持ちで9時には隊列を組んで出発したが，小道を歩き出して間もなく，最後方を歩いていた青木隊員が第1頭目となるオスを網に入れたのである。皆で歓喜の渦に湧き，手をとって喜びを噛み締めた。奇しくもこの日は78年前にLudlowらがはじめて本種を採集した日でもあり，因縁めいたものを感じずにはいられなかった。この翌日，幸運にも第2頭目となるオス個体を筆者が採集することになる。その後はやや苦戦を強いられるも，滞在が許可された一週間の後半に山口隊員が好ポイントを発見して，リリースも含めてやがて全員が網に入れることができ，最終的には許可範囲内の3オス・2メスを確保した。その後，原田隊長の活躍もあり，調査最終日には本種の特殊な産卵行動の発見にも至った。

　次項では，われわれ調査隊により明らかにされた本種の成虫期および幼生期の興味深い生態的特性および形態的特徴を紹介し，シボリアゲハ属の他種との

図1　ブータン東部タシヤンツェ渓谷での調査風景

類似性や相違性を示すとともに，本種の種分化，さらには今後の保全，その後の標本の行方についても述べることにする。

成虫の生態と形態

生態：シボリアゲハは曇天を好んで飛翔し，降雨の中でも難なく活動（Igarashi, 1989）する一方，本種は好天でより活発に飛翔し，気温が高ければ曇天でも活動する。晴天では午前 8 時前後から午後 4 時頃まで飛翔が観察される。オス・メスとも 10m 以上の高木の樹上や樹間，時に地上数 m の小道上を緩やかに飛翔する。食草が繁茂するところからはあまり離れず，特にメスでは羽化直後の個体が食草周辺で時おりみられる（図2）。レンプクソウ科ガマズミ属の一種 *Viburnum cylindricum* の花を好んで訪れる。8 月 12 日にはすでにオスの最盛期が過ぎ，配偶行動や交尾行動も数例観察された。オスはまず飛翔しながらメスにしがみつき，林冠から地上に落下させる。続いてオスはすぐに交尾を試み，そのまま地上で交尾を成立させる。

図2 葉上に静止するブータンシボリアゲハのメス

　生息環境は標高 2,237 ～ 2,475m のタシヤンツェ渓谷沿いに連なる尾根の中腹や山頂，道沿いなどで，主に二次林で覆われている。常緑または落葉の広葉樹林がこの地域では主体をなし，グリフィスガシ，ネパールハンノキ，オオバネジキ，シャクナゲ類，タブ類のような高木，さらにはシモツケ類，タニウツギ類などの低木で構成されている。

形態：シボリアゲハと比較すると，本種の大きさはほぼこれと同等かやや大きく，翅形はより幅広く丸みを帯び，後翅外縁の凹凸は弱い。3 本の尾状突起はより幅広く，特にもっとも長い尾状突起の先端は舌状に丸みがある。前後翅の黄条はブータン産のシボリアゲハよりもより幅広く明るい。前翅外中

央部の黄条は 1a～3 室でほぼ直線上（シボリアゲハでは波状）。前翅外中央部の黄条は 5～6 室で顕著に太くなり，5 室で内側に強くシフトする。後翅の亜外縁弦月形紋は灰黄色（シボリアゲハでは橙色）。交尾後のメスのスフラギス（付着物）は淡黄色で，平面的に膣前板と膣後板を覆い（シボリアゲハでは覆われない），さらに交尾口から約 2mm の針状突起を生ずる。

驚くべき産卵行動と卵

　ブータンシボリアゲハのもっとも注目すべき特徴はその産卵行動である。8 月 17 日の曇天の昼過ぎ，高さ 2.2m の食草グリフィスウマノスズクサの葉裏にて山積みの卵塊で産卵する 1 メスが観察された（図 3）。本種を除くシボリアゲハ属 3 種では，7～42 卵からなる卵塊が上積みされずに平面的に産卵される（Lee, 1986a, 1986b; Igarashi, 1989）。ところが本種では，100～180 卵からなる卵塊が山積みに産付される（図 4）。このような山積みする産卵行動は，約 600 種が知られるアゲハチョウ科の中でもまったく未知であった。この積み上げる卵塊の産卵習性は，寄生蜂からの内側の卵の防御と考えられる。実際，われわれがみつけた 4 卵塊（産卵していた 1 卵塊も含む）すべてにタマゴクロバチ科ヒメタマゴクロバチ属の一種 *Telenomus* sp. が観察され（図 4），そのうち飼育用に確保した 1 卵塊から 84％（178 卵のうち 150

図 3　食草の葉裏に産卵するブータンシボリアゲハのメス

図 4　ブータンシボリアゲハの卵塊
　卵塊上の下方に寄生蜂ヒメタマゴクロバチ属の一種が見られる。

卵）という高い寄生率がみられた。実際に表面の卵はすべて寄生され，卵塊の内側からわずかに孵化しただけであった。

本種の卵は球形，やや赤みを帯びた黄色で，直径 1.14 〜 1.20mm，高さ 1.00mm（n = 5）。大きさはシボリアゲハよりもやや小さい（シボリアゲハでは直径約 1.37mm，ウンナンシボリアゲハでは直径 1.4mm，シナシボリアゲハでは直径 1.05mm；Lee, 1986a, 1986b; Igarashi, 1989）。卵期は約 14 日間（ブータンの UWICE（標高 2,900m）における人工環境下での飼育）。

食餌植物（食草）であるウマノスズクサ科のグリフィスウマノスズクサは，ブータン，ネパール，インド，ミャンマー，中国（チベット，西安，雲南）に分布し，ブータンでは広葉の常緑ガシやモミ林に覆われた標高 1,800 〜 3,000m の山地帯にみられる（Fletcher, 1975）。

幼虫の生態と形態

1 齢および 2 齢幼虫：若齢幼虫（図 5）は他のシボリアゲハ属の種と同様に群生し，列をなして歩行する。葉裏にいることが多い。頭部は艶のある黒褐色で白っぽい刺毛を生じる。臭角は短く黄橙色。胸部および腹部は円筒状で白灰色，短い肉質突起が生じ，体表に白色の刺毛が散在する。この肉質突起は亜背域と側域に並び，亜背線と側線として表される。前胸背楯は艶のある黒褐色。胸脚も艶のある黒褐色で，腹脚は白灰色となる。肛上板は艶のある黒褐色。1 齢は約 6mm，2 齢は約 7mm。

一見，本種の若齢幼虫の色はシナシボリアゲハに極めて似るが，体表の刺毛は白色（シナシボリでは黒褐色）。本種はシボリアゲハにもやや似るが，①胸部および腹部は暗紫灰色，②中胸と第 2，第 3，第 7 および第 8 腹節の肉質突起は

図 5　ブータンシボリアゲハの 1 齢幼虫
（Harada *et al.*, 2012）

赤味を帯びた橙色で，残りの各節は灰褐色，などの違いにより識別は容易。

幼虫後期や蛹については現地での飼育および野外での調査により解明されたが，現在まで未発表なため，本章では伏せておく。

独特な気候と種分化

Saigusa & Lee (1982) によると，ブータンシボリアゲハとシボリアゲハとは，互いに異所的な姉妹群であると考えられている。もしそうだとすると，次のような気象条件による選択圧がこの祖先からの種分化に影響したのかもしれない。まず，同じヒマラヤ南麓の他地域では南のインド洋から吹き込む温暖湿潤な空気が直接ぶつかって雨を降らせる。ところが，本種の生息地周辺ではその前段にある Khasi Hills に南方からの風が最初にぶつかる。ここで大量の雨を降らせることで，タシヤンツェ渓谷には乾燥した熱風が入り込む。この風がヒマラヤ上部から吹き下ろす冷たく湿った空気とぶつかることで，一日のうちに高温乾燥と寒冷湿潤な気候がめまぐるしく入れ替わるという，ヒマラヤ南方の他地域にはない特殊な気象条件を生み出す（図6）。事実，ここでは熱帯性のチョウ類であるアオタテハモドキ *Junonia orithya* やキシタア

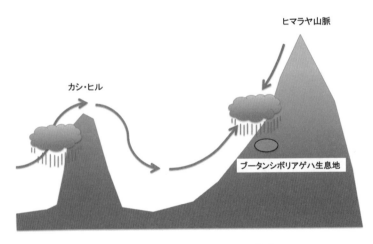

図6　生息地における気象条件の模式

ゲハ *Troides aeacus*，さらに亜高山帯のハチノジヒカゲ *Aulocera saraswati* やヒマラヤコヒオドシ *Aglais caschmirensis* などが混生する。つまり，ブータンシボリアゲハはおそらく地理的障壁による本種とシボリアゲハとの共通祖先の分断に加えて，このブータンの狭い地域にしか現在みられない独特な気候条件への適応により特化し，種分化してきたのかもしれない。

　このような進化学的，生物地理学的に興味深い神秘的な現象が本地域ではみられ，おそらくブータンシボリアゲハと同様な経過を辿って生じた他の固有生物も生息していると思われる。今後は遺伝子解析を含むさまざまなアプローチから，この謎を解き明かしていきたいと考えている。

本種と生息環境の保全

　ブータンシボリアゲハの生息地は標高 2,400 m 前後の里山的環境が主体であった。食草の生育条件から推測すると，本来，このチョウは原生林の中にある崩壊地に点々と棲むと思われるが，この地では村人の伝統的な森林管理によりチョウの食草がうまく維持されていた。いわばこのチョウはブータン人の生活の中で守られてきたのである。ブータンは世界屈指の保全先進国であるため，国策により豊富な生態系や生物多様性を育む環境が現在もなお維持されている。このような状況下において，本種の生息地はブンデリン野生生物サンクチュアリという特別保護区域に指定されており，さらに厳重な森林の維持・管理がなされている。そのため，本種とその生息環境は十分に保護されているといえるだろう。

　このチョウは今回の再発見を機に，2012年の春，農林省によりブータンの国蝶に指定された（MoAF, 2012）。そのため，今後は貴重な野生動植物の保全の象徴として保護される予定である。これから本種に直面するもっとも大きな危惧は部外者による密猟であり，それにはできる限り早い保全管理計画と飼育繁殖事業の創設が必要となるであろう。

標本が日本へ

　シボリアゲハ属の4種は，国際取引に関わるワシントン条約（絶滅のおそれのある野生動植物の種の国際取引に関する条約）の附属書 II に掲載され

図7　ブータン国王陛下から贈呈されたブータンシボリアゲハ標本
左は雷龍と王室紋章の刺繍が入った外箱，右は同様の彫刻が施された内箱で，その中心に標本が飾られている．中央は国王陛下の名刺とメッセージカード．

ており，輸出入が原則禁止となっている．筆者ら調査隊はブータンシボリアゲハ 2 頭の輸出許可を申請して帰国したが，ブータンでは生物標本の輸出が困難な上，ワシントン条約掲載種の輸出許可は閣議決定が必要とのことで，日本への持ち込みは諦めかけていた．

　ところがその 2 ヶ月半後，ブータンの Wangchuck 国王陛下夫妻が国賓で来日された折に，2 オスのブータンシボリアゲハ標本をお運び下さり，筆者が所属する東京大学総合研究博物館と青木，山口両隊員が所属する進化生物学研究所に贈呈されたのである（図 7）。贈呈式は赤坂迎賓館で行われ，陛下側近の方から授与された．標本が収納されている箱も手作りの豪華なもので，外箱には中央に王室の紋章とそれを囲むようにブータンの正式国名"ドゥク・ユル（雷龍の国）"に由来する龍をあしらえたシルクの刺繍が手縫いで施されていた．内箱には標本の周囲に外箱と同様の彫刻が施され，"A Gift from the People of Bhutan（ブータン国民からの贈り物）"という文字も刻まれていた．さらに国王陛下の名刺とメッセージカードも添えられていた．側近の方によると，ブータンと日本との国家間の友好の証とともに，東日本大震災を被った日本人への復興の願いが込められているという．

　このブータンシボリアゲハの標本は，単なる希少性や学術的価値に留まら

ず，国家間の親交の象徴として計り知れない価値のあるものとなった。"絆"を表す国宝級の品として，大切に管理していきたい。

謝辞

　　ブータン国王 Druk Gyalpo Jigme Khesar Namgyel Wangchuck 陛下には本種の標本を東京大学総合研究博物館と進化生物学研究所に贈呈下さった。ブータン王立農林省の Pema Gyamtsho 大臣にはブータンのチョウ相に関する研究の機会を与えて頂いた。進化生物学研究所の淡輪俊理事長には今回の調査におけるブータン王立政府との交渉を仲介頂いた。さらに以下の方々には調査許可や輸出入許可，仲介，ガイド，情報，申請，同定，文献などさまざまな面でお世話になった：Ugyen Tshewang, Dechen Dorji, Karma Dukpa, Sonam Wangchuck, Phub Dorji, Tashi Yangtzome, Nawang Norbu, Pankey Dukpa, Singye Dorji, Vetsop Namgyel, Kinley Tenzin, Chencho Durkpa, Tshagay Dorji, Tandin Tshering, Sangay, Sherub, Gian Cristoforo Bozano, R. I. Vane-Wright, P. R. Ackery, B. Huertas, 広瀬義躬，西野嘉章，西崎龍矢，矢田脩，植村好延，上田恭一郎，上田俊介，平井規央。また，ブータン王立政府の国立環境委員会，国立生物多様性センター，ウゲン・ワンチュク保全環境研究所，ブンデリン野生生物サンクチュアリ，内務文化省（No. 4487/4493），王立ブータン軍（No.126/2011），農林省森林公園局自然保護課（No. 0903）および野生生物保護課（CITES certificate/permit No. WCD-39），BICMA（MEDIA/FFP/11/179）などからの許可，協力を受けた。本研究は JSPS 科研費（No. 23570111）の助成を一部受けたものである。各氏，各機関に感謝の意を表するとともに，最後にブータンシボリアゲハ共同学術調査隊のメンバー全員に心よりお礼を申し上げる。

　　　　註1（250頁）本章は矢後（2012a, 2012b, 2012c），Harada *et al.*（2012），カルマ・ワンディほか（2012）を再録し，一部改変したものである。
　　　　註2（250頁）かつてヨーロッパで活躍した職業で，食料・香料・薬・繊維等に用いられる有用植物や観賞植物の新種を探し求めて世界中を旅した冒険家のこと。
　　　　註3（250頁）唯一，Chou（1994, 1999）により中国雲南省からの1メスが図示されているが，この標本は大英自然史博物館にあるホロタイプと一致し，本記録は疑問視されている。

〔引用文献〕

Chou I (ed.) (1994) *Monographia Rhopalocerorum Sinensium*. Henan Scientific and Technological Publishing House, Zhengzhou.

Chou I (ed.) (1999) *Monographia Rhopalocerorum Sinensium*. Revised Edition. Henan Scientific and Technological Publishing House, Zhengzhou.

Fletcher HR (1975) *A Quest of Flowers*. Edinburgh University Press, Edinburgh.

Gabriel AG (1942) A new species of *Bhutanitis* (Lep. Papilionidae). *The Entomologist* 75: 189.

Harada M, Karma Wangdi, Sonam Wangdi, Yago M, Aoki T, Igarashi Y, Yamaguchi S, Watanabe Y, Sherub, Rinchen Wangdi, Sangay Drukpa, Saito M, Moriyama Y, Uchiyama T (2012) Rediscovery of Ludlow's Bhutan Glory, *Bhutanitis ludlowi* Gabriel (Lepidoptera: Papilionidae): morphology and biology. *Butterflies (Teinopalpus)*, (60): 4-15.

Igarashi S (1989) On the life history of *Bhutanitis lidderdalei* Atkinson in Bhutan (Lepidoptera, Papilionidae). *Tyô to Ga*, 40(1): 1-21.

カルマ ワンディ・原田基弘・矢後勝也・ソナム ワンディ・シェラブ・青木俊明・五十嵐昌子・山口就平・渡辺康之・リンチェン ワンディ・サンゲイ デュクパ・斎藤基樹・森山慶貴・内山拓 (2012) 幻のブータンシボリアゲハを追って．*Butterflies (Teinopalpus)*, (63): 7-15.

Lee C-L (1986a) Ecological and systematic studies of two Chinese *Bhutanitis* butterflies I (*Bhutanitis mansfieldi* and *B. thaidina*). *Gekkan-Mushi*, (187): 2-6.

Lee C-L (1986b) Ecological and systematic studies of two Chinese *Bhutanitis* butterflies II (*Bhutanitis mansfieldi* and *B. thaidina*). *Gekkan-Mushi*, (188): 2-8.

MoAF (= Ministry of Agriculture and Forrests, Bhutan) (2012) Ludlow's Bhutan Swallowtail declared the National Butterfly of Bhutan. Available from: http://www.moaf.gov.bt/moaf/?p=7227.

Saigusa T & Lee C-L (1982) A rare papilionid butterfly *Bhutanitis mansfieldi* (Riley), its rediscovery, new subspecies and phylogenetic position. *Tyô to Ga*, 33(1/2): 1-24.

矢後勝也 (2012a) 幻の蝶を追って．文藝春秋，90(4): 88-90.

矢後勝也 (2012b) 幻の大蝶ブータンシボリアゲハ．*Ouroboros*, 16(3): 16-17.

矢後勝也 (2012c) 生き物のいま－幸福の国に棲む幻の大蝶．*Biostory*, 17: 58-61.

（矢後勝也）

5 カザリシロチョウを追って―生物多様性から生命へ―

熱帯のチョウの採集から研究へ

　小さい頃から，生き物が好きだった。子どもの頃は，よく祖父に連れられて近くのお寺にセミ採りに行った。家の近くに海蔵川という大きな川があり，その土手にキリギリスを採りに連れていってもらった。8月，夏休みの終り近くの午後，縁側に吊られた虫かごとその鳴き声を思いだす。

　中学生のとき，理科の女性の先生と仲良くなり，初めて三重県北部の藤原岳にチョウの採集に連れていってもらった。それ以降，チョウの採集とコレクションが趣味となった。しかし高校，大学と，止めたわけではないけれど採集にはほとんど行かなかった。社会人になってしばらくして，ある程度のお金も自由に使えるようになり，1974年に初めてマレーシアのキャメロンハイランドへの海外昆虫採集ツアーに参加した。さらに1976年にはスリランカへ行った。その時知り合った鈴木潤一氏と，それ以降毎年のように東南アジア，パプア（西イリアン，口絵⑮）へ採集に出かけた。このようにして熱帯の自然と生物を満喫し，採集したチョウのコレクションを楽しんだ。

　研究らしいことを始めたのは，仕事で関係していた国立農業技術研究所の昆虫学者であった小池久義先生に「海外で採集したチョウを，単にコレクションするだけではもったいない。調査をして日本鱗翅学会で発表しなさい」と言われたときからである。1970年代に山梨県でオオムラサキ*Sasakia charonda*の生態調査をして，それをまとめて小池先生と共同で発表したのが最初である。その後，採集すること以上に考察し発表することに強く魅かれ，マルーク諸島で採集したオオルリアゲハ*Papilio ulysess*の形態学的考察（森中，1982），バリ島山岳地帯に生息するアカタテハ*Vanessa dejeanii*の生態（森中，1986），ビアク島の固有種であるインペラトリックスアカネタテハ*Cirrochroa imperatrix*の生態（森中，1989a），地元の埼玉県に生息するチョウの記述（森中，1984）など，あれこれまとめた。

　カザリシロチョウを研究の対象としたのは，同所に生息し非常に似た2種類のカザリシロチョウ（*Delias belisama*と*D. oraia*）について，その生態や生

息環境，習性，分布の違いについてまとめ，1988年に日本鱗翅学会会報「蝶と蛾」で出版した論文（森中，1988）が最初である。1984年の新婚旅行で，東ジャワのイジェン山でルクティアケボノアゲハ*Atrophaneura lucti*に混じって乱舞するクサビモンキシタアゲハ*Troides cuneifera*が空中で鳥に捕食され金色に輝く後翅がキラキラと落ちてくるのを目撃したり，同じく東ジャワのグミテール山でコーカサスカブト*Chalcosoma chiron*やギラファノコギリクワガタ*Prosopocoilus giraffa*など大型のコウチュウと出会ったり，いろいろと興味深い体験をした。その旅行中にバリ島中央の高原でスンバワナカザリシロチョウ*Delias sambawana*や前述のカザリシロチョウを再発見したのである（図1）。それ以来，毎年出かけてベリサマカザリシロチョウとオライアカザリシロチョウの観察を続けた。

　第2報として，この両種の主に交尾器についての形態的な差を詳細に検討し，やはり「蝶と蛾」で論文（森中，1990）を出版した。この時に初めてゲニタリアの解剖と研究方法を，当時九州大学の助手であった矢田脩先生からご教示いただいた。そして，体長や前翅長とゲニタリアのサイズはほとんど正比例するけれども，体長や前翅長の大小に関係なく一定の固定した長さをもつ部分があることをそれらのデータ解析から見いだした。

　筆者は日本鱗翅学会の他に日本生物地理学会の会員でもあり，その会計幹事長を務めていた1996年当時，神戸で開催されるIFCS-96（International

図1　バリ島から東ジャワへ新婚旅行
a：バリ島中央の高原にて。ランタナ（クマツヅラ科）にオライアカザリシロチョウやスンバワナカザリシロチョウが飛来した。b：東ジャワのグミテール山にてさまざまなコウチュウ類を採集。

Federation of Computer Sciences) という国際会議に日本生物地理学会が協賛しているので，チョウのデータを用いて計算処理した研究を発表するよう，酒井清六会長から要望があった。そこで，前述の同所に生息し酷似する2種のカザリシロチョウの交尾器に有意な差があることを示し，同所的な近縁種における生殖的隔離に交尾器の形態差が有効に働いているのではないか（図2）という発表を行った。この発表は厳しい査読を受け，2年後に同国際会議のProceedingに掲載された（Morinaka, 1998）。

バリ島からジャワ島への約2週間の新婚旅行のあと，チョウを観察し採集してくれる友人（I. K. Ginarsa氏）がバリ島にでき，彼の協力によって多くの新発見や再発見ができた。バリ島のシジミチョウの生息記録（森中，1989b）をまとめ，また次々と新しいタクサを記載した。例えばマハデバイナズマチョウ*Euthalia mahadeva ginarsai*，ハーモディウスフタオチョウ*Charaxes harmodius lalangius*，ラクテオラキチョウ*Eurema lacteola baliensis*，オートティスベマネシシロチョウ*Prioneris autothisbe tamblingana* などの記載や，ディスカリスシジミチョウ*Tajuria discalis*に関する分類学的研究など幅広く研究を行った（順にMorinaka, 1990; Morinaka & Koda, 1990; Yata & Morinaka, 1990; Morinaka & Yata, 1994; Morinaka & Shinkawa, 1996）。ジャコウ

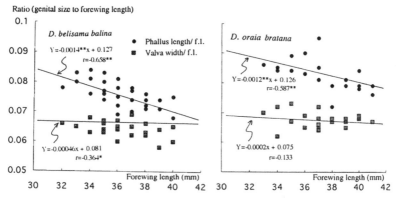

図2 体長や翅長に影響されない交尾器の部分があることを示したグラフ

両種とも，オス交尾器valvaの幅は前翅長（Forewing length）に正比例するが，オス交尾器phallusの長さは前翅長に関係なく一定であり（ゆえにグラフが右下がりになる），かつ*Delias oraia*のphallusの長さの対前翅長比率は*D. belisama*のそれより大きいことが見てとれる。類似する同所的2種の交尾器の形態差による生殖隔離を示唆（Morinaka, 1998より改変）。

アゲハ族や真正アゲハチョウに関する研究も行い，学会発表も何度も行った（Morinaka *et al.*, 1999；2000；森中ほか，2000；森中，2001；2002a；Ⅲ-8参照）。

1993年にスラウェシ島（インドネシア）で開催された国際チョウ類会議（図3，Ⅱ-2図9参照）に加藤義臣

図3　国際チョウ類会議で口頭発表する筆者
（1993年8月25日，ウジュンパンダンにて）

氏のお誘いで参加し2演題を発表した（森中，1994）。この時にチョウの保護と海外流出が大問題として取り上げられ，これ以降分類学，系統学，生物地理学（Morinaka, 1996）など生物学的な研究とは別に，環境問題に係わる論考（森中，1995a；1996；1997a）を出版し，それらの集大成として森中（1998a）をまとめた。チョウの愛好会タカオゼミナールや当時牧林功氏が代表の埼玉県昆虫談話会にも参加し，地元の昆虫調査にも加わった（森中，1998b）。東南アジアのチョウは木曜社の西山保典氏が非常に詳しく，また私の職場から近くよく泊めてもらった。翌朝寝坊しないようにと，彼は目覚まし時計を買ってきて私の枕元に置いてくれた。海外調査と学会発表，たくさんの論文の投稿，生物の保全に関する論考の出版など，筆者のチョウ研究は，1990年代から2000年代の初めまでがもっとも充実し，また楽しい時だったと思う。

カザリシロチョウを対象にした生物多様性研究

記載や環境保全に関する発表や出版とは別に，一つのグループに的を絞った研究をしたいと考えるようになった。国際チョウ類会議に参加した1993年頃のことである。カザリシロチョウの一つのグループをその対象にしたいと考えた。先に述べたように1988年にカザリシロチョウ属の*Belisama*種群の交尾器に関する詳細な論文を書いていたし，一方で，インドネシア在住のオランダ人Mastrigt氏や柴谷篤弘先生と共著でニューギニア島高地に生息する

*Eichhorni*種群の記載を行っていた（Morinaka *et al.*, 1991; 1993）。

*Belisama*種群は東南アジアに広く分布しており、バリ島でその種群に属するオライアカザリシロチョウを新婚旅行で再発見したこともあって思い入れがあった。しかし、このグループにはオーストラリアやニューカレドニアに生息する固有種もいて、研究を完結するために全種を収集する自信がもてなかった。一方*Eichhorni*種群はニューギニア島高地に生息が限られることにより調査と対象種の入手のための入域が困難であること、時に非常に危険であること（森中、1995b）が予想された。どちらにしようかと迷ったが、ニューギニア高地での調査により大きい魅力を感じ、結局、研究の対象として*Eichhorni*種群を選んだ。

まず*Eichhorni*種群の全種、全亜種の原記載とホロタイプ標本の図版あるいは写真を揃え、全タクサについて詳細な一律の再記載と分類学的再検討が必要と考えた。柴谷先生がパプア・ニューギニアのマウントハーゲンで採集されたタクサの記載のために、このグループのかなりのタイプ標本の写真を所持されていて、それをお借りした。また上田恭一郎氏が大英博物館で撮影されたカザリシロチョウ属のタイプ標本の写真もいただいたので、それも使った。そして、筆者自身の新種、新亜種の記載を加えてあらためて全種、全亜種の整理を行った。次に、それらの形態形質にもとづく系統解析を行い、で

図4　ニューギニア島高地のカザリシロチョウ

a：トクソペイカザリシロチョウ*Delias toxopei*の集団、b：同所に生息する酷似した3種（上からカティサカザリシロチョウ*D. catisa*、トクソペイカザリシロチョウ、アンタラカザリシロチョウ*D. antara*）

きれば分子系統解析も行ってその両方の結果を比較検討したいと考えた。さらに，もっとも面白いと考えていたのは，何故これほど多様なのか，色彩の酷似したあるいはまったく異なる近縁種がなぜ同じ場所に何種類もいるのか（図4）。それはたまたまの偶然なのかそれとも何らかの意味（機能）をもつのか，それを知りたいと考えていた。

形態形質を用いた系統解析は，1970年代以降ヘンニックによる分岐分析が大変なブームになっていて，分岐分析にもとづく*Graphium*亜属の生物地理的研究（三枝ほか，1977）には目を見張り，筆者にやる気を起こさせた。先に述べたインドネシアでの国際チョウ類会議で，*Eichhorni*種群の一部を用いた形態形質による系統解析結果を報告（森中，1997b）していたので，すでに研究遂行の目処は立っていたし，最後までやり終える自信もあった。

分子データによる系統解析は，最初放送大学の毛利秀雄先生や中澤透先生にご指導いただき，その後東京大学教養学部の松本忠夫先生の教室で基礎的な技法を学んだ。その後，東京大学農学部の田付貞洋先生の教室で同教室の星崎杉彦氏と共同研究を行うようになった。また，広島大学の本多計一先生らと共同研究で，同所的な近縁種のvalva内部や発香鱗にある揮発性分泌物についても調べた（Tamura *et al.*, 2000）。

これらのチョウの同所集合については，ニューギニア島で生態観察を行い，中央部から東部にかけての高地の広範な範囲で，それらの同所集合を確認していた（Morinaka, 1993; Morinaka *et al.*, 2001）。それらのチョウがもつ色彩の多様性の意味については，とっかかりのアイデアはすでにあり記載論文に付随して考察し（Morinaka & Nakazawa, 1997）紹介もしていた（森中，1999; 2002c）が，まだ漠然としていた。カザリシロチョウの派手な色彩と多様化は，捕食者との相互作用において何らかの秘密があると考えた。ま

図5 初めてカザリシロチョウの摂食実験を行ったとき用いた相思鳥（1997年5月）

ずはチョウの不味さ（毒性）を実際にみてみたいと思った。1997年にバリ島や西パプア（インドネシア）で採集したカザリシロチョウは，死んではいたが眼は透明でまだ生体反応を残していた。中国から輸入された野鳥の相思鳥（図5）にこれらを食べさせてみたところ，捕食者は，バリ島に生息するカザリシロチョウ1頭をあっという間に摂食し，2頭目は一度飲み込んでからものすごい勢いで吐き出した。これには大きな衝撃を受けた。これほどまでに明確な結果を目の当たりにすることができるのかと驚きと感動を覚えた。次は，西パプアで得たカザリシロチョウを食べさせてみた。すると連続してある程度の個体を食べた。これにも大変驚いた。しかし，この時点ではあくまで単なる試しであり正確なデータも取っておらず，また実験方法が適正であるかどうかも分からなかった。いわゆる手探りの状態であった。

1999年，名古屋に異動となり終日研修を受け，新しい仕事に関する講義を聴いていた。その時に，ふっとあるアイデアが浮かんだ。カザリシロチョウの色彩の多様性と，味の悪さと，捕食者の忌避行動を統合するアイデアだった。初めて鳥に食べさせてから3年目であり，すでにかなりのデータがあっておおむねその結果を諳んじていたため，講義を聴きながら論文を書き上げてしまった。それに分子系統研究の結果を加えてNature誌に投稿した。

Nature誌については，世界中から非常に多くの投稿が集まるため，実際の査読に回るのは投稿の10分の1以下であり，投稿論文のうち90％以上はレフェリーに送られることなく編集者から直接返送されると聞いていた。当時は，国際郵便で送るので，編集者から直接に返される場合は10日間，遅くとも15日以内に戻ってくると聞いていた。筆者が送った論文は，20日たっても25日たっても戻ってこなかった。自分自身でも信じられなかったが，レフェリーに回ったのか？？　と疑心暗鬼であった。1ヶ月して論文が戻ってきた。レフェリーには回っておらずリジェクトであった。少なくとも編集者が何らかの理由で抱えていたことは明らかであったが，その理由は分からなかった。

それからさらにデータを積み上げ，もっと明確な論文にして再投稿した。しかし，それはすぐ戻ってきた。一度投稿した論文を修正して投稿してもほぼリジェクトになるという注意書きがあり，まったく切り口を変えデータも取り替えた新規の論文であると強調しても，やはり駄目なのかと残念だった。Science誌にも投稿したが，これも駄目であった。この数回のリジェクトの

ショックと論文の進捗停滞が原因だと思うが，1990年代のような精力的な研究発表や論文投稿の意欲は失われ，ずっと連続して参加していた日本鱗翅学会大会や支部例会にも参加しなくなった。ただ日本生物地理学会では役員だったこともあり，英文会誌「Biogeography」に継続して*Eichhorni*種群に関する論文を投稿（Morinaka & Nakazawa, 1999a）していた。この種群の形態形質を用いた系統解析はMorinaka & Nakazawa（1999b）で完結した。

　名古屋に異動になった時，古巣の名古屋大学農学部（現大学院生命農学研究科）の応用昆虫学教室に挨拶に訪れた。宮田正教授が暖かく迎えてくださり，いつでも遊びにきなさいと言ってくださった。その時に，名古屋大学は筆者の母校であるから，論文を体系的にまとめれば場合によっては博士論文にすることができるのではないかとのアイデアが浮かんだ。それから宮田教授と共同研究で精力的に分子系統解析を行って*Eichhorni*種群の分子系統解析の論文を著名な国際雑誌で出版した（Morinaka *et al.*, 2002）。その後，この成果を踏まえ，カザリシロチョウ研究の面白さ（森中，2003a），分子系統解析の解説（森中，2002b；2003b；2003c）やチョウの分子系統研究の世界の進展に関する総説（森中，2005）をまとめ出版した。学位（博士号）の授与には3回の審査があった。部外者を加えた審査では，日高敏隆先生が審査員として加わり，日高先生から直々に口頭試問を受けた。

　生物多様性の意味についての論文は，どうしてよいか分からず止まっていたが，名古屋から東京に戻った後，2005年にNature誌の生物学のエディターであるRory Howlett氏が日本に来てNature誌に採用されるコツについて講演された。その講演を聴いてヒントを得，再度投稿した。以前の投稿から何年も経過していた。今度はレフェリーに回った。しかし，アクセプトとリジェクトに分かれ，3人目のレフェリーによって結局リジェクトになった。それから，Nature誌に掲載された論文につながる実態を示す論文として，今までとはまったく違った新しい視点で考えるようになった。

　2010年には，ニューギニア島西部高地であるアルファック山脈に入り，カザリシロチョウの同所性を調査し，ニューギニア島高地に生息するカザリシロチョウの多種類の集合はニューギニア島高地の広く全域におよぶことを確認した（Morinaka *et al.*, 2011）。昆虫食の野鳥を用いた摂食実験も，多様性の意味に関する論文とは別に投稿する予定であり，それらを基礎データとし

て，この生物多様性の意味に関する研究をさらに詰めたいと考える。

カザリシロチョウを材料にした生命に関する研究

　カザリシロチョウ属のHyparete種群のなかに，"側（偽）系統種"が含まれている可能性を見いだした。分子データによる系統解析をまだ終えておらず，その可能性を示唆する段階であったが，2009年の日本生物地理学会の大会にて中間経過として発表した。その後研究を継続し，現在Hyparete種群の分子データにもとづく系統解析を終え，研究論文をまとめつつある。

　側系統群／種とは，ヘンニックはグループ独自の共通祖先をもたず，従って①系統発生の過程における独自の時間的起源をもたない種のグループ，②共有原始形質にもとづくグループと定義し，ネルソンは1種または一つの単系統的種群を欠く不完全な姉妹群システム（ワイリー，1981）と定義した。要するに，共通祖先から派生した生物群（分類単位）でありかつその一部を欠損，系統学的に全タクサが含まれてはいないグループを意味する。

　側系統群の動物として著名な，ヒグマの個体群の分子系統樹（Talbot & Shield, 1996）を図6に示す。ヒグマの個体群はこの図ではGB01，GB09，GB19，GB28が用いられ，ヒグマの一つの祖先群がホッキョクグマPOLARの起源であり，ヒグマは側系統種であると述べられている。この図（図6）は，筆者にはちょっとした違和感があった。生物学上の"種"は一つのものであると，肌で感じるというか直感的にそう認識していたので，種を構成する要素（個体群）に分割し，その構成の状態によってあれこれ区別することに何かしら違和感を感じたのである。

　ヒグマが側系統種であることを示すこの図を注意深く見ると，ヒグマはいくつかの個体群に分割されている。一方ホッキョクグマをはじめその他の種は，総て一つのクレードで示されている。この系統樹は，そもそも個体群と種をごちゃ混ぜにしたものではないか。このような異単位を混合した系統樹にどういう意味があるのだろうか。こういう疑問がまず脳裏に浮かんだ。

　そのうえ，この図はどう見てもホッキョクグマという"種"は，ヒグマの1個体群が変化（種分化）して生じたことを示している。GB01とホッキョクグマが姉妹群（図6のA）とは一体何なのか。片方が"個体群"で，もう片方が"種"ではないか。こんな分岐はあるのか？　個体群は"種"に変わる

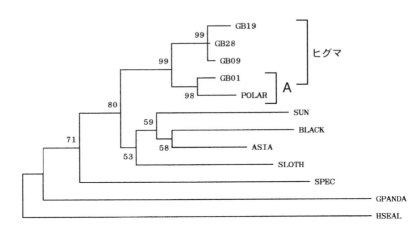

図6　チトクロームbとtRNAの塩基配列に基づくクマ科の分子系統樹
　近隣結合法による，数値はブートストラップ法による頻度（％）．Aは個体群と種の2分岐を示す．GB01-28：ヒグマの個体群，POLAR：ホッキョクグマ，SUN：マレーグマ，BLACK：アメリカグマ，ASIA：クロノワグマ，SLOTH：ナマケグマ，SPEC：メガネグマ，GPANDA：ジャイアントパンダ，HSEAL：ゼニガタアザラシ（Talbot & Shield, 1996より改変）

ものなのか？　"種"は"種"から分かれるものではないのか．であれば，分岐の一方をホッキョクグマという"種"にするなら，もう片方もあくまで一つの種として示さねばおかしいのではないか．
　種の生成を示すのであれば，やはりその姉妹群は種でなければならないだろう．筆者のこの論理的思考は，種は一つの個物であり，一つのクレードであらわされるものであることを導く．"種"と"種"が2分岐になるのである．では，種と個体群が混在する図6は誤りだろうか．
　論文で何を主張するかによって，手段（図）をあれこれ工夫することは誤りではないだろう．個体群は実体であり，科学的に実証もできよう．例えば遠く離れた孤島に生息する個体群は，明らかに他の個体群と交わることなく，明確な範囲をもつ一つの群であることは多くの人が納得できよう．では何がおかしいのか．ここに，種の概念と深く係わる"生命"の秘密がある．
　生物の"種"には22以上の概念（Mayden, 1997）が存在する．それぞれの研究の遂行にもっとも適した，あるいは社会的な要請のためにもっとも有効と考えられる多様な単位があってよいだろう．しかし，生物の真の"種"と

は"生命の単位"であることが直感的に分かる。これは言わば"公理"であり，直感的な大前提である。ゆえに，その証明はない。"生命"とは未来（次世代）を産み出すものである。個体群は，未来を産み出す機能をもつが，そのことにおいて必要十分ではない。"種"とは何か，この議論がいつまでも続き結論が見出せないのは，"種"が奇想天外な特性をもつ故である。"種"は科学的な手法だけでは解明し得ない。科学的な手法にさらに哲学的な思考が必要である。人間にはどれほど科学が進歩しても絶対に証明できない，知ることのできない"不可知"がある（森中，2012a）。

ヘーゲルの「大論理学」（武市訳，2002）に，「けれども同様にまた，眞理は両者の区別のないことではなくて，むしろ両者が同一のものではないということ，両者は絶対に区別されるが，しかしまた分離しないものであり，不可分のものであって，・・・」という一節がある。区別はできるが不可分であるものとは？！ それはまさに"生命"に当てはまり，"種"に当てはまる。江戸時代の哲学者"安藤昌益"は，"男女"と書いて"ひと"と読ませた。有性生殖生物において，"生命の単位"は雌雄であることを，身分差別，男女差別の厳格な封建時代にあって，安藤昌益は見抜いていた。彼の人間の性についての省察（石渡，2007）とヘーゲル哲学は重なり，それは生命そのものをあらわす（森中，2012a）。"生命"が何であるか，自然科学だけでは理解できない。それを理解することは，人間が階段を一段上がることであろう。そして，人類は何をすべきか，何をしてはならないか，"生命"を理解すればそれが見えてくる（森中，2012a）。そしてそれが，今後人類が遭遇する幾多の困難を乗り越えるための，大きなツールとなるように筆者は思う。

カザリシロチョウを追った筆者の旅も，ようやく終結点が見えてきた。既に採集はせず，地元の蝶友の反町康司氏と飲みながら世界のチョウの生息変動について語り合うくらいである。今後も努力は続けるが，多様性と生命に係わる考察が自然科学の論文として実を結ぶかどうかは分からない。最近，切り口は原発・エネルギー問題だが，生物学，公共哲学，経済学を統合した，いわば読み易い一般向け哲学書「プルトニウム消滅！－脱原発の新思考」（森中，2012b）を上梓した。トンデモ本のようだが，2012年9月に「マジ」のタグつくエネルギー本の書評ランキングで第1位を受賞（図7）し，真面目な本として最高の評価をいただいたことはすごく嬉しい。筆者の研究は単に生物

図7 拙著「プルトニウム消滅！」が「マジ」のタグのついたエネルギー本のランキング第1位に（2012年9月）

学の範囲にあらず，人類が階段を昇るがごとくものと自負している。人類に未来の方向を示す何らかの形で，私の研究と論考を次世代に残したいと思う。

〔引用文献〕

ヘーゲル GWF (1812-1816) 大論理学（武市健人訳，2002），大論理学上巻の一．岩波書店，東京．

石渡博明 (2007) 安藤昌益の世界．草思社，東京．

Mayden RL (1997) A hierarchy of species concepts: the denouemant in the saga of the species problem: 381-424. In: Claridge MF, Dawah HA & Wilson MR (eds) *Species: the Units of Biodiversity*, Chapman & Hall, London.

森中定治 (1982) *Papilio ulysess*に関する1～2の観察．ちょうちょう，5: 38-53.

森中定治 (1984) ジャコウアゲハ，(p. 68-69)，ムラサキシジミ，(p. 76-80)．（埼玉昆虫談話会編）埼玉蝶の世界，埼玉新聞社，浦和．

森中定治 (1986) *Vanessa dejeanii* Godart (Nymphalidae) の食草及び幼虫について．やどりが，125: 31.

森中定治 (1988) バリ島産*Delias belisama*グループに関する研究（1）．蝶と蛾，39: 137-148.

森中定治 (1989a) *Cirrochroa imperatrix* Grose-Smith (Nymphalidae) との出会い．やどりが，136: 31-32.

森中定治 (1989b) バリのシジミチョウ．昆虫と自然，24(6): 4-9, Pl.1-2.

森中定治 (1990) バリ島産*Delias belisama*グループに関する研究（2）．蝶と蛾，41: 139-147.

Morinaka S (1990) A new subspecies of *Euthalia mahadeva* Moore from Bali (Lepidoptera, Nymphalidae). *Bulletin of Biogeographical Society of Japan*, 45: 1-22.

Morinaka S (1993) Observations on the "puddling behavior" of *Delias* species (Lepidoptera, Pieridae) in the central highlands of Irian Jaya. *Tyô to Ga*, 44: 89-96.

森中定治 (1994) 国際蝶類会議に出席して．やどりが，158: 20-25.

森中定治 (1995a) 熱帯の自然に対し我々は何ができるのか．(日本鱗翅学会編) 日本鱗翅学会50周年特別展図録：67-68，東京．

森中定治 (1995b) 戦慄の街．*TSUISO*, 797: 1-8.

森中定治 (1996) 熱帯林縁の蝶類と生息環境の変化．(田中蕃・有田豊編) 日本産蝶類の衰亡と保護 第4集：57-62，日本鱗翅学会，名古屋．

Morinaka S (1996) Butterflies and nature of Bali Island and its vicinities. In: Ae SA, Hirowatari T, Ishii M, Brower LP. (eds) *"Decline and conservation of Butterflies in Japan III -Proceedings International Symposium on Butterfly Conservation Osaka, Japan 1994-"* : 211-217, Lepidopterological Society of Japan, Osaka.

森中定治 (1997a) インドネシアのチョウとその保護．昆虫と自然，32 (13): 16-19.

森中定治 (1997b) *Delias eichhorni* sub-groupの系統学的研究に関する中間報告．(木暮翠・森中定治・利根川雅実編) 蝶学をめぐる諸問題：タカオ・ゼミナール論文集 第2集：81-90，タカオゼミナール，東京．

森中定治 (1998a) 保全生物学のめざすもの．日本生物地理学会会報，53: 71-89.

森中定治 (1998b) マダラチョウ亜科，テングチョウ亜科，ジャノメチョウ亜科．(埼玉昆虫談話会編) 埼玉県昆虫誌Ⅰ (第2分冊) 埼玉県の鱗翅目 (蝶類)，埼玉昆虫談話会，大宮．

Morinaka S (1998) Comparison of some numerical data between the *belisama* group of the genus *Delias* Hübner (Insecta: Lepidoptera) from Bali island, Indonesia. Hayashi C, Ohsumi N, Yajima K, Tanaka Y, Bock HH, Baba Y (eds) *Studies in Classification, Data Analysis and Kmowledge Organization: Data Science, Classification, and Related Methods*: 752-757, Springer, Hongkong.

森中定治 (1999) ニューギニア (西イリアン) のカザリシロチョウの多様性．昆虫と自然，34(3): 10-14.

森中定治 (2001) ジャコウアゲハ族を背景としたトリバネチョウの分子系統．蝶類DNA研究会ニュースレター，蝶類DNA研究会編，4: 2-8.

森中定治 (2002a) アゲハチョウの系統と分類．昆虫と自然，37(10): 14-17.

森中定治 (2002b) カザリシロチョウ属*eichhorni*グループの分子系統解析．蝶類DNA研究会ニュースレター，蝶類DNA研究会編，9: 11-16.

森中定治 (2002c) カザリシロチョウの種の多様性．昆虫と自然，37(8): 12-15.

森中定治 (2003a) カザリシロチョウの面白さ．昆虫と自然，38(1): 4-5.

森中定治 (2003b) カザリシロチョウの分子系統解析から見えてきたこと．生物科学，54 (4): 221-228.

森中定治 (2003c) カザリシロチョウの分子系統研究．昆虫と自然，38 (1): 24-27.

森中定治 (2005) 分子による系統研究（本田計一・加藤義臣編）　チョウの生物学：28-63，東京大学出版会，東京．

森中定治 (2012a) 日本のヘーゲル－安藤昌益（石渡博明編）現代に生きる安藤昌益：251-257，お茶の水書房，東京．

森中定治 (2012b) プルトニウム消滅！－核廃絶の新思考．展望社，東京．

Morinaka S, Erniwati, Ida K. Ginarsa, Miyata T (2011) Co-occuring *Delias* butterflies (Lepidoptera: Pieridae) at Arpak Mts in the western part of New Guinea Island. *Biogeography*, 13: 31-34.

Morinaka S, Funahashi K, Ginarsa IK, Miyata T, Tanaka K (2001) *Delias* butterflies (Lepidoptera: Pieridae) cohabiting in the highlands of New Guinea Island. *Transactions of lepidpterological Society of Japan*, 52(3): 127-135.

Morinaka S, Koda N (1990) A new subspecies of *Charaxes harmodius* Felder C and Felder R from Bali (Lepidoptera, Nymphalidae). *Bulletin of Biogeographical Society of Japan*, 45: 87-90.

Morinaka S, Maeyama T, Maekawa K, Erniwati, Prijono NS, Ginarsa IK, Nakazawa T, Hidaka T (1999) Molecular phylogeny of birdwing butterflies based on the representatives in most genera of the tribe Troidini (Lepidoptera: Papilionidae). *Entomological Science*, 2: 347-358.

Morinaka S, Mastrigt H van, Sibatani A (1991) A Review of *Delias eichhorni* Rothschild, 1904 and Some of Its Allies from Irian Jaya (Lepidoptera, Pieridae). *Bulletin of Biogeographical Society of Japan*, 46(16): 133-149.

Morinaka S, Mastrigt H van, Sibatani A (1993) A study of the *Delias eichhorni* - complex from New Guinea Island (Lepidoptera; Pieridae) (I). *Bulletin of Biogeographical Society of Japan*, 48(1): 17-26.

森中定治・三中信宏・関口正幸・Erniwati・Ginarsa IK・Prijono SN・宮田正・日高敏隆 (2000) ジャコウアゲハ族を背景としたトリバネチョウの分子系統研究．やどりが，187: 25-33.

Morinaka S, Minaka N, Sekiguchi M, Erniwati, Prijono SN, Ginarsa IK, Miyata

T, Hidaka T (2000) Molecular Phylogeny of Birdwing Butterflies of the Tribe Troidini (Lepidoptera: Papilionidae) -Using All Species of the Genus *Ornithoptera*-. *Biogeography*, 2: 103-111.

Morinaka S, Miyata T, Tanaka K (2002) Molecular phylogeny of the *Eichhorni* group of *Delias* Hübner, 1819 (Lepidoptera: Pieridae). *Molecular Phylogenetics and Evolution*, 23: 276-287.

Morinaka S, Nakazawa T (1997) A study of the *Delias eichhorni* - complex from New Guinea Island (Lepidoptera; Pieridae) (II). *Bulletin of Biogeographical Society of Japan*, 52(1): 19-28.

Morinaka S, Nakazawa T (1999a) A study of the *Delias eichhorni* - complex from New Guinea Island (Lepidoptera; Pieridae) (III). *Biogeography*, 1: 63-68.

Morinaka S, Nakazawa T (1999b) A study of the *Delias eichhorni* - complex from New Guinea Island (Lepidoptera; Pieridae) (IV) -Phylogenetic estimation using morphological characters-. *Biogeography*, 1: 69-80.

Morinaka S, Shinkawa T (1996) A study of *Tajuria discalis* Fruhstorfer, 1897 (Lepidoptera, Lycaenidae) from Indonesia (1). *Tyô to Ga*, 47: 83-92.

Morinaka S, Yata O (1994) A new subspecies of *Prioneris autothisbe* (Hübner) (Lepidoptera, Pieridae) from Bali, Indonesia. *Japanese Journal Entomology*, 62: 24-28.

三枝豊平・中西明徳・蔦洪・矢田脩 (1977) *Graphium*亜属の系統と生物地理. 蝶（Acta Rhopalocerologica）, 1: 2-32.

Talbot SL, Shields GF (1996) A phylogeny of the Bears (Ursidae) inferred from complete sequences of three mitochondrial genes. *Molecular Phylogenetics and Evolution*: 567-575.

Tamura H, Morinaka S, Keiichi H (2000) Chemical nature of volatile compounds from the valvae and wings of male *Delias* butterflies (Lepidoptera: Papilionidae). *Entomological Science*, 3: 427-432.

ワイリー EO (1981) 系統学（宮正樹・西田周平・沖山宗雄訳, 1991）系統分類学. 文一総合出版, 東京.

Yata O, Morinaka S (1990) A new species of *Eurema lacteola* (Distant, 1886) from Bali (Lepidoptera, Pieridae). *Bulletin of Biogeographical Society of Japan*, 45: 77-80.

（森中定治）

6 中国広州および海南島におけるチョウの インベントリー調査

王敏博士との出会い

　本書の総論でも述べたように，筆者の一人である矢田は，中国南部を本プロジェクトの主な調査地域としてきた。矢田が熱帯アジアの中であえて中国を選んだのは，チョウの研究のために2000年4月から1年間訪問研究員として九州大学に滞在された王敏（Wang Min）博士が調査に全面的に協力して下さることになったからである。王博士は北西農業大学（陝西省）の周堯（Chou Io）教授の愛弟子で，同大学院修士課程では中国産ミスジチョウ属 *Neptis* の分類をされ，そして博士課程に進まれ，中国産ゼフィルス類の分類学的研究で博士号を取られた。その後，1998年に華南農業大学に助教授の職を得て，数年前には教授になられたと聞いているが，2003年3月当時でまだ50歳前のはずである。

　王氏が九州大学から華南農業大学に戻られてすぐ，矢田は本プロジェクトの予備調査として，2001年7月に広州市ならびに南嶺（ナンリン）山脈に近い石門台（シメンタイ）自然保護区を訪れた。これらの地域も広くは亜熱帯域に含まれるが，中国でもっとも熱帯的な場所といえば，何といっても海南島（ハイナントウ）であろう。私たちはここを本プロジェクトの中国における重点調査地とし，2002年3月から調査を開始することにした。

（1）広州市華南農業大学

　まず，中国におけるカウンターパートである王氏の所属する華南農業大学について簡単に紹介しておきたい。この大学は，中国広東省を代表する国家重点大学の一つで，100年以上の歴史があり，2009年に創立100周年事業が行われた。広州市内（五山）の中央部に東京大学全体のキャンパスより広い約130万m^2のキャンパスをもつ。農業大学とあるが，現在は農学を中心に理系から文系まで多くの学部・大学院を擁するまさに総合大学である。広州市の観光地の一つとしても挙げられ，美しい自然環境の中に歴史ある校舎があり，学生の修学，学問研究のための素晴らしい環境にめぐまれている。こ

図1　華南農業大学昆虫関係者による歓迎会（2002年3月）

の大学のキーラボラトリー（重点研究室）の一つが王氏のおられる昆虫生態学研究室である。研究室の名前は生態学研究室とあるが，含まれる教員（2001年当時21名）の研究分野は，生態から分類，保全，応用まで多様である。この講座内でチョウの研究をしているスタッフは王氏以外に王氏の奥さんの范骁淩（Fan-Xiao Ling）（セセリチョウの分類）と温硯洋（Wen Shuo Yang）（鱗翅類の分子系統学）の3名で，王氏の院生は当初はチョウ目の分類をやり始めた黄国華（Huang Guo-Hua）氏一人だった。われわれが2004年までに訪問した頃はまだ旧校舎の研究室だったが，2007年の創立100年を境に新しい建物に移転し，研究室も新しく広くなったとのことである。

　王氏がカウンタパートを引き受けて下さったお陰で，彼の昆虫生態学研究室と私たちの属する九州大学大学院比較社会文化研究院（通称"比文"）の生物体系学教室は姉妹研究室としての交流協定を結ぶことになった。協定の骨子は，共同研究の推進，教員・院生の交流，標本・文献の交換，共同成果の公表である。2002年3月に矢田が正式に華南農業大学を訪問したときには，国際交流課スタッフの陳少玲氏を介して昆虫生態学研究室の代表の彪雄飛（Pang Xiong Fei）教授同席のもと，教員スタッフ数名と歓迎会の宴席をもうけて下さった（図1）。その後も，訪問のたびに王氏の紹介で副学長や農学部の他の講座のスタッフなど多くの方が歓迎会に招待下さった。中国では，このような宴席は個人的な親睦から国際連携プロジェクトに至るまでたいへん重要な意味合いをもつようである。

(2) 華南農業大学樹木園

華南農業大学では広大なメインキャンパスがあるため,校舎群に隣接して演習林や実験農場が一緒になった「樹木園」がある。その中央には自然度の高い大きな池があり,周囲は自然林になっている(図2)。実は,このキャンパスは緯度からも台湾南部に当たり,東洋熱帯系の低地性のチョウが年中見られる。そして,広州は古くから中国唯一のヨーロッパとの貿易港であったため,1751年に当地(Canton)に寄港したリンネの弟子の一人 Peter Osbeck によってもたらされた貴重なチョウの標本はリンネによって記載された。したがって,東洋熱帯の低地性の普通種の多く(たとえば,モンキアゲハ *Papilio helenus*,シロオビアゲハ *Papilio polytes*,アオスジアゲハ *Graphium sarpedon*,キチョウ *Eurema hecabe*,タテハモドキ *Junonia almana* など)にリンネ記載のものが多いのはそのためである(森下,1998)。

矢田がはじめて同大学を訪れた2001年7月にこの樹木園に案内された時,次々と現れる熱帯性のチョウたちのお出迎えに嬉々としたことを思い出す。とくにルリモンアゲハ *Papilio paris*,キベリアゲハ *Chilasa clytia*,ヒョット

図2　華南農業大学のキャンパス内の池
左から張氏,小田切氏,黄氏(2001年6月)

コシジミタテハ属 *Abisara*，ウラフチベニシジミ *Heliophorus epicles* など八重山諸島でも見られないチョウたちには目を見張った（口絵⑯ A）。王氏のお話では，この樹木園を中心に同大学のキャンパス周辺だけでキシタアゲハ *Troides aeacus* をはじめ 115 種のチョウが記録されたそうである。

　さて，このようにわれわれは調査のたびに華南農業大学を中継基地として，王氏，黄氏ら一行と海南島へ乗り込むことにした。まず，海南島の自然（主に植生），昆虫相について簡単に説明し，その後，インベントリープロジェクトの調査の概要を述べる。海南島は，かつて広東省に属したが，1988 年に分離独立して海南省となった。

　同時に経済特区となって人口が急増した。われわれの調査が始まった頃にはすでに中国政府が「国際観光島」として大規模開発と観光産業の推進に乗り出していたようである。しかし，海南島は中国の貴重な熱帯地域であり，とくに島の中央部の五指山（標高 1,840m）周辺は特別保護区として厳重に保護されている。

海南島の自然，植生を中心に

　海南島は南シナ海の北方に位置し，北緯 18°10'〜20°10'，東経 108°37'〜111°03' にあり，総面積は約 33,600km^2，海岸線は 1,500km 以上におよび，台湾や九州より若干小さい。今から約 2 億年前，海南島は中国大陸とつながっていたが，約 2,000 万年前，地殻変動により海南島が中国大陸から分離形成されたいわゆる大陸島で，中央部に 1,800m 級の高い山々，周囲に低い草原が生じたと推測されている。1988 年に独立の省として分離した海南省は，この海南島を主体とするが，より南方に位置し多数の島々を擁する西紗（シーシャー）諸島も含んでいる。

　海南島は，北緯 23.5°よりも南の熱帯性気候に属すとともに，太平洋からの季節風の影響によって，年平均気温は 23〜25℃，冬でも 10℃以上となる熱帯性気候帯に含まれる。また，年平均降水量は 1,000〜2,800mm で，雨は主に夏と秋に多く，冬と春は少ない。台風の襲来は多く，年平均 6.9 回に及ぶ。このような地理的位置，気候条件にあるため，海南島は熱帯性の植生が本来の植生であり，熱帯，亜熱帯性の植物が生い茂る。しかし，海南島には五指

山に代表される標高 2,000m 近い山岳地帯があり，次のような四つの植生帯の垂直分布が認められる。
① 熱帯性半落葉モンスーン林帯。標高 100 〜 200m。平らな低地であり，農耕地が混じる。高温乾燥地域で，年平均気温は 24.5℃。主に商業林（ゴム，バナナ，コーヒー，ヤシなど）。
② 熱帯常緑モンスーン林帯。標高 200 〜 650m。低山帯で，まだ平坦部があり，風が強く，高温多湿地帯。主に常緑樹。人工林を含む混交林が多い。
③ 熱帯性山地雨林帯。標高 600 〜 1,000m。風が弱く，平均 19.7℃，温暖多湿，肥沃な土壌。低いところは湿度が高く，日陰が多い。ほとんどが自然林。この一帯がもっとも昆虫の多様性が高い。
④ 熱帯性山頂雲霧林帯。標高 1,100 〜 1,200m。常に強風が吹く，平均気温 18℃，日陰が多く湿度が高い。土壌は痩せており，植物が少なく，樹木は背が低く曲がっている。自然林。

海南島の昆虫研究史

海南島は古くから国際港として開かれていた香港や広州から近く，昆虫相の概要については比較的古くから知られた島である。本格的な昆虫相の研究は，ザイツ時代までの諸研究をカタログの形でまとめた Joicey & Talbot (1924-32) のチョウの分類学的研究に代表される。チョウの研究史についてはあらためて後述する。中国に長期滞在していたアメリカのコウチュウ分類学者の J. Linsley Gressitt 博士も 1930 年代に海南島で採集を行い，そのコレクションにもとづいて多くの種を記載した。わが国では，戦時中，岩田久二男博士が熱帯農作物の害虫防除の研究で同島に滞在された（岩田，1976）。その後は，農林業の害虫防除を目的に中国の昆虫学者が調査を行っており，グループ単位の断片的な報告はかなりにのぼる。最近，『海南森林昆虫』（黄，2002）が出版されて，海南島の昆虫相が一応概観できるようになった。全体は，これまで記録のある昆虫種のリストを全オーダー（目）にわたって掲載しており，たいへん便利である。また，序の部分は海南島の自然や昆虫相の特徴などについてレビューしてあり有益である。ただし，同定間違いや文献上の漏れも散見されるので，引用にあたっては慎重に扱う必要がある。

海南島の昆虫相

　海南島は熱帯性の植生が優勢であるため，当然のことながら熱帯性の昆虫が多い。実際，海南省は面積では中国の0.4％未満であるが，中国産の種の約10％である5,800種以上の昆虫が分布し，うち800種以上は固有種で，これは中国全体の14％以上に相当する。『海南森林昆虫』では，25目334科3,056属5,843種の昆虫類，3目20科124属341種のクモ類がリストアップされ，このうち139種が新種，142種が中国からの新記録，54種が海南からの新記録とされる（黄，2002）。この他，この本にはいくつかの新亜科，新属，ならびに中国からの新記録科および新記録属が含められ，総計28目354科3,180属6,183種が扱われている。

　このように，海南島の昆虫相は，まずその種の多様性の高さが特徴的である。しかし，大陸部と比べ，個体数密度は一般にあまり高くない。主要な昆虫の中では，チョウ目とコウチュウ目が豊富で，これらの天敵である寄生性，捕食性のハエ目（ヤドリバエ，ハナアブなど），ハチ目（コマユバチ，コバチ，ハナバチなど）が多いという。12月でも気温は20℃位なので，かなりの昆虫は一年中活動でき，周年を通じて比較的安定した昆虫相が見られる。しかし，雨期・乾期の季節的変化に応じて昆虫相も季節的交替がある。主に，雨期は5～7月，乾期は10～12月がピークとなる。海南島の昆虫相の構成要素については，次のような区分が認められている。

① 東洋区系：3,881種（61.7％）
② 海南島固有：845種（14.6％）
③ 広域分布：291種（5.0％）
④ 旧北区系：75種（1.3％）
⑤ ヒマラヤ区系：688種（11.9％）

　圧倒的な割合を占めるのは東洋区系の要素で，海南島産の半数以上の昆虫種がこの要素に含まれる。ついで，海南島固有，ヒマラヤ区系の各要素が続くが，海南島固有種とされるのは，もともとはヒマラヤ区系（一般には「ヒマラヤ・中国区要素」と呼ばれる）の種に由来するもので，さらにこのうち，中国南岸部，台湾にわたる中国南東地域に共通の祖先が海南島で隔離され分化したものと考えられる。実際，海南島固有種65種のうち，38種（58.46％）

は台湾と，また11種（16.92％）がスリランカとそれぞれ共通の種であることは，海南島の昆虫相がヒマラヤ区系要素と密接な関係にあることを示しているという（黄，2002）。海南島の昆虫相は主に，東洋区要素（主にスンダランド）とヒマラヤ・中国区要素に由来することはほとんど疑いがない。

海南島の昆虫インベントリー調査

今回の一連のインベントリー調査は，2002年3月～2004年5月の間に計4回，2006年3月～2007年3月の間に計4回，全体で計8回行った。調査の参加者はわれわれ5名（小田切，大島，勝山，馬田，矢田）のほか次の各氏であった。中国側：王敏，顧茂彬，張春田，黄国華，陳劉生，日本側：上田恭一郎，広渡俊哉，中山裕人，李峰雨，千葉秀幸（敬称略）。

2002年3月8～12日に第一回目の海南島調査を行い，アプローチの良い好適な調査地を探しながら海口～尖峰嶺～三亜～吊罗山～白石岭～海口というコースで同島を一周した（図3）。五指山周辺はオウゴンテングアゲハ（後述）が産することで有名であるが，国の特別保護区であるため，許可書

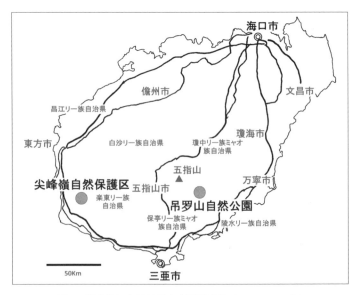

図3　海南島における日中合同調査地（2002～2007年）

図4 海南島, 尖峰嶺自然保護区にて
左から小田切, 矢田と顧, 張の各氏 (2002年3月)

取得の点, アプローチの点からの困難性があるとの王氏のアドバイスにしたがって, 今回のプロジェクトの調査場所としては断念した. この時, 日本側は, 篤教授の留学生であった張氏と小田切氏, 矢田の計3名であった. 一方, 中国側としては, 王氏をはじめ黄氏, それに図鑑『海南島蝴蝶』（顧・陳, 1997）の著者の一人である顧茂彬（Gu Maobin）氏が同行して下さった（図4）. 結局, 当面は尖峰嶺（Jianfengling）と五指山の南東方向に隣接する吊罗山（Diaoluoshang）を主な調査地とすることになった. 調査地が決まったので, 第2回目以降は広州から調査地へのアプローチのよい三亜に入ることにした.

尖峰嶺（標高 1,412m）は三亜市からアプローチがよく保養地としても古くから知られている国立森林公園で, これまでもしばしば代表的な調査地として調査が行われてきた. 尖峰嶺はその字のごとく, 海側（西側）から仰ぐと三角形状に鋭く尖った形状の印象深い麗山である（図5）. この山は全体が厳しく保護されているが, アプローチが良いためか, 過去にも本格的な調査が行われたようで, 調査研究用の観察タワーも残っていた. なお, 登山口から少し入ると, その原始的環境に包まれた壮麗な尖峰嶺の全ぼうが眼前にあらわれる（口絵⑯ B）. 尖峰嶺での調査の主な宿泊地は「天池避暑山荘」という森林を切り開いた中に位置する宿泊所である（図6）. 中央部にある鉄筋コンクリートの建物は屋上で夜間採集をするにはうってつけの場所であった. ライトトラップによって大量のガ類とヤンバルテナガコガネと同属のヤンソンテナガコガネ（キベリテナガコガネ）*Cheirotonus jansoni* など興味深い昆虫類が観察できた(2004年5月21日). このあたりは標高約 1,000m

図5　尖峰嶺，海南島尖峰嶺自然保護区（標高1,412m，2002年3月）

図6　尖峰嶺，自然保護区宿泊所（標高約1,000m，2007年3月）

でチョウをはじめ昆虫類の種の豊かな場所であるが，森林が優勢のため森林性の種（カザリシロチョウ属 Delias，またキチョウ属 Eurema ではウスイロキチョウ E. andersoni，チビキチョウ E. ada など；口絵⑯ C）が多かった。

尖峰嶺から海側の尖峰市に下ってくると近くに熱帯林業試験所があり，この周辺もチョウの多いところである。この試験所は顧氏が現役時代に勤務されていた場所で，先に述べた四つの植生帯区分のうち，もっとも下部の熱帯性半落葉モンスーン林帯にあたるが，大部分は二次林ないし植林地である。したがって，オープンランド性や林縁性の普通種が中心ではあるものの，同時期の他地域に比べて常に個体数が多く，時におびただしい数のチョウに出会うことができた（2003 年 12 月 1 日）。シロチョウ科でいえば，タイワンスジグロシロチョウ Cepora nerissa，メスシロキチョウ Ixias pyrene，アナイスアサギシロチョウ Pareronia anais，タイワンキチョウ Eurema blanda などが目立って多かった。

一方，吊罗山自然公園には，尖峰市からいったん三亜市に戻り，海岸沿いに東進して途中で左折して内部の山地帯に向かい，吊罗山林業局を経て標高約 1,000m の「吊罗山休暇村」に入るコースをとることにした。ここは標本処理に十分な宿泊所が利用できる上，周囲の自然がたいへんよく残っている格好の調査地であった（図 7）。ここを拠点として上流に上ったり，逆に下流に下って白水林業局の方まで足をのばした。吊罗山は日本人にはあまり知られていないが，五指山と同じ山塊とみなせるほど近い位置にある好調査地である。植生帯に沿った垂直分布を詳しく調査できなかったが，とりあえず低地（標高 200m 前後）と高地（標高 800〜1,000m）で比較できるよう調査地を選んだ（図 8）。調査地は標高約 1,000m あるため，熱帯性山地雨林帯が中心となった。自然林がよく残り海南島固有の種，亜種が多かった。Papilio doddosi，一見 Arhopala のようでオスがなわばりをもつタテハチョウ科の Mandarinia regalis，大型の黄褐色のニシシナワモンチョウ Stichophthalma neurmogeni，シダクイジャノメの一種 Ragadia crisida など興味ある種が見られた。休暇村から頂上方向に少し登ったあたりでゼフィルスの一種タテジマオナガシジミ Yamamotozephyrus kwangtungensis も得られた（メスの破損個体，2004 年 5 月 25 日）。一連の調査で約 600 個体以上のチョウ類が得られた。休暇村に至る道沿いにかなり深い渓流があり，何ヶ所か夜間採集をおこなっ

図7 海南島,吊罗山自然公園における調査ルート(2003年3月)

図8 海南島,吊罗山自然公園における調査風景(標高約900m,2003年12月)

図9 海南島,吊罗山自然公園における調査場所(左)と夜間採集風景(右)(標高約900m,2004年5月)

たが，ライトトラップによって大量のガ類を中心に興味深い昆虫類が観察できた（2004年5月24日；図9）。これらのガ類の調査に関しては調べが進むにつれ予想以上に多くの海南島未記録種，未記録グループ（科，属レベル），未記載種の発見が相次いだ。これらの成果については，上田（2005），広渡・李（2005）両氏の記事をそれぞれ参照されたい。

海南島のチョウ相

　海南島の昆虫類の中で，もっともよくわかっているグループといえばやはりチョウであろう。古くは Moore（1878）が Swinhoe のコレクションにもとづいてチョウ目のリストを発表しており，そこで75種のチョウを記録した。その後，Holland（1887）が88種，Crowley（1900）が106種を記録している。そして，ザイツ時代の Fruhstorfer らによる個別の記載が加えられ，Joicey & Talbot（1924-32）が包括的な海南島のチェックリスト（約300種）を出版した。Joicey & Talbot の一連の研究は Bowring らの尽力によって1918〜1920年に海南島各地で集められた標本に基づいている。楚南仁博はこれまでの記録に素木得一，小西成章が海南で収集した記録を加え，296種のリストを作成した（Sonan, 1938）。しかし，その後に勃発した大戦，文革時代を通じてチョウの研究にも大きな空白が生じた。近年になって，はじめて中国人の手による包括的な図鑑『海南島蝴蝶』が出版され（顧・陳，1997），さらにほとんど同じ内容だが『海南森林昆虫』に検索表とともにチョウ全種がリストにまとめられた。『海南島蝴蝶』は廉価にもかかわらず全種が原色写真で示され，海南島のチョウの分類の現状を知るのにたいへん便利な図鑑である（図10）。この図鑑では，入手した標本にもとづく566種（18新種，30新亜種，45新記録種を含む）が扱われ，文献上の43種を加えると，総計609種が記録されることになる。ただ，著者らも認めるように，分類学上の整理が必要な種がかなり見受けられ，その意味で，海南島のチョウの現代的なチェックリスト，あるいはインベントリーの完成までにはまだかなりの努力が必要である。

　ところで，この『海南島蝴蝶』の中で注目すべきは海南島亜種のオウゴンテングアゲハ *Teinopalpus aureus hainanensis* Lee（Bauer & Frankenbach, 1998）の正式の記録であろう。このチョウは Mell によって1923年に中国広東省から記載されたものの，その生息情報は長くベールにつつまれていた。しかし，

V. インベントリー調査とネットワークなど

図10 『海南島蝴蝶』(顧・陳, 1997)の表紙(左)とオウゴンテングアゲハのページ(右)

1990年代に入ってから中国南部福建省,広西省(広西チワン族自治区)から相次いで発見され,そして1990年に海南島五指山山頂でオス・メス成虫の生息が確認・撮影され(渡辺,1993),これが海南島からの最初の報告となった。その後の海南島における本種の情報は不明であるが,『海南島蝴蝶』の中には海南島産の本種のオス・メスの標本写真が掲載されている(78～79頁;図10)。海南島内の分布については触れられていないが,おそらく五指山の個体であろう。ただし,五指山と同様の環境をもつ山は尖峰嶺や吊罗山などかなりあるので,おそらくこれらの山でも生息している可能性は高い。いずれにしても,中国では本種は第1級のレッドデータ種(パンダ級)に指定され採取などは厳しく規制されているので注意されたい。しかし,ほぼ同時にベトナムでも比較的個体数の多い別亜種 eminensi Turlin, 1991 が記載され,その後,次々と新産地が発見されたので,日本にもかなりの標本がもたらされている。

　海南島の本格的な調査・研究が十分に行われてこなかったこと,海南島自体がまだ未開拓な調査地を抱えていることからすると,今後,新たな種,亜種の発見や,新知見の発見が少なくないと予想される。実際,われわれはチョウの少ない乾期(冬季)を中心にしかも短期間(1週間ほど)しか調査できなかったにもかかわらず,そのコレクションを検討した結果,顧・陳(1997)のリストにかなりの分類上の変更が必要となった。

6 中国広州および海南島におけるチョウのインベントリー調査

表1 海南島産シロチョウ科チョウ類暫定リスト

採集期間：2002/3 〜 2004/5，採集地：白石岭・吊罗山・尖峰嶺，同定日：2004/9/20

	海南島固有	和　名	学　名	同定者
1	固有亜種	クモガタシロチョウ	*Appias indra menandrus Fruhstorfer	Gu (2002) より
2	固有亜種	ララゲトガリシロチョウ	Appias lalage lageloides (Crowley)	岩崎浩明 矢後勝也
3		タイワンシロチョウ	Appias lyncida eleonora (Boisduval)	岩崎浩明 Wang
4		オルフェルナトガリシロチョウ	Appias olferna olferna Swinhoe	岩崎浩明 矢後勝也
5		カワカミシロチョウ	Appias albina darada Felder & Felder	岩崎浩明
6	固有亜種	ベニシロチョウ	Appias galba hainanensis Fruhstorfer	岩崎浩明 矢後勝也
7		ナミエシロチョウ	*Appias paulina adamsoni* (Moore)	Gu (2002) より
8		ウラナミシロチョウ	Catopsilia pyranthe pyranthe (Fabricius)	矢田 脩
9		ウスキシロチョウ	Catopsilia pomona pomona (Fabricius)	岩崎浩明 Wang
10		キシタウスキシロチョウ	Catopsilia scylla scylla (Linnaeus)	岩崎浩明 矢後勝也
11	固有亜種	ウスムラサキシロチョウ	Cepora nadina hainanensis (Fruhstorfer)	岩崎浩明
12		タイワンスジグロシロチョウ	Cepora nerissa coronis [Cramer]	岩崎浩明
13		トガリキチョウ	Dercas verhuelli verhuelli (van der Hoeven)	岩崎浩明 矢後勝也
14		アカネシロチョウ	Delias pasithoe porsenna [Cramer]	岩崎浩明 Wang
15		ミヤマアカネシロチョウ	*Delias acalis acalis (Godart)	Gu (2002) より
16		ベニモンシロチョウ	*Delias hyparete ciris Fruhstorfer	Gu (2002) より
17		アゴスチーナシロチョウ	*Delias agostina annamitica Fruhstorfer	Gu (2002) より
18	固有亜種	ホシボシキチョウ	Eurema brigitta hainana (Moore)	矢田 脩 Wang
19		ツマグロキチョウ	Eurema laeta pseudolaeta (Moore)	矢田 脩 Wang
20	固有亜種	チビキチョウ	Eurema ada choui Gu	矢田 脩
21	固有亜種	タイワンキチョウ	Eurema blanda hylama Corbet & Pendlebury	矢田 脩
22		キチョウ	Eurema hecabe hecabe (Linnaeus)	矢田 脩
23	新亜種	ウスイロキチョウ	Eurema andersoni n.ssp.	矢田 脩
24	新記録・新亜種	タイリクアオジロキチョウ	Eurema novapallida n.ssp.	矢田 脩
25	固有亜種	ムモンキチョウ	Gandaca harina harinana Fruhstorfer	岩崎浩明
26		ツマベニチョウ	Hebomoia glaucippe (Linnaeus)	岩崎浩明 Wang
27	固有亜種	メスシロキチョウ	Ixias pyrene hainana Fruhstorfer	岩崎浩明 Wang
28		クロテンシロチョウ	Leptosia nina niobe (Wallace)	矢後勝也
29	固有亜種	アナイスアサギシロチョウ	Pareronia anais hainanensis Fruhstorfer	矢後勝也
30		タイワンモンシロチョウ	Pieris canidia canidia Sparrman	矢後勝也
31		モンシロチョウ	*Pieris rapae crucivora Boisduval	Gu (2002) より
32	固有亜種	オオゴマダラシロチョウ	Prioneris philonome euclemanthe Fruhstorfer	矢後勝也
33	固有亜種	マダラシロチョウ	Prioneris thestylis hainanensis Fruhstorfer	岩崎浩明 Wang

* 今回採集出来なかった種

今回得られた採集品の中から，すでに『海南島蝴蝶』には未記録と考えられる種が含まれており，新知見が多く見いだされた。例えば，今回得られたシロチョウ科キチョウ属では，全体で7種に整理され，*novapallida* が海南島から新記録種として記録された。キチョウ属だけでも7種中4種が海南島特産亜種となる可能性がある。表1に，今回得られた種を含む海南島産シロチョウ科全種の暫定リストを掲げた。Gu（2002）では，シロチョウ科の37種がリストアップされているが，今回の分類学的検討により，33種に整理されることとなった。このうち，私たちはこれまでに27種を実際に採集した。海南島特産の種はシロチョウ科からは見いだされていないが，特産亜種となると実に半数近くの14種が特産亜種である。

昆虫相のところでも述べたように，海南島のチョウ相も，東洋区要素（主にスンダランド）とヒマラヤ・中国区要素に由来することは間違いないであろう。台湾との比較で言うと，海南島にはスンダランド要素が強く入り込んでおり，その点が大きな特徴といえる。また，成虫の外観上の比較から，北ベトナム，ラオスとの共通種が多く，亜種レベルでも相互に類似したものが多い。また，島嶼として隔離されたことによる共通の特徴があり，一般に小型，淡色，黒色部の退行などの平行現象の傾向が見られる（口絵⑯）。

海南島ツアーの紹介

これまで，学術調査という面から海南島をご紹介したが，一般観光あるいは視察を目的とした場合の海南島について簡単に紹介したい。

われわれ日本人にとっては以前はあまりなじみのない観光地であったが，サミットや国際的イベントも頻繁に開催されるようになり，現地では観光開発にたいそう熱を入れている。中国の南端に位置し，常夏の島であるため，中国人も「中国のハワイ」と呼んで新婚カップルの旅行地としても人気が高いという。とくに，三亜空港からほど近い三亜リゾート地区は，海岸沿いにりっぱな高層ホテルが建ちならび，一瞬ハワイやバリのリゾートと錯覚するほどである。海産物の種類が多いためここの中華料理はまた格別である。とくに貝類の料理は種類が多く，味も微妙に違って飽きることがない。避暑地に行きたい人は，三亜市から2時間ほど車で北上し，海南島の主峰である五指山に近い五指山市（旧トンザ市）まで行けば海南島の奥地の自然環境が満

喫できるし，シャオ族など少数民族に関する海南省民族博物館などもある。どうしても五指山に登りたい，できればオウゴンテングアゲハを観察・撮影したい，という人は現地のトレッキングツアーを利用すれば不可能ではない。ただし，海南島は五指山に限らずどこでも許可なく動植物を採取することは厳禁であることを肝に銘じて欲しい。

なお，海南島の生きたチョウを間近で見たい人は，三亜リゾート地区にある蝴蝶谷（バタフライガーデン；図11）に行かれることをお勧めする。このバタフライガーデンは半自然状態でチョウを飼育しており，何百という数のマダラチョウ類などを一堂に見ることができ圧巻であった（2002年3月10日）。もちろん海南島特産のメスシロキチョウ（特産亜種）なども間近に見ることができる。小さいながら展示場もあり，中国をはじめ近隣のチョウの標本も展示されている。

図11　海南島三亜のバタフライパーク（蝶園）
左：巨大な網室と来館者，右上：集団越冬（？）していた多数のマダラ類，右下：香港フラワーを利用した餌場

謝辞
　本プロジェクトの中国における海外共同研究者であり，この海南島調査の準備から案内役まで一切を引き受けて下さった王敏博士に深く感謝したい。また，この調査に全面的に協力下さった上田恭一郎，広渡俊哉の両博士にはとくに感謝したい。また，現地調査で案内役をして下さった顧茂彬，張春田，黄国華，陳劉生各氏にも御礼申し上げる。さらに，中山裕人，李峰雨の各氏には日本から現地での調査に協力いただいた。千葉秀幸，矢後勝也，岩崎浩明の各氏には同定作業をお引き受けいただいた。あわせて感謝申し上げる。

〔引用文献〕

Crowley P (1900) On the butterflies collected by the late Mr. John Whitehead in the interior of the Island of Hainan. *Proceedings of the Zoological Society of London*, 1900: 505-511, pl. 35.

顧茂彬・陳佩珍 (1997) 海南島蝴蝶：355pp. 中国林業出版社，北京.

Gu M (2002) Lepidoptera: Rhopalocera. In Huang F ed. "*Forest insects of Hainan*": pp.654-716. Chinese Academy of Science Press, Beijin. (in Chinese)

広渡俊哉・李峰雨 (2005) 海南島における小蛾類相調査の概要. 昆虫と自然，40(3): 15-18.

Holland WJ (1887) Notes upon a small collection of Rhopalocera made by the Rev. B. C. Henry in the Island of Hainan, together with description of some apparently new species. *Transactions of the American Entomological Society*, 14: 111-124, pls.1-2.

黄復生 編 (2002) 海南森林昆虫.

岩田久仁雄 (1976) 昆虫学五十年，中公新書：189pp，中央公論社．東京.

Joicey JJ, Talbot G (1924-32) A catalogue of the Lepidoptera of Hainan. *Bulletin of the Hill Museum*, 1: 514-538, 2: 3-27,183-191, 3: 151-162, 4: 257-262.

Moore F (1878) List of Lepidopterous isects collected by the late R. Swinhoe in the island of Hainan. *Proceedings of the Zoological Society of London*, 1878(3): 695-708.

森下和彦 (1998) リンネ原記載の中国広州の蝶．やどりが，(179): 2-7.

Sonan J (1938) A list of the buterflies of Hainan, with descriptions of two new subspecies of Hesperiidae. *Transactions, Natural History Society of Formosa*, 28(180-181): 348-372.

上田恭一郎 (2005) 海南島の大蛾類. 昆虫と自然，40(3): 10-14.

渡辺康之 (1993) 中国の蝶と自然：263pp. 自費出版，尼崎.

（矢田　脩・小田切顕一・大島康宏・馬田英典・勝山礼一郎）

熱帯アジアのチョウ

平成 27 年 2 月 20 日　初版発行
〈図版の転載を禁ず〉

当社は,その理由の如何に係わらず,本書掲載の記事(図版・写真等を含む)について,当社の許諾なしにコピー機による複写,他の印刷物への転載等,複写・転載に係わる一切の行為,並びに翻訳,デジタルデータ化等を行うことを禁じます。無断でこれらの行為を行いますと損害賠償の対象となります。 また,本書のコピー,スキャン,デジタル化等の無断複製は著作権法上での例外を除き禁じられています。本書を代行業者等の第三者に依頼してスキャンやデジタル化することは,たとえ個人や家庭内での利用であっても一切認められておりません。 連絡先：㈱北隆館　著作・出版権管理室 Tel. 03(5449)7061	編　集　矢　田　脩 発行者　福　田　久　子 発行所　株式会社　北隆館 〒108-0074　東京都港区高輪3-8-14 電話03(5449)4591　振替00140-3-750 http://www.hokuryukan-ns.co.jp/ e-mail：hk-ns2@hokuryukan-ns.co.jp 印刷所　株式会社　東邦 ⓒ 2015　HOKURYUKAN　Printed in Japan ISBN978-4-8326-0987-7 C3045

JCOPY 〈(社)出版者著作権管理機構 委託出版物〉
本書の無断複写は著作権法上での例外を除き禁じられています。複写される場合は,そのつど事前に,(社)出版者著作権管理機構(電話：03-3513-6969,FAX：03-3513-6979,e-mail：info@jcopy.or.jp)の許諾を得てください。